W0259100

## Potenzen

## Wichtige Zahlen (mit 15 Stellen nach dem Komma)

| $x$ | $x$ | $\lg x$ (= $\log_{10} x$) | $\ln x$ (= $\log_e x$) | $\frac{1}{x}$ |
|---|---|---|---|---|
| $\sqrt{2}$ | 1,414 213 562 373 095 | 0,150 514 997 831 991 | 0,346 573 590 279 973 | 0,707 106 781 186 543 |
| $\sqrt{3}$ | 1,732 050 807 568 877 | 0,238 560 627 359 831 | 0,549 306 144 334 055 | 0,577 350 269 189 626 |
| $\sqrt{10}$ | 3,162 277 660 168 379 | 0,5 (genau!) | 1,151 292 546 497 023 | 0,316 227 766 016 838 |
| $\sqrt[3]{2}$ | 1,259 921 049 894 873 | 0,100 343 331 887 994 | 0,231 049 060 186 648 | 0,793 700 525 984 100 |
| $\sqrt[3]{3}$ | 1,442 249 570 307 408 | 0,159 040 418 239 887 | 0,366 204 096 222 703 | 0,693 361 274 350 635 |
| $\sqrt[3]{10}$ | 2,154 434 690 031 884 | $0,\bar{3}$ (genau!) | 0,767 528 364 331 349 | 0,464 158 883 361 278 |
| $\pi$ | 3,141 592 653 589 793 | 0,497 149 872 694 134 | 1,144 729 885 849 400 | 0,318 309 886 183 791 |
| $\frac{\pi}{180}$ | 0,017 453 292 519 943 | 0,241 877 367 590 828 -2 | -4,048 226 965 040 810 | 57,295 779 513 082 321 |
| $\pi^2$ | 9,869 604 401 089 359 | 0,994 299 745 388 268 | 2,289 459 771 698 800 | 0,101 321 183 642 338 |
| $\sqrt{\pi}$ | 1,772 453 850 905 516 | 0,248 574 936 347 067 | 0,572 364 942 924 700 | 0,564 189 583 547 756 |
| $e$ | 2,718 281 828 459 045 | 0,434 294 481 903 252 | 1 (genau!) | 0,367 879 441 171 442 |
| $e^2$ | 7,389 056 098 930 650 | 0,868 588 963 806 504 | 2 (genau!) | 0,135 335 283 236 613 |
| $\sqrt{e}$ | 1,648 721 270 700 128 | 0,217 147 240 951 626 | 0,5 (genau!) | 0,606 530 659 712 633 |
| $M = \lg e$ [1] | 0,434 294 481 903 252 | 0,637 784 311 300 537 -1 | -0,834 032 445 247 956 | 2,302 585 092 994 046 |
| $\frac{1}{M} = \ln 10$ [2] | 2,302 585 092 994 046 | 0,362 215 688 699 463 | 0,834 032 445 247 956 | 0,434 294 481 903 252 |
| $\lg 2$ [3] | 0,301 029 995 663 981 | 0,478 609 772 345 675 -1 | -1,200 545 365 829 620 | 3,321 928 094 887 362 |
| $\frac{1}{\lg 2} = \log_2 10$ [4] | 3,321 928 094 887 362 | 0,521 390 227 654 325 | 1,200 545 365 829 620 | 0,301 029 995 663 981 |

[1]) Natürliche Logarithmen in Zehnerlogarithmen: $\lg z = \lg e \cdot \ln z$

[2]) Zehnerlogarithmen in natürliche Logarithmen: $\ln z = \ln 10 \cdot \lg z$

[3]) Zweierlogarithmen in Zehnerlogarithmen: $\lg z = \lg 2 \cdot \log_2 z$

[4]) Zehnerlogarithmen in Zweierlogarithmen: $\log_2 z = \log_2 10 \cdot \lg z$

1977


Ursprünglich erschienen bei Friedr. Vieweg & Sohn Verlagsgesellschaft mbH, Braunschweig, 1977



ISBN 978-3-528-04868-6 ISBN 978-3-322-84402-6 (eBook)
DOI 10.1007/978-3-322-84402-6

# Kleine mathematische Formelsammlung  Kemnitz/Engelhard

## 1. Logik

**Wahrheitstafel**: $p, q$ seien Aussagen

| | | |
|---|---|---|
| Negation | $\neg p$ | nicht $p$ |
| Konjunktion | $p \wedge q$ | $p$ und $q$ |
| Adjunktion | $p \vee q$ | $p$ oder $q$ |
| Subjunktion | $p \Rightarrow q$ | wenn $p$, dann $q$ |
| Bisubjunktion | $p \Leftrightarrow q$ | $p$ genau dann, wenn $q$ |

| $p$ | $q$ | $\neg p$ | $p \wedge q$ | $p \vee q$ | $p \Rightarrow q$ | $p \Leftrightarrow q$ |
|---|---|---|---|---|---|---|
| w | w | f | w | w | w | w |
| w | f | f | f | w | f | f |
| f | w | w | f | w | w | f |
| f | f | w | f | f | w | w |

**Quantoren**: $p(x)$ sei eine Aussageform auf $M, N \subseteq M$

$\bigwedge_{x \in N} p(x)$: für alle $x \in N$ gilt $p(x)$
($p(x)$ ist allgemeingültig auf $N$)

$\bigvee_{x \in N} p(x)$: es gibt (mindestens) ein $x \in N$, für das $p(x)$ gilt
($p(x)$ ist erfüllbar auf $N$)

**Logische Regeln**:

$\neg(\neg p) \Leftrightarrow p$

$\neg(p \wedge q) \Leftrightarrow (\neg p) \vee (\neg q)$

$\neg(p \vee q) \Leftrightarrow (\neg p) \wedge (\neg q)$

$(p \Rightarrow q) \Leftrightarrow ((\neg q) \Rightarrow (\neg p))$ (Kontraposition)

$(p \Rightarrow q) \Leftrightarrow \neg(p \wedge (\neg q))$

$\neg \bigwedge_{x \in M} p(x) \Leftrightarrow \bigvee_{x \in M} \neg p(x)$

$\neg \bigvee_{x \in M} p(x) \Leftrightarrow \bigwedge_{x \in M} \neg p(x)$

$$\bigvee_{x \in M} \bigwedge_{y \in N} p(x,y) \Rightarrow \bigwedge_{y \in N} \bigvee_{x \in M} p(x,y) \quad \text{(nicht umgekehrt!)}$$

## 2. Mengenlehre

$A$ ist Teilmenge von $B$: $A \subseteq B$: $x \in A \Rightarrow x \in B$

$A$ ist gleich $B$: $A = B$: $A \subseteq B \wedge B \subseteq A$ Es gilt für alle Mengen $A$: $\emptyset \subseteq A$

$A$ ist echte Teilmenge von $B$: $A \subset B$: $A \subseteq B \wedge A \neq B$ (leere Menge ist Teilmenge von $A$)

Potenzmenge: $\mathfrak{P} A = \{T \mid T \subseteq A\}$. Menge aller Teilmengen $T$ von $A$

Durchschnitt: $A \cap B = \{x \mid x \in A \wedge x \in B\}$

Vereinigung: $A \cup B = \{x \mid x \in A \vee x \in B\}$

Differenz: $A$ ohne $B$: $A \setminus B = \{x \mid x \in A \wedge x \notin B\}$

Komplement: $\complement_A B = A \setminus B$, kurz auch $\bar{B}$

Symmetrische Differenz: $A \triangle B = (A \setminus B) \cup (B \setminus A) = (A \cup B) \setminus (A \cap B)$

Kartesisches Produkt: $A \times B = \{(x,y) \mid x \in A \wedge y \in B\}$

$A^2 = A \times A$; $A^n = \underbrace{A \times A \times \ldots \times A}_{n\text{-mal}}$ $n \in \mathbb{N}$

## 3. Relationen

Jede nichtleere Teilmenge $\rho$ von $A \times B$ heißt **Relation**. Für $(a, b) \in \rho$ schreibt man $a \rho b$ (lies: $a$ rho $b$).

$\rho \subseteq A \times A$ heißt **Äquivalenzrelation** $\Leftrightarrow$
- $a \rho a$ für alle $a \in A$ (Reflexivität)
- $a \rho b \Rightarrow b \rho a$ (Symmetrie)
- $a \rho b \wedge b \rho c \Rightarrow a \rho c$ (Transitivität)

*Beispiele:*
$=$ (Gleichheit)
$\cong$ (Kongruenz)
$\sim$ (Ähnlichkeit)

$\rho \subseteq A \times A$ heißt **Ordnungsrelation** $\Leftrightarrow$
- $a \rho a$ für alle $a \in A$ (Reflexivität)
- $a \rho b \wedge b \rho a \Rightarrow a = b$ (Antisymmetrie)
- $a \rho b \wedge b \rho c \Rightarrow a \rho c$ (Transitivität)

*Beispiele:*
$\leqslant$ (kleiner oder gleich)
$\mid$ (teilt)

Man schreibt meist $a \sqsubseteq b$ ($a$ vor oder gleich $b$) statt $a \rho b$.

$\begin{matrix} s_o \in A \\ s_u \in A \end{matrix}$ heißt $\begin{matrix}\text{obere} \\ \text{untere}\end{matrix}$ **Schranke** von $B$ $\Leftrightarrow$ für alle $x \in B$ gilt: $\begin{matrix} x \sqsubseteq s_o \\ s_u \sqsubseteq x \end{matrix}$

$\begin{matrix} g_o \in A \\ g_u \in A \end{matrix}$ heißt $\begin{matrix}\text{obere} \\ \text{untere}\end{matrix}$ **Grenze** von $B$ $\Leftrightarrow$ $\begin{matrix} g_o \\ g_u \end{matrix}$ ist $\begin{matrix}\text{kleinste obere} \\ \text{größte untere}\end{matrix}$ Schranke von $B$

$f \subseteq A \times B$ heißt **Abbildung (Funktion)** von $A$ in $B$ $\Leftrightarrow$
(1) Für alle $x \in A$ gibt es mindestens ein $y \in B$ mit $(x, y) \in f$
(2) Für alle $x \in A$ gibt es höchstens ein $y \in B$ mit $(x, y) \in f$

Man schreibt: $f: \begin{matrix} A \to B \\ x \mapsto f(x) \end{matrix}$ $A$ heißt Definitionsbereich, $B$ heißt Zielmenge. $f(x)$ heißt Bild von $x$, $x$ heißt Urbild von $f(x)$.

$f\colon A \to B$ heißt
- **injektiv** $\iff (x_1 \neq x_2 \Rightarrow f(x_1) \neq f(x_2))$ [oder $f(x_1) = f(x_2) \Rightarrow x_1 = x_2$]
- **surjektiv** $\iff f(A) = B$, d.h. für jedes $y \in B$ gibt es ein $x \in A$: $y = f(x)$
- **bijektiv (eineindeutig)** $\iff f$ ist injektiv und surjektiv

**Umkehrfunktion** $f^{-1}$: Ist $f$ bijektiv, so gilt: $x = f^{-1}(y) \iff y = f(x)$

**Verkettung**: $f\colon \begin{matrix} A \to B \\ x \mapsto f(x) \end{matrix}$; $g\colon \begin{matrix} C \to D \\ y \to g(y) \end{matrix}$; $B \subseteq C$: $g \circ f\colon \begin{matrix} A \to D \\ x \to g(f(x)) \end{matrix}$, [d.h. $(g \circ f)(x) = g(f(x))$]

## 4. Algebraische Strukturen

Jede Abbildung der Art $A \times B \to C$ heißt **Verknüpfung.**
Verknüpfungen werden meist mit $\circ$ bezeichnet. Statt $\circ((a, b))$ schreibt man $a \circ b$.

Eine Verknüpfung heißt **innere Verknüpfung** (auf $A$) $\iff A = B = C$
Eine Verknüpfung heißt **äußere Verknüpfung** $\iff A = B \neq C$ oder $A \neq B = C$
Ein Paar $(A, \circ)$ heißt **Verknüpfungsgebilde** $\iff \circ$ ist innere Verknüpfung auf $A$

$(G, \circ)$ heißt [kommutative] **Gruppe**

$\Updownarrow$

(1) $(G, \circ)$ ist ein Verknüpfungsgebilde
(2) Assoziativgesetz: Für alle $a, b, c \in G$ gilt: $(a \circ b) \circ c = a \circ (b \circ c)$
(3) Existenz eines neutralen Elementes: Es gibt ein $n \in G$, so daß für alle $a \in G$ gilt: $n \circ a = a \circ n = a$
(4) Existenz der inversen Elemente: Für alle $a \in G$ gibt es ein $i(a) \in G$: $a \circ i(a) = i(a) \circ a = n$
[(5) Kommutativgesetz: Für alle $a, b \in G$ gilt: $a \circ b = b \circ a$]

Ist $(G, \circ)$ eine Gruppe, so gilt:
1. Für alle $a, b \in G$ sind die Gleichungen $a \circ x = b$ und $y \circ a = b$ eindeutig lösbar.
2. Kürzungsregeln: $a \circ b = c \circ b \Rightarrow a = c$; $a \circ b = a \circ c \Rightarrow b = c$
3. $i(a \circ b) = i(b) \circ i(a)$

Ist $\widetilde{G} \subseteq G$ und ist $(\widetilde{G}, \circ)$ eine Gruppe, so heißt $(\widetilde{G}, \circ)$ **Untergruppe** der Gruppe $(G, \circ)$.
Ist $\widetilde{G} \subseteq G$ und $\widetilde{G} \neq \emptyset$, so ist $(\widetilde{G}, \circ)$ bereits Untergruppe von $(G, \circ)$, wenn für alle $a, b \in \widetilde{G}$ gilt: $a \circ i(b) \in \widetilde{G}$.
Eine Gruppe $(G, \circ)$ heißt **zyklisch,** wenn es ein Element $a \in G$ gibt, so daß gilt:
$G = \{\dots, a^{-2}, a^{-1}, n, a, a^2, \dots\}$ (dabei ist für $m \in \mathbb{N}$: $a^m = \underbrace{a \circ a \circ \dots \circ a}_{m\text{-mal}}$ und $a^{-m} = i(a^m)$).
$a$ heißt **erzeugendes Element.**
Ist $G$ endlich und zyklisch, so gilt sogar: $G = \{n, a, a^2, \dots, a^m\}$ für ein geeignetes $m \in \mathbb{N}$.

$(R, \square, \circ)$ heißt **Ring** $\iff$
(1) $(R, \square)$ ist kommutative Gruppe
(2) $(R, \circ)$ ist ein Verknüpfungsgebilde, in dem das Assoziativgesetz gilt
(3) Distributivgesetze:
Für alle $a, b, c \in R$ gilt: $\begin{matrix} (a \square b) \circ c = (a \circ c) \square (b \circ c) \\ a \circ (b \square c) = (a \circ b) \square (a \circ c) \end{matrix}$

Ein Ring heißt genau dann **kommutativ,** wenn in $(R, \circ)$ das Kommutativgesetz gilt.
Das neutrale Element von $(R, \square)$ bezeichnet man meist mit 0 und nennt es **Nullelement.**
Gibt es auch in $(R, \circ)$ ein neutrales Element, so bezeichnet man es meist mit 1 und nennt es **Einselement.**
$a \in R$, $a \neq 0$ heißt **Nullteiler** $\iff$ Es gibt ein $b \in R$, $b \neq 0$ mit $a \circ b = 0$ oder $b \circ a = 0$

$(K, \square, \circ)$ heißt **Körper** $\iff$
(1) $(K, \square, \circ)$ ist Ring
(2) $(K^*, \circ)$ ist kommutative Gruppe $(K^* = K \setminus \{0\})$

Es gilt: $a \circ b = 0 \Rightarrow (a = 0$ oder $b = 0)$ (d.h. es gibt keine Nullteiler).

Ist $\oplus$ eine innere Verknüpfung auf einer Menge $V$ und $\circ\colon \begin{matrix} \mathbb{R} \times V \to V \\ (r, \vec{a}) \to r \circ \vec{a} \end{matrix}$ eine äußere Verknüpfung, so wird definiert:

$(V, \oplus, \circ)$ heißt **Vektorraum** $\iff$
(1) $(V, \oplus)$ ist eine kommutative Gruppe
(2) a) Gemischt-assoziativ-Gesetz: Es gilt stets: $r \circ (s \circ \vec{a}) = (rs) \circ \vec{a}$
b) Distributivgesetze: Es gilt stets: $(r + s) \circ \vec{a} = r \circ \vec{a} \oplus s \circ \vec{a}$ und $r \circ (\vec{a} \oplus \vec{b}) = r \circ \vec{a} \oplus r \circ \vec{b}$
c) Es gilt stets: $1 \circ \vec{a} = \vec{a}$

| | | |
|---|---|---|
| $\vec{a}_1, \vec{a}_2, \dots, \vec{a}_n$ heißt linear unabhängig | $\Leftrightarrow$ | $r_1 \circ \vec{a}_1 \oplus \dots \oplus r_n \circ \vec{a}_n = \vec{o} \Rightarrow r_1^2 + \dots + r_n^2 = 0$ |
| $\vec{a}_1, \vec{a}_2, \dots, \vec{a}_n$ heißt linear abhängig | $\Leftrightarrow$ | $\vec{a}_1, \vec{a}_2, \dots, \vec{a}_n$ sind nicht linear unabhängig, d.h. es gibt $r_1, r_2, \dots r_n \in \mathbb{R}$, so daß gilt: $r_1 \circ \vec{a}_1 \oplus \dots \oplus r_n \circ \vec{a}_n = \vec{o}$ und $r_1^2 + \dots + r_n^2 \neq 0$ |
| $\vec{a}_1, \vec{a}_2, \dots, \vec{a}_n$ heißt **Basis** von $(V, \oplus, \circ)$ | $\Leftrightarrow$ | (1) $\vec{a}_1, \vec{a}_2, \dots, \vec{a}_n$ sind linear unabhängig<br>(2) $V = \{r_1 \circ \vec{a}_1 + \dots + r_n \circ \vec{a}_n \mid r_i \in \mathbb{R}\}$ |

Die Anzahl der Vektoren einer Basis heißt Dimension von $(V, \oplus, \circ)$.

| | | |
|---|---|---|
| Eine Verknüpfung $\cdot: V \times V \to \mathbb{R}$, $(\vec{a}, \vec{b}) \mapsto \vec{a} \cdot \vec{b}$ heißt **Skalarprodukt** | $\Leftrightarrow$ | (1) $\vec{a} \cdot \vec{b} = \vec{b} \cdot \vec{a}$<br>(2) $\vec{a} \cdot (\vec{b} \oplus \vec{c}) = \vec{a} \cdot \vec{b} + \vec{a} \cdot \vec{c}$<br>(3) $(r \circ \vec{a}) \cdot \vec{b} = r(\vec{a} \cdot \vec{b})$<br>(4) $\vec{a} \cdot \vec{a} > 0 \Rightarrow \vec{a} \neq \vec{o}$ |
| $(V, \sqcap, \sqcup)$ heißt **Verband** | $\Leftrightarrow$ | (1) $x \sqcap y = y \sqcap x \;\wedge\; x \sqcup y = y \sqcup x$<br>(2) $x \sqcap (y \sqcap z) = (x \sqcap y) \sqcap z \;\wedge\; x \sqcup (y \sqcup z) = (x \sqcup y) \sqcup z$<br>(3) $x \sqcap (x \sqcup y) = x \;\wedge\; x \sqcup (x \sqcap y) = x$ |
| $(V, \sqcap, \sqcup)$ heißt **Boolescher Verband** oder **Boolesche Algebra** | $\Leftrightarrow$ | (1) Es gibt ein $n \in V$, so daß für alle $x \in V$ gilt: $x \sqcap n = n$<br>(2) Es gibt ein $e \in V$, so daß für alle $x \in V$ gilt: $x \sqcap e = x$<br>(3) Für alle $x \in V$ gibt es ein $\bar{x} \in V$, so daß gilt: $x \sqcup \bar{x} = e \wedge x \sqcap \bar{x} = n$<br>(4) $(x \sqcup y) \sqcap z = (x \sqcap z) \sqcup (y \sqcap z)$ |

Es gilt: $x \sqcup n = x;\quad x \sqcup e = e;\quad (x \sqcap y) \sqcup z = (x \sqcup z) \sqcap (y \sqcup z);\quad x = x \sqcup x = x \sqcap x;\quad \bar{\bar{x}} = x$

De Morgan: $\overline{(x \sqcap y)} = \bar{x} \sqcup \bar{y};\quad \overline{(x \sqcup y)} = \bar{x} \sqcap \bar{y}$

Definiert man $x \sqsubseteq y \Leftrightarrow x \sqcap y = x$, so gilt zusätzlich:

$x \sqsubseteq y \Leftrightarrow x \sqcup y = y;\quad x \sqsubseteq y \wedge x \sqsubseteq z \Rightarrow x \sqsubseteq (y \sqcap z);\quad x \sqsubseteq z \wedge y \sqsubseteq z \Rightarrow (x \sqcup y) \sqsubseteq z;\quad x \sqsubseteq y \Rightarrow \bar{y} \sqsubseteq \bar{x};$

$x \sqsubseteq y \Rightarrow$ Für alle $u \in V$ gilt: $x \sqsubseteq (y \sqcup u)$; $x \sqsubseteq y \Rightarrow$ Für alle $u \in V$ gilt: $(x \sqcap u) \sqsubseteq y$.

## 5. Zahlenmengen

| | |
|---|---|
| $\mathbb{N} = \{1, 2, 3, \dots\}$ | Menge der natürlichen Zahlen |
| $\mathbb{Z} = \{\dots, -2, -1, 0, 1, \dots\}$ | Menge der ganzen Zahlen |
| $\mathbb{Q} = \{\frac{a}{b} \mid a \in \mathbb{Z}, b \in \mathbb{N}\}$ | Menge der rationalen Zahlen |
| $\mathbb{R} = \{x \mid x = \lim q_n, q_n \in \mathbb{Q}\}$ | Menge der reellen Zahlen |
| $\mathbb{R} \setminus \mathbb{Q}$ | Menge der irrationalen Zahlen (der algebraisch-irrationalen ($\sqrt{2}$) und transzendenten ($\pi$) Zahlen) |
| $\mathbb{C} = \{a + bi \mid a, b \in \mathbb{R}\}$ $(i^2 = -1)$ | Menge der komplexen Zahlen |
| $\mathbb{C} \setminus \mathbb{R}$ | Menge der imaginären Zahlen |
| $\mathbb{I} = \{bi \mid b \in \mathbb{R} \setminus \{0\}\}$ | Menge der rein imaginären Zahlen |

## 6. Der Körper der reellen Zahlen

**Anordnung**: $a > b \Leftrightarrow$ Es gibt ein $x \in \mathbb{R}^+$: $a = b + x$; $a \geqslant b \Leftrightarrow (a > b \vee a = b)$

| | |
|---|---|
| $a > b \Leftrightarrow a \pm c > b \pm c$ | $a > b \Leftrightarrow -a < -b$ |
| $(a > b \text{ und } c > 0) \Rightarrow a \cdot c > b \cdot c$ | $(a > b \text{ und } c < 0) \Rightarrow a \cdot c < b \cdot c$ |
| $(a > b \text{ und } c > 0) \Rightarrow \frac{a}{b} > \frac{b}{c}$ | $(a > b \text{ und } c < 0) \Rightarrow \frac{a}{c} < \frac{b}{c}$ |
| $(a > b \text{ und } a \cdot b > 0) \Rightarrow \frac{1}{a} < \frac{1}{b}$ | $(a > b \text{ und } a \cdot b < 0) \Rightarrow \frac{1}{a} > \frac{1}{b}$ |
| $(a > b > 0 \text{ und } r \in \mathbb{R}^+) \Rightarrow a^r > b^r$ | $(a > b > 0 \text{ und } r \in \mathbb{R}^-) \Rightarrow a^r < b^r$ |
| $a > 1 \text{ und } r > s \Rightarrow a^r > a^s$ | $0 < a < 1 \text{ und } r > s \Rightarrow a^r < a^s$ |

**Absoluter Betrag**: $|a| = \begin{cases} a, & \text{falls } a \geq 0 \\ -a, & \text{falls } a \leq 0 \end{cases}$ ($|a|$ lies: Betrag von $a$)

Es gilt: $|a \pm b| \leq |a| + |b|;\quad |a \pm b| \geq \big||a| - |b|\big|;\quad |a \cdot b| = |a| \cdot |b|;\quad \left|\frac{a}{b}\right| = \frac{|a|}{|b|}\quad (b \neq 0)$

**offenes Intervall**: $]a, b[\; = \{x \mid x \in \mathbb{R} \text{ und } a < x < b\}$
**abgeschlossenes Intervall**: $[a, b] = \{x \mid x \in \mathbb{R} \text{ und } a \leq x \leq b\}$
**halboffenes Intervall**: $]a, b] = \{x \mid x \in \mathbb{R} \text{ und } a < x \leq b\}$ $\quad [a, b[\; = \{x \mid x \in \mathbb{R} \text{ und } a \leq x < b\}$

| | Zwei Glieder | $n$ Glieder ($n \in \mathbb{N}$) |
|---|---|---|
| **Arithmetische Mittel:** | $\frac{a+b}{2}$ | $\frac{1}{n}(a_1 + a_2 + \ldots + a_n)$ |
| **Geometrische Mittel:** | $\sqrt{ab}$ | $\sqrt[n]{a_1 a_2 \ldots a_n}$ |
| **Harmonische Mittel:** | $\frac{2}{\frac{1}{a}+\frac{1}{b}} = \frac{2ab}{a+b}$ | $\frac{n}{\frac{1}{a_1}+\frac{1}{a_2}+\ldots+\frac{1}{a_n}}$ |

**Binomische Formeln** $(a+b)^2 = a^2 + 2ab + b^2$; $(a-b)^2 = a^2 - 2ab + b^2$; $(a+b)(a-b) = a^2 - b^2$

Die zweite binomische Formel ergibt sich aus der ersten, indem man $-b$ für $b$ einsetzt.
Entsprechend lassen sich aus folgenden Formeln weitere herleiten.

$$(a+b)^3 = a^3 + 3a^2b + 3ab^2 + b^3$$
$$(a+b+c)^2 = a^2 + b^2 + c^2 + 2ab + 2ac + 2bc$$
$$a^n + b^n = (a+b)(a^{n-1} - a^{n-2}b + a^{n-3}b^2 - + \ldots + b^{n-1}), \quad n \in \mathbb{N},\ n \text{ ungerade}$$
$$a^n - b^n = (a-b)(a^{n-1} + a^{n-2}b + a^{n-3}b^2 + \ldots + b^{n-1}), \quad n \in \mathbb{N}$$
$$(a+b)^n = a^n + \binom{n}{1}a^{n-1}b + \binom{n}{2}a^{n-2}b^2 + \ldots + \binom{n}{k}a^{n-k}b^k + \ldots + b^n = \sum_{k=0}^{n}\binom{n}{k}a^{n-k}b^k \quad n \in \mathbb{N}$$

**Fakultät:** $1 \cdot 2 \cdot 3 \cdot \ldots \cdot k = k!$ ($k$ Fakultät); $0! = 1$ Stirlingsche Formel: $\left(\frac{n}{e}\right)^n \cdot \sqrt{2\pi n} < n! < \left(\frac{n}{e}\right)^n \cdot \sqrt{2\pi n} \cdot e^{\frac{1}{12n}}$

**Binomialkoeffizienten:** $\binom{n}{0} = 1$; $\binom{n}{k} = \frac{n(n-1)(n-2)\ldots(n-k+1)}{1 \cdot 2 \cdot 3 \cdot \ldots \cdot k}$ $(n \geq k;\ n, k \in \mathbb{N})$

Es gilt: $\binom{n}{k} + \binom{n}{k+1} = \binom{n+1}{k+1}$; $\binom{n}{k} = \frac{n!}{k!(n-k)!} = \binom{n}{n-k}$

**Potenzgesetze:** $a^r \cdot a^s = a^{r+s}$ $a^r : a^s = a^{r-s}$ $a^{-s} = \frac{1}{a^s}$ $a^r \cdot b^r = (a \cdot b)^r$

Für alle $a, b \in \mathbb{R}^+$ und alle $r, s \in \mathbb{R}$, $m \in \mathbb{N}$ gilt: $a^r : b^r = \left(\frac{a}{b}\right)^r$ $\sqrt[m]{a} \cdot \sqrt[m]{b} = \sqrt[m]{a \cdot b}$ $(a^r)^s = a^{r \cdot s} = (a^s)^r$ $\sqrt[m]{a^s} = a^{\frac{s}{m}} = (\sqrt[m]{a})^s$

**Logarithmus:** Für alle $y \in \mathbb{R}, x \in \mathbb{R}^+$ und $b \in \mathbb{R}^+ \setminus \{1\}$ wird definiert: $\boxed{\log_b x = y} \iff \boxed{b^y = x}$

Umrechnung: $\log_b x = \log_a x \cdot \log_b a \ \left(\log_b a = \frac{1}{\log_a b}\right)$

$\ln x = \lg x \cdot \ln 10 \ \left(\ln 10 = \frac{1}{\lg e} = 2{,}302\,585\ldots\right)$; $\lg x = \ln x \cdot \lg e \ \left(\lg e = \frac{1}{\ln 10} = 0{,}434\,294\ldots\right)$

Rechenregeln: $\log_b(x \cdot y) = \log_b x + \log_b y$ $\log_b \frac{x}{y} = \log_b x - \log_b y$

$\log_b x^r = r \cdot \log_b x \ (r \in \mathbb{R})$ $\log_b \sqrt[n]{x} = \frac{1}{n} \cdot \log_b x \ (n \in \mathbb{N})$

## 7. Der Körper der komplexen Zahlen

$\mathbb{C}$ läßt sich definieren als $\{(a,b) \mid a, b \in \mathbb{R}\}$ mit den folgenden Verknüpfungen:

$(a_1, b_1) + (a_2, b_2) = (a_1 + a_2, b_1 + b_2)$
$(a_1, b_1) \cdot (a_2, b_2) = (a_1a_2 - b_1b_2, a_1b_2 + a_2b_1)$ Dann ist $(\mathbb{C}, +, \cdot)$ ein Körper (siehe 4.)

Übliche Schreibweise: $z = a + bi$ statt $z = (a, b)$; es gilt: $i^2 = (0,1)^2 = (-1,0) = -1$; $i^3 = -i$; $i^4 = 1$; ...

Betrag: $|z| = |a + bi| = \sqrt{a^2 + b^2}$

Darstellung in Polarkoordinaten: $z = r[\cos(\varphi + 2k\pi) + i\sin(\varphi + 2k\pi)] = r\,e^{i(\varphi + 2k\pi)}$ $(k \in \mathbb{Z})$

Es gilt: $|z| = r = \sqrt{a^2 + b^2}$; $\tan\varphi = \frac{b}{a}$; $a = r\cos\varphi$; $b = r\sin\varphi$

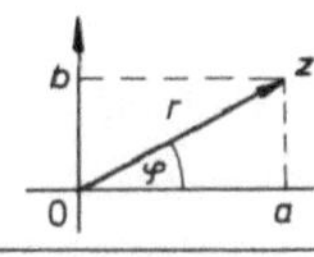


**Addition und Subtraktion:** $z_1 \pm z_2 = (a_1 + b_1 i) \pm (a_2 + b_2 i) = (a_1 \pm a_2) + (b_1 \pm b_2)i$

**Multiplikation:** $z_1 \cdot z_2 = (a_1 + b_1 i) \cdot (a_2 + b_2 i) = (a_1a_2 - b_1b_2) + (a_1b_2 + a_2b_1)i$
$= r_1r_2[\cos(\varphi_1 + \varphi_2) + i\sin(\varphi_1 + \varphi_2)] = r_1r_2\,e^{i(\varphi_1 + \varphi_2)}$

**Division:** $z_2 \neq 0$: $\frac{z_1}{z_2} = \frac{a_1 + b_1 i}{a_2 + b_2 i} = \frac{a_1 + b_1 i}{a_2 + b_2 i} \cdot \frac{a_2 - b_2 i}{a_2 - b_2 i} = \frac{a_1a_2 + b_1b_2}{a_2^2 + b_2^2} + \frac{a_2b_1 - a_1b_2}{a_2^2 + b_2^2}i$
$= \frac{r_1}{r_2}[\cos(\varphi_1 - \varphi_2) + i\sin(\varphi_1 - \varphi_2)] = \frac{r_1}{r_2}e^{i(\varphi_1 - \varphi_2)}$

**Moivresche Formeln:** Potenzieren ($m \in \mathbb{Z}$): $z^m = (a + b\,\mathrm{i})^m = r^m\,(\cos m\varphi + \mathrm{i}\sin m\varphi) = r^m\,\mathrm{e}^{\mathrm{i}m\varphi}$

Radizieren: Für $z = r(\cos\varphi + \mathrm{i}\sin\varphi)$ sind die Lösungen der Gleichung $w^n = z$, $n \in \mathbb{N}$:

$$\sqrt[n]{r}\left[\cos\frac{\varphi + 2k\pi}{n} + \mathrm{i}\sin\frac{\varphi + 2k\pi}{n}\right] \quad \text{bzw.} \quad \sqrt[n]{r}\,\mathrm{e}^{\mathrm{i}\frac{\varphi + 2k\pi}{n}} \qquad (k = 0, 1, \dots, n-1)$$

**$n$-te Einheitswurzeln:** $\epsilon_1, \dots, \epsilon_n$, sind die Lösungen der Gleichung $w^n = 1$ ($n \in \mathbb{N}$).

Es gilt: $\epsilon_k = \cos\frac{2k\pi}{n} + \mathrm{i}\sin\frac{2k\pi}{n} = \mathrm{e}^{\mathrm{i}\frac{2k\pi}{n}}$ $\quad (k = 0, 1, \dots, n-1)$

Die dritten Einheitswurzeln $\epsilon_1, \epsilon_2, \epsilon_3$ sind: $1$; $\frac{-1 + \mathrm{i}\sqrt{3}}{2}$; $\frac{-1 - \mathrm{i}\sqrt{3}}{2}$

**Konjugiert komplexe Zahlen:** $\bar{z} = a - b\,\mathrm{i}$ heißt die zu $z = a + b\,\mathrm{i}$ konjugiert komplexe Zahl.

Es gilt: $z + \bar{z} = 2a$; $z - \bar{z} = 2b\,\mathrm{i}$; $z \cdot \bar{z} = a^2 + b^2 = r^2$.

## 8. Vektoren in der Geometrie

| | | |
|---|---|---|
| $\vec{a}, \vec{b}$ ($\neq \vec{o}$) heißen **kollinear** | $\Longleftrightarrow$ | ($\vec{a}, \vec{b}$) ist linear abhängig (vgl. 4.) (d.h. es gibt ein $r \in \mathbb{R}$: $\vec{a} = r\vec{b}$) |
| $\vec{a}, \vec{b}, \vec{c}$ ($\neq \vec{o}$) heißen **komplanar** | $\Longleftrightarrow$ | ($\vec{a}, \vec{b}, \vec{c}$) ist linear abhängig (vgl. 4.) (d.h. es gibt $r, s \in \mathbb{R}$: $\vec{a} = r\vec{b} + s\vec{c}$ oder $\vec{b}, \vec{c}$ kollinear) |

**Skalarprodukt:** $\vec{a} \cdot \vec{b} = |\vec{a}| \cdot |\vec{b}| \cdot \cos(\vec{a}, \vec{b})$

Es gilt: $\begin{pmatrix} a_x \\ a_y \\ a_z \end{pmatrix} \cdot \begin{pmatrix} b_x \\ b_y \\ b_z \end{pmatrix} = a_x b_x + a_y b_y + a_z b_z$

$|\vec{a}| = a = \sqrt{\vec{a} \cdot \vec{a}}$

$\vec{a} \cdot \vec{b} = 0 \Longleftrightarrow \vec{a} \perp \vec{b}$

$\vec{i} \cdot \vec{j} = \vec{j} \cdot \vec{k} = \vec{i} \cdot \vec{k} = 0$; $\vec{i} \cdot \vec{i} = \vec{j} \cdot \vec{j} = \vec{k} \cdot \vec{k} = 1$

**Kreuzprodukt:** $\vec{a} \times \vec{b}$ wird definiert als der Vektor, der die folgenden Bedingungen erfüllt:

(1) $|\vec{a} \times \vec{b}| = ab\sin(\vec{a}, \vec{b})$ $\qquad (0° \leq \sphericalangle(\vec{a}, \vec{b}) \leq 180°)$

(2) $(\vec{a} \times \vec{b}) \perp \vec{a}$; $(\vec{a} \times \vec{b}) \perp \vec{b}$

(3) $\vec{a}, \vec{b}, \vec{a} \times \vec{b}$ bilden ein Rechtssystem

(Daumen, Zeigefinger und Mittelfinger der rechten Hand für $\vec{a}, \vec{b}, \vec{a} \times \vec{b}$)

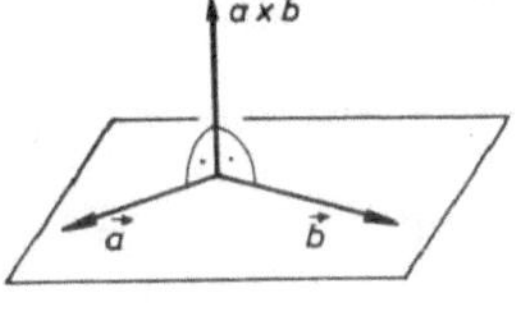


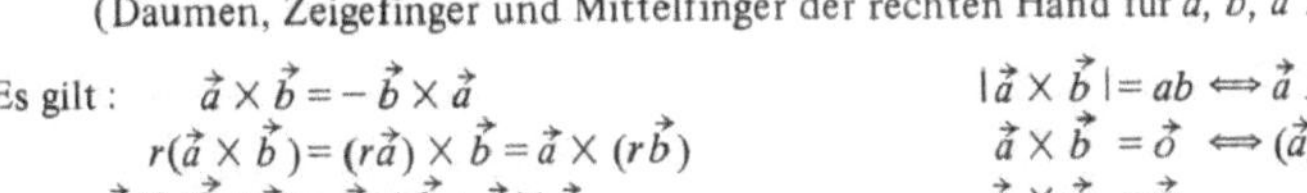

Es gilt: $\vec{a} \times \vec{b} = -\vec{b} \times \vec{a}$

$r(\vec{a} \times \vec{b}) = (r\vec{a}) \times \vec{b} = \vec{a} \times (r\vec{b})$

$\vec{a} \times (\vec{b} + \vec{c}) = \vec{a} \times \vec{b} + \vec{a} \times \vec{c}$

$|\vec{a} \times \vec{b}| = ab \Longleftrightarrow \vec{a} \perp \vec{b}$

$\vec{a} \times \vec{b} = \vec{o} \Longleftrightarrow (\vec{a}, \vec{b})$ *linear abhängig*

$\vec{a} \times \vec{a} = \vec{o}$

**Spatprodukt:** $\vec{a}\,\vec{b}\,\vec{c} = \vec{a} \cdot (\vec{b} \times \vec{c})$

Es gilt: $\vec{a}\,\vec{b}\,\vec{c} = a_x b_y c_z + b_x c_y a_z + c_x a_y b_z - c_x b_y a_z - b_x a_y c_z - a_x c_y b_z = \begin{vmatrix} a_x & b_x & c_x \\ a_y & b_y & c_y \\ a_z & b_z & c_z \end{vmatrix}$

$\vec{a}\,\vec{b}\,\vec{c} = \vec{b}\,\vec{c}\,\vec{a} = \vec{c}\,\vec{a}\,\vec{b} = -\vec{b}\,\vec{a}\,\vec{c} = -\vec{c}\,\vec{b}\,\vec{a} = -\vec{a}\,\vec{c}\,\vec{b}$ (siehe 9.)

## 9. Matrizen, Determinanten, Gleichungssysteme

**Summe zweier Matrizen**

$$\begin{pmatrix} \alpha_{11} & \cdots & \alpha_{1n} \\ \vdots & & \vdots \\ \alpha_{m1} & \cdots & \alpha_{mn} \end{pmatrix} + \begin{pmatrix} \beta_{11} & \cdots & \beta_{1n} \\ \vdots & & \vdots \\ \beta_{m1} & \cdots & \beta_{mn} \end{pmatrix} = \begin{pmatrix} \alpha_{11} + \beta_{11} & \cdots & \alpha_{1n} + \beta_{1n} \\ \vdots & & \vdots \\ \alpha_{m1} + \beta_{m1} & \cdots & \alpha_{mn} + \beta_{mn} \end{pmatrix}$$

Zwei Matrizen werden addiert, indem man die einzelnen einander entsprechenden Glieder addiert.

**Produkt einer Matrix mit einer reellen Zahl**

$$r \cdot \begin{pmatrix} \alpha_{11} & \cdots & \alpha_{1n} \\ \vdots & & \vdots \\ \alpha_{m1} & \cdots & \alpha_{mn} \end{pmatrix} = \begin{pmatrix} r\alpha_{11} & \cdots & r\alpha_{1n} \\ \vdots & & \vdots \\ r\alpha_{m1} & \cdots & r\alpha_{mn} \end{pmatrix}$$

Eine Matrix wird mit einer reellen Zahl multipliziert, indem man jedes Glied mit der Zahl multipliziert.

**Produkt zweier Matrizen**

Das Produkt ist nur definiert für den Fall: **Spaltenanzahl der 1. Matrix = Zeilenanzahl der 2. Matrix**

$$\begin{pmatrix} \alpha_{11} & \cdots & \alpha_{1n} \\ \vdots & & \vdots \\ \alpha_{m1} & \cdots & \alpha_{mn} \end{pmatrix} \begin{pmatrix} \beta_{11} & \cdots & \beta_{1p} \\ \vdots & & \vdots \\ \beta_{n1} & \cdots & \beta_{np} \end{pmatrix} = \begin{pmatrix} \alpha_{11}\beta_{11} + \alpha_{12}\beta_{21} + \ldots + \alpha_{1n}\beta_{n1} & \cdots & \alpha_{11}\beta_{1p} + \alpha_{12}\beta_{2p} + \ldots + \alpha_{1n}\beta_{np} \\ \vdots & & \vdots \\ \underbrace{\alpha_{m1}\beta_{11} + \alpha_{m2}\beta_{21} + \ldots + \alpha_{mn}\beta_{n1}}_{\text{1. Spalte der Produktmatrix}} & \cdots & \underbrace{\alpha_{m1}\beta_{1p} + \alpha_{m2}\beta_{2p} + \ldots + \alpha_{mn}\beta_{np}}_{p\text{-te Spalte der Produktmatrix}} \end{pmatrix}$$

Das Glied in der $k$-ten Zeile und der $i$-ten Spalte der Produktmatrix entsteht dadurch, daß jedes Glied der $k$-ten Zeile der 1. Matrix mit dem entsprechenden Glied der $i$-ten Spalte der 2. Matrix multipliziert wird und dann die Produkte aufsummiert werden.

**Zweireihige Determinante:** $\begin{vmatrix} \alpha_{11} & \alpha_{12} \\ \alpha_{21} & \alpha_{22} \end{vmatrix} = \alpha_{11}\alpha_{22} - \alpha_{12}\alpha_{21}$

**Dreireihige Determinante:** $\begin{vmatrix} \alpha_{11} & \alpha_{12} & \alpha_{13} \\ \alpha_{21} & \alpha_{22} & \alpha_{23} \\ \alpha_{31} & \alpha_{32} & \alpha_{33} \end{vmatrix} = \alpha_{11} \begin{vmatrix} \alpha_{22} & \alpha_{23} \\ \alpha_{32} & \alpha_{33} \end{vmatrix} - \alpha_{21} \begin{vmatrix} \alpha_{12} & \alpha_{13} \\ \alpha_{32} & \alpha_{33} \end{vmatrix} + \alpha_{31} \begin{vmatrix} \alpha_{12} & \alpha_{13} \\ \alpha_{22} & \alpha_{23} \end{vmatrix} =$

$$= \alpha_{11}\alpha_{22}\alpha_{33} + \alpha_{12}\alpha_{23}\alpha_{31} + \alpha_{13}\alpha_{21}\alpha_{32} - \alpha_{31}\alpha_{22}\alpha_{13} - \alpha_{32}\alpha_{23}\alpha_{11} - \alpha_{33}\alpha_{21}\alpha_{12}$$

Entsprechend sind $n$-reihige Determinanten definiert.

Regel von Sarrus
(gilt nur für dreireihige Determinanten):

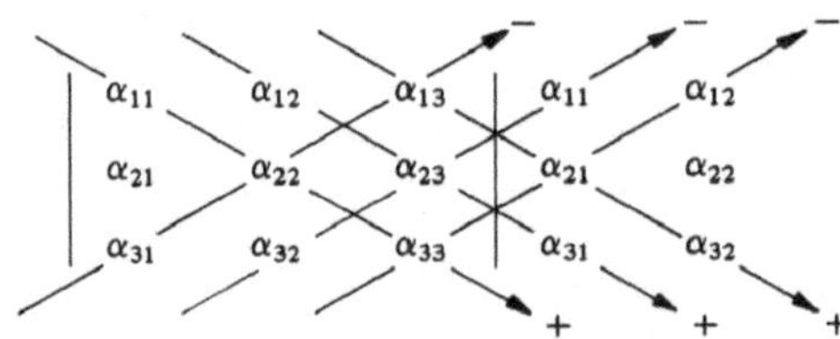

**(2,2)-Gleichungssysteme**

$$\begin{aligned} \alpha_{11}x_1 + \alpha_{12}x_2 &= k_1 \\ \alpha_{21}x_1 + \alpha_{22}x_2 &= k_2 \end{aligned}$$

Genau dann, wenn $D = \begin{vmatrix} \alpha_{11} & \alpha_{12} \\ \alpha_{21} & \alpha_{22} \end{vmatrix} \neq 0$ ist, existiert eine Lösung und ist diese eindeutig: $x_1^* = \frac{D_1}{D}, x_2^* = \frac{D_2}{D}$,

wobei $D_1 = \begin{vmatrix} k_1 & \alpha_{12} \\ k_2 & \alpha_{22} \end{vmatrix}$, $D_2 = \begin{vmatrix} \alpha_{11} & k_1 \\ \alpha_{21} & k_2 \end{vmatrix}$ ist.

**(3,3)-Gleichungssysteme**

$$\begin{aligned} \alpha_{11}x_1 + \alpha_{12}x_2 + \alpha_{13}x_3 &= k_1 \\ \alpha_{21}x_1 + \alpha_{22}x_2 + \alpha_{23}x_3 &= k_2 \\ \alpha_{31}x_1 + \alpha_{32}x_2 + \alpha_{33}x_3 &= k_3 \end{aligned}$$

Genau dann, wenn $D = \begin{vmatrix} \alpha_{11} & \alpha_{12} & \alpha_{13} \\ \alpha_{21} & \alpha_{22} & \alpha_{23} \\ \alpha_{31} & \alpha_{32} & \alpha_{33} \end{vmatrix} \neq 0$ ist, existiert eine Lösung und ist diese eindeutig:

$x_1^* = \frac{D_1}{D}$, $x_2^* = \frac{D_2}{D}$, $x_3^* = \frac{D_3}{D}$, wobei $D_1 = \begin{vmatrix} k_1 & \alpha_{12} & \alpha_{13} \\ k_2 & \alpha_{22} & \alpha_{23} \\ k_3 & \alpha_{32} & \alpha_{33} \end{vmatrix}$, $D_2 = \begin{vmatrix} \alpha_{11} & k_1 & \alpha_{13} \\ \alpha_{21} & k_2 & \alpha_{23} \\ \alpha_{31} & k_3 & \alpha_{33} \end{vmatrix}$, $D_3 = \begin{vmatrix} \alpha_{11} & \alpha_{12} & k_1 \\ \alpha_{21} & \alpha_{22} & k_2 \\ \alpha_{31} & \alpha_{32} & k_3 \end{vmatrix}$ ist.

Entsprechendes gilt für **$(n,n)$-Gleichungssysteme.**

## 10. Allgemeine Gleichungen in einer Variablen

**Näherungslösungen**

*Regula falsi* (Sekantenverfahren):
Sind $x_1, x_2$ Näherungslösungen mit $f(x_1) < 0$ und $f(x_2) > 0$, so erhält man durch Interpolation die bessere Näherungslösung $x_s$:

$$x_s = x_1 - \frac{x_2 - x_1}{f(x_2) - f(x_1)} \cdot f(x_1)$$

*Newtonsche Formel* (Tangentenverfahren):
Ist $x_1$ eine Näherungslösung mit $f'(x_1) \neq 0$, so erhält man die bessere Näherungslösung $x_t$:

$$x_t = x_1 - \frac{f(x_1)}{f'(x_1)}$$

**Quadratische Gleichung**

Normalform: $x^2 + px + q = 0$ Grundform: $ax^2 + bx + c = 0, \quad a \neq 0$

Lösungen: $x_{1/2} = -\frac{p}{2} \pm \sqrt{\left(\frac{p}{2}\right)^2 - q}$; $x_{1/2} = \frac{1}{2a}(-b \pm \sqrt{b^2 - 4ac})$

Zerlegung in Linearfaktoren: $x^2 + px + q = 0 = (x - x_1)(x - x_2)$

Satz von Vieta: $p = -(x_1 + x_2)$; $q = x_1 x_2$

**Kubische Gleichung**

Normalform: $x^3 + px^2 + qx + r = 0$

Zerlegung in Linearfaktoren: $x^3 + px^2 + qx + r = 0 = (x - x_1)(x - x_2)(x - x_3)$

Satz von Vieta: $p = -(x_1 + x_2 + x_3)$; $q = x_1 x_2 + x_1 x_3 + x_2 x_3$; $r = -x_1 x_2 x_3$

## 11. Arithmetische und geometrische Folgen und Reihen

**Arithmetische Folge**: $\langle a_n \rangle = \langle a_1; a_1 + d; a_1 + 2d; \ldots; a_1 + (n-1)d; \ldots \rangle = \langle a_1 + (n-1)d \rangle$

Es gilt: $d = a_{n+1} - a_n$; $a_k = \frac{1}{2}(a_{k-1} + a_{k+1})$; $s_n = a_1 + a_2 + \ldots + a_n = \frac{n}{2}(a_1 + a_n) = \frac{n}{2}[2a_1 + (n-1)d]$

Spezielle arithmetische Reihen: $1 + 2 + 3 + \ldots + n = \frac{n}{2}(n+1)$; $1 + 3 + \ldots + (2n-1) = n^2$

**Geometrische Folge**: $\langle a_n \rangle = \langle a_1; a_1 q; a_1 q^2; \ldots; a_1 q^{n-1}; \ldots \rangle = \langle a_1 q^{n-1} \rangle$

Es gilt: $q = \frac{a_{n+1}}{a_n}$; $a_k = \sqrt{a_{k-1} \cdot a_{k+1}}$; $s_n = a_1 + a_2 + \ldots + a_n = a_1 \cdot \frac{q^n - 1}{q - 1} \quad (q \neq 1)$

Für $|q| < 1$ gilt: $\lim a_n = 0$ und $s = a_1 + a_2 + \ldots = \sum_{n=1}^{\infty} a_n = \lim s_n = \frac{a_1}{1-q}$

## 12. Geometrie

### 12.1. Planimetrie

**Das Dreieck**

Der Schnittpunkt $M$ der Mittelsenkrechten ist der Mittelpunkt des Umkreises.
Der Schnittpunkt $S$ der Seitenhalbierenden ist der Schwerpunkt des Dreiecks.
Der Schwerpunkt $S$ teilt die Seitenhalbierenden im Verhältnis 1 : 2: $|\overline{SA}| = \frac{2}{3} s_a, \ldots$.
Der Schnittpunkt $O$ der Winkelhalbierenden ist der Mittelpunkt des Inkreises.

Inkreisradius: $\rho = \sqrt{\frac{(s-a)(s-b)(s-c)}{s}}$ mit $s = \frac{a+b+c}{2}$; $u : v = a : b$

Für Höhen gilt: $h_a : h_b : h_c = \frac{1}{a} : \frac{1}{b} : \frac{1}{c}$

Dreiecksfläche: $A = \frac{1}{2} a h_a = \ldots = \sqrt{s(s-a)(s-b)(s-c)} = \rho \cdot s$ mit $s = \frac{a+b+c}{2}$
(Heronische Formel)

Im Falle $\gamma = 90^\circ$ gilt:
*Kathetensatz* (Erster Satz des Euklid): $a^2 = c \cdot p \quad b^2 = c \cdot q$
*Höhensatz* (Zweiter Satz des Euklid): $h^2 = p \cdot q$
*Satz des Pythagoras*: $a^2 + b^2 = c^2$

**Das $n$-Eck** Bezeichnungen zum regelmäßigen $n$-Eck:
$a_n$ Seitenlänge; $r$ Umkreisradius; $\rho_n$ Inkreisradius; $A_n$ Flächeninhalt

Summe der Innenwinkel: $(n-2) \cdot 180^\circ$ Anzahl der Diagonalen: $\frac{1}{2} n \cdot (n-3)$

$$A_n = \frac{n}{2} a_n \rho_n = \frac{n}{2} a_n r \sqrt{1 - \frac{a_n^2}{4r^2}} = \frac{n}{2} r^2 \sin \frac{360^\circ}{n}; \quad a_{2n} = r \sqrt{2 - \sqrt{4 - \left(\frac{a_n}{r}\right)^2}}$$

Fläche des (beliebigen) Tangenten-$n$-Ecks: $\rho_n \cdot s$ ($s$ halber Umfang)

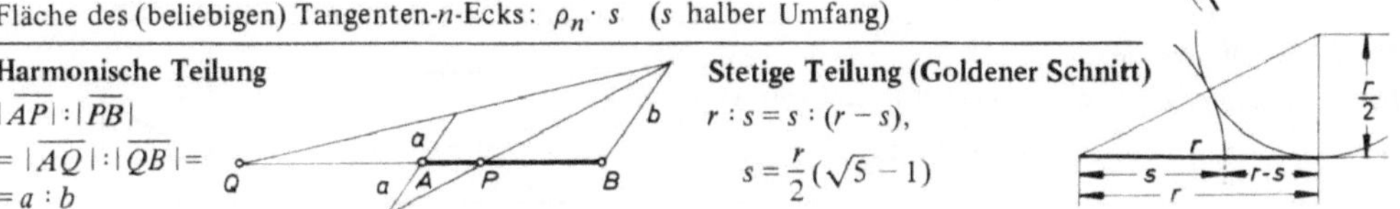


**Harmonische Teilung**
$|\overline{AP}| : |\overline{PB}|$
$= |\overline{AQ}| : |\overline{QB}| =$
$= a : b$

**Stetige Teilung (Goldener Schnitt)**
$r : s = s : (r - s)$,
$s = \frac{r}{2}(\sqrt{5} - 1)$

**Der Kreis**

Kreisumfang $u = 2\pi r = \pi d$

Kreisfläche $A = \pi r^2 = \frac{\pi}{4} d^2$

Kreisbogen $b = r \frac{\alpha\pi}{180^\circ} = r \operatorname{arc} \alpha$

Sektorfläche (Kreisausschnitt) $A_s = \frac{1}{2} br = \frac{1}{2} r^2 \operatorname{arc} \alpha$

Segmentfläche (Kreisabschnitt) $A = \frac{1}{2}(br - s(r - h))$
$= \frac{1}{2} r^2 (\operatorname{arc} \alpha - \sin \alpha)$

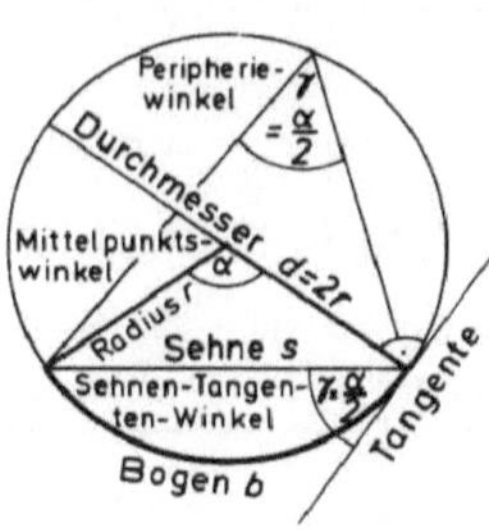


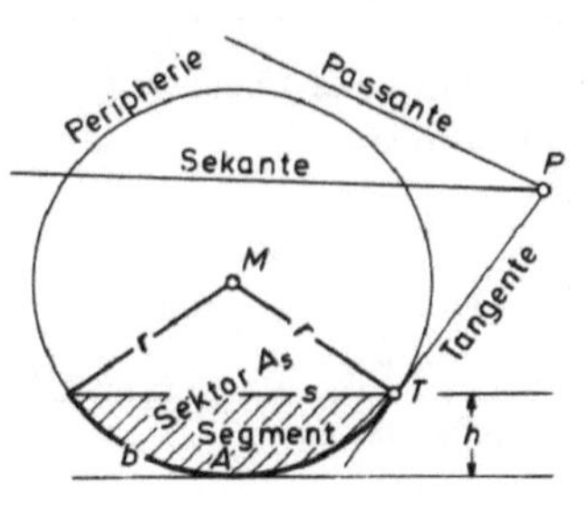


## 12.2. Stereometrie

| Körper | Volumen $V$ | Oberfläche $A$ Raumdiagonale $e$ / Mantelfläche $M$ Seitenlinie $s$ |
|---|---|---|
| Würfel | $a^3$ | $A = 6a^2$<br>$e = a\sqrt{3}$ |
| Quader | $abc$ | $A = 2(ab + ac + bc)$<br>$e = \sqrt{a^2 + b^2 + c^2}$ |
| Prisma | $G \cdot h$ | $A = 2G + M$ |
| Pyramide | $\frac{1}{3} G \cdot h$ | |
| Pyramidenstumpf | $\frac{h}{3}(G_1 + \sqrt{G_1 G_2} + G_2)$ | |
| Zylinder (gerader Kreis-) | $\pi r^2 h$ | $M = 2\pi r h$<br>$A = 2\pi r(h + r)$ |
| Kegel (gerader Kreis-) | $\frac{h}{3} \pi r^2$ | $M = \pi r s$<br>$A = \pi r(r + s)$<br>$s^2 = h^2 + r^2$ |
| Kegelstumpf | $\frac{h}{3} \pi (r_1^2 + r_1 r_2 + r_2^2)$ | $M = \pi s(r_1 + r_2)$<br>$A = \pi r_1(r_1 + s) + \pi r_2(r_2 + s)$<br>$s^2 = h^2 + (r_1 - r_2)^2$ |
| Kugel | $\frac{4}{3} \pi r^3$ | $A = 4\pi r^2$ |
| Kugelschicht | $\frac{1}{6} \pi h(3\rho_1^2 + 3\rho_2^2 + h^2)$ | $M = 2\pi r h$ (Zone) |
| Kugelabschnitt | $\frac{1}{6} \pi h(3\rho^2 + h^2) = \pi \frac{h^2}{3}(3r - h)$ | $M = 2\pi r h$ (Kappe) |
| Kugelausschnitt | $\frac{2}{3} \pi r^2 h$ | $A = \pi r(2h + \rho)$ |
| Ellipsoid | $\frac{4}{3} \pi abc$ | |
| Torus | $2\pi^2 r \rho^2$ | $A = 4\pi^2 r \rho$ |

**Regelmäßige Körper (Platonische Polyeder)**

Tetraeder (4 Dreiecke)

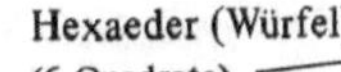

Hexaeder (Würfel) (6 Quadrate)

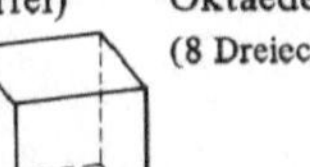

Oktaeder (8 Dreiecke)

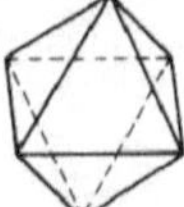

Dodekaeder (12 Fünfecke)

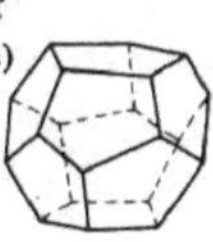

Ikosaeder (20 Dreiecke)

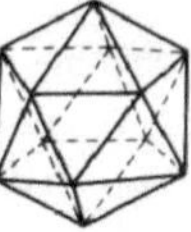

## 12.3. Winkelfunktionen

Mit den Bezeichnungen der nebenstehenden Figur wird definiert:

$\sin \alpha = \frac{y}{r}$ $(r > 0)$; $\cos \alpha = \frac{x}{r}$ $(r > 0)$; $\tan \alpha = \frac{y}{x}$ $(x \neq 0)$; $\cot \alpha = \frac{x}{y}$ $(y \neq 0)$

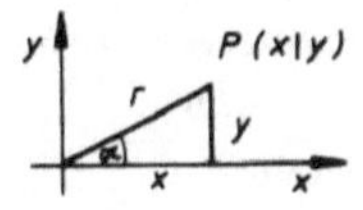

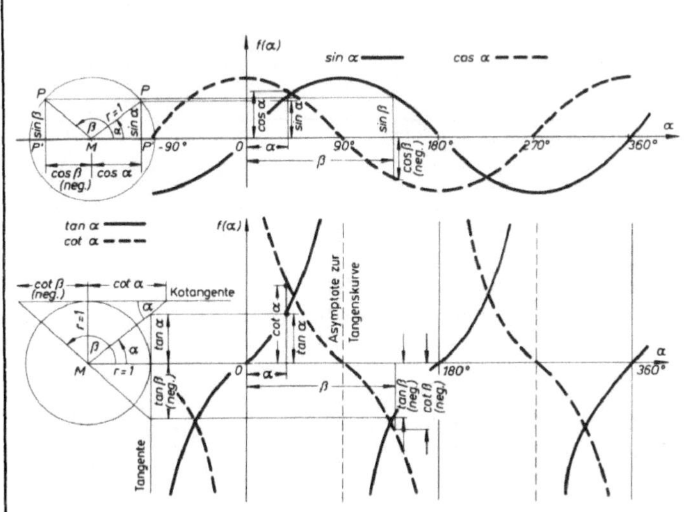


| $\alpha$ | $\sin\alpha$ | $\cos\alpha$ | $\tan\alpha$ | $\cot\alpha$ |
|---|---|---|---|---|
| 0° | 0 | 1 | 0 | $\infty$ |
| 30° | $\frac{1}{2}$ | $\frac{1}{2}\sqrt{3}$ | $\frac{1}{3}\sqrt{3}$ | $\sqrt{3}$ |
| 45° | $\frac{1}{2}\sqrt{2}$ | $\frac{1}{2}\sqrt{2}$ | 1 | 1 |
| 60° | $\frac{1}{2}\sqrt{3}$ | $\frac{1}{2}$ | $\sqrt{3}$ | $\frac{1}{3}\sqrt{3}$ |
| 90° | 1 | 0 | $\infty$ | 0 |
| 135° | $\frac{1}{2}\sqrt{2}$ | $-\frac{1}{2}\sqrt{2}$ | -1 | -1 |
| 180° | 0 | -1 | 0 | $\infty$ |
| 0°– 90° | + | + | + | + |
| 90°–180° | + | – | – | – |
| 180°–270° | – | – | + | + |
| 270°–360° | – | + | – | – |

**Zusammenhänge zwischen den Winkelfunktionen**

$(\sin\alpha)^2 + (\cos\alpha)^2 = 1$

$\tan\alpha = \dfrac{1}{\cot\alpha} = \dfrac{\sin\alpha}{\cos\alpha}$

$\cot\alpha = \dfrac{1}{\tan\alpha} = \dfrac{\cos\alpha}{\sin\alpha}$

| zwischen 0° und 90° ausgedrückt durch: | sin | cos | tan | cot |
|---|---|---|---|---|
| $\sin\alpha$ | $-\sin(-\alpha)$ | $\sqrt{1-(\cos\alpha)^2}$ | $\dfrac{\tan\alpha}{\sqrt{1+(\tan\alpha)^2}}$ | $\dfrac{1}{\sqrt{1+(\cot\alpha)^2}}$ |
| $\cos\alpha$ | $\sqrt{1-(\sin\alpha)^2}$ | $\cos(-\alpha)$ | $\dfrac{1}{\sqrt{1+(\tan\alpha)^2}}$ | $\dfrac{\cot\alpha}{\sqrt{1+(\cot\alpha)^2}}$ |
| $\tan\alpha$ | $\dfrac{\sin\alpha}{\sqrt{1-(\sin\alpha)^2}}$ | $\dfrac{\sqrt{1-\cos\alpha)^2}}{\cos\alpha}$ | $-\tan(-\alpha)$ | $\dfrac{1}{\cot\alpha}$ |
| $\cot\alpha$ | $\dfrac{\sqrt{1-(\sin\alpha)^2}}{\sin\alpha}$ | $\dfrac{\cos\alpha}{\sqrt{1-(\cos\alpha)^2}}$ | $\dfrac{1}{\tan\alpha}$ | $-\cot(-\alpha)$ |

**Additionstheoreme**

$\sin(\alpha\pm\beta) = \sin\alpha\cos\beta \pm \cos\alpha\sin\beta;$ $\quad \tan(\alpha\pm\beta) = \dfrac{\tan\alpha \pm \tan\beta}{1 \mp \tan\alpha\tan\beta}$

$\cos(\alpha\pm\beta) = \cos\alpha\cos\beta \mp \sin\alpha\sin\beta;$ $\quad \cot(\alpha\pm\beta) = \dfrac{\cot\alpha\cot\beta \mp 1}{\cot\beta \pm \cot\alpha}$

Sonderfälle für 90°, 180°

$\sin(90^\circ\pm\beta) = \cos\beta$ $\quad \sin(180^\circ\pm\beta) = \mp\sin\beta$

$\cos(90^\circ\pm\beta) = \mp\sin\beta$ $\quad \cos(180^\circ\pm\beta) = -\cos\beta$

$\tan(90^\circ\pm\beta) = \mp\cot\beta$ $\quad \tan(180^\circ\pm\beta) = \pm\tan\beta$

$\cot(90^\circ\pm\beta) = \mp\tan\beta$ $\quad \cot(180^\circ\pm\beta) = \pm\cot\beta$

Sonderfälle für $2\alpha$ bzw. $3\alpha$

$\sin(2\alpha) = 2\sin\alpha\cos\alpha$ $\quad \cos(2\alpha) = (\cos\alpha)^2 - (\sin\alpha)^2 = 1 - 2(\sin\alpha)^2 = 2(\cos\alpha)^2 - 1$

$\tan(2\alpha) = \dfrac{2\tan\alpha}{1-(\tan\alpha)^2}$ $\quad \cot(2\alpha) = \dfrac{(\cot\alpha)^2 - 1}{2\cot\alpha}$

$\sin(3\alpha) = 3\sin\alpha - 4(\sin\alpha)^3$ $\quad \cos(3\alpha) = 4(\cos\alpha)^3 - 3\cos\alpha$

$\tan(3\alpha) = \dfrac{3\tan\alpha - (\tan\alpha)^3}{1 - 3(\tan\alpha)^2}$ $\quad \cot(3\alpha) = \dfrac{(\cot\alpha)^3 - 3\cot\alpha}{3(\cot\alpha)^2 - 1}$

Summen und Differenzen

$\sin\alpha + \sin\beta = 2\sin\dfrac{\alpha+\beta}{2}\cos\dfrac{\alpha-\beta}{2}$ $\quad \sin\alpha - \sin\beta = 2\cos\dfrac{\alpha+\beta}{2}\sin\dfrac{\alpha-\beta}{2}$

$\cos\alpha + \cos\beta = 2\cos\dfrac{\alpha+\beta}{2}\cos\dfrac{\alpha-\beta}{2}$ $\quad \cos\alpha - \cos\beta = -2\sin\dfrac{\alpha+\beta}{2}\sin\dfrac{\alpha-\beta}{2}$

$\tan\alpha \pm \tan\beta = \dfrac{\sin(\alpha\pm\beta)}{\cos\alpha\cos\beta}$ $\quad \cot\alpha \pm \cot\beta = \pm\dfrac{\sin(\alpha\pm\beta)}{\sin\alpha\sin\beta}$

### 12.4. Trigonometrie

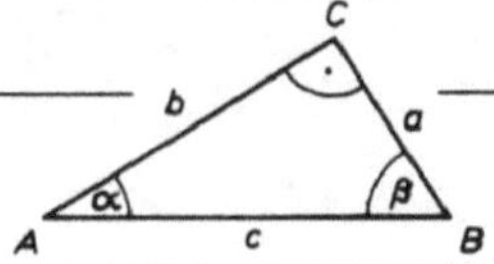


**Rechtwinkliges ebenes Dreieck** ($\gamma = 90°$): Katheten: $a, b$; Hypotenuse: $c$

Winkelfunktionen: $\sin\alpha = \frac{a}{c}$; $\cos\alpha = \frac{b}{c}$; $\tan\alpha = \frac{a}{b}$; $\cot\alpha = \frac{b}{a}$

**Beliebiges ebenes Dreieck** Sinussatz: $\frac{a}{\sin\alpha} = \frac{b}{\sin\beta} = \frac{c}{\sin\gamma}$ Kosinussatz[1]): $a^2 = b^2 + c^2 - 2\,bc\cos\alpha$

Fläche des Dreiecks[1]): $F = \frac{1}{2}ab\sin\gamma$ Radius des Umkreises[1]): $r = \frac{a}{2\sin\alpha}$ Radius des Inkreises[1]): $\rho = \frac{a\sin\frac{\beta}{2}\sin\frac{\gamma}{2}}{\cos\frac{\alpha}{2}}$

**Rechtwinkliges sphärisches Dreieck** ($\gamma = 90°$)

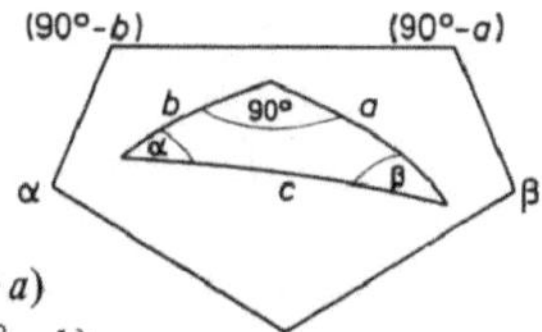


*Nepersche Regel:* Ordnet man die Stücke eines rechtwinkligen sphärischen Dreiecks ohne $\gamma = 90°$ den Ecken eines Fünfecks zu, wobei die Katheten $a$ und $b$ durch die Komplemente $(90° - a)$ und $(90° - b)$ ersetzt werden (s. Figur), so gilt:

Der cos jedes Stückes ist gleich

1. dem Produkt der cot der anliegenden Stücke; z.B. $\cos\beta = \cot c \cdot \cot(90° - a)$
2. dem Produkt der sin der nicht anliegenden Stücke; z.B. $\cos\beta = \sin\alpha \cdot \sin(90° - b)$

**Beliebiges sphärisches Dreieck** Es gilt: $0° < a + b + c < 360°$, $180° < \alpha + \beta + \gamma < 450°$

Sinussatz: $\frac{\sin a}{\sin\alpha} = \frac{\sin b}{\sin\beta} = \frac{\sin c}{\sin\gamma}$

Sphärische Höhen[1]):
$\sin h_a = \sin c \cdot \sin\beta = \sin b \cdot \sin\gamma$

Seitenkosinussatz[1]):
$\cos a = \cos b \cdot \cos c + \sin b \cdot \sin c \cdot \cos\alpha$

Winkelkosinussatz[1]):
$\cos\alpha = -\cos\beta \cdot \cos\gamma + \sin\beta \cdot \sin\gamma \cdot \cos a$

Fläche: $F = \frac{2\epsilon\pi r^2}{360°} = r^2 \operatorname{arc}\epsilon$ ($r$ Kugelradius)

Sphärischer Exzeß: $\epsilon = \alpha + \beta + \gamma - 180°$

## 13. Analytische Geometrie

### 13.1. Strecke, Gerade, Ebene

**Strecke, Dreieck**

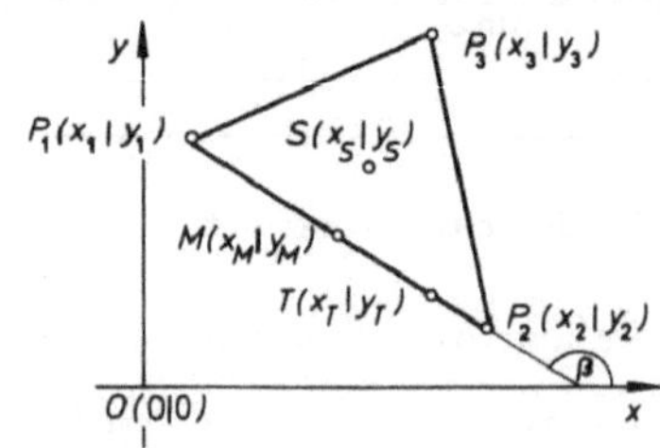


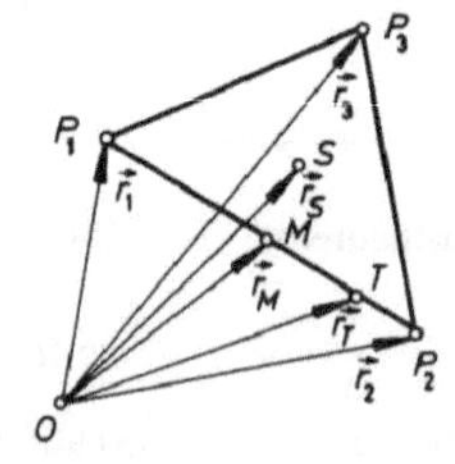


Strecke (Länge): $|\overline{OP_1}| = \sqrt{x_1^2 + y_1^2}$ $\quad |\vec{r}_1|$ (siehe 8.)

$|\overline{P_1P_2}| = \sqrt{(x_2 - x_1)^2 + (y_2 - y_1)^2}$ $\quad |\vec{r}_2 - \vec{r}_1|$ (siehe 8.)

Steigung: $m = \tan\beta$

Teilpunkt $T$ von $\overline{P_1P_2}$: $\left(\frac{x_1 + \lambda x_2}{1 + \lambda} \middle| \frac{y_1 + \lambda y_2}{1 + \lambda}\right)$ $\quad \vec{r}_T = \frac{\vec{r}_1 + \lambda\vec{r}_2}{1 + \lambda}$

Mittelpunkt $M$ von $\overline{P_1P_2}$: $\left(\frac{x_1 + x_2}{2} \middle| \frac{y_1 + y_2}{2}\right)$ $\quad \vec{r}_M = \frac{\vec{r}_1 + \vec{r}_2}{2}$

Fläche des Dreiecks $P_1P_2P_3$ $A = \frac{1}{2}\begin{vmatrix} 1 & x_1 & y_1 \\ 1 & x_2 & y_2 \\ 1 & x_3 & y_3 \end{vmatrix}$ (siehe 9.) $\quad A = \frac{1}{2}|(\vec{r}_2 - \vec{r}_1) \times (\vec{r}_3 - \vec{r}_1)|$

Schwerpunkt $S$: $\left(\frac{x_1 + x_2 + x_3}{3} \middle| \frac{y_1 + y_2 + y_3}{3}\right)$ $\quad \vec{r}_S = \frac{\vec{r}_1 + \vec{r}_2 + \vec{r}_3}{3}$

Volumen des Tetraeders $OP_1P_2P_3$ $\quad V = \frac{1}{6}\vec{r}_1\vec{r}_2\vec{r}_3 = \frac{1}{6}\vec{r}_1 \cdot (\vec{r}_2 \times \vec{r}_3)$ (siehe 8.)

[1]) Zu diesen Formeln gehören noch je zwei weitere, die durch zyklische Vertauschung der Seiten und der Winkel entstehen.

**Gerade in der Ebene**

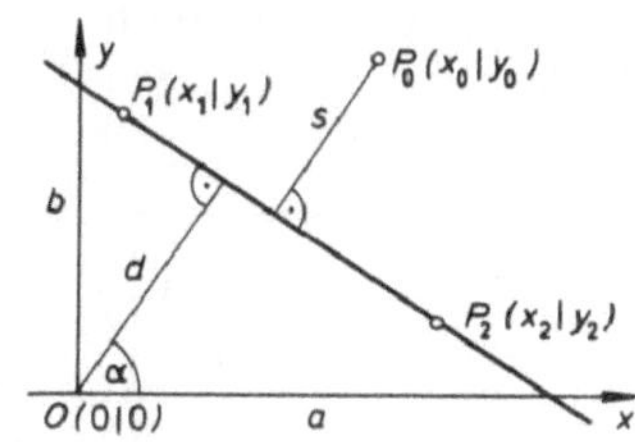


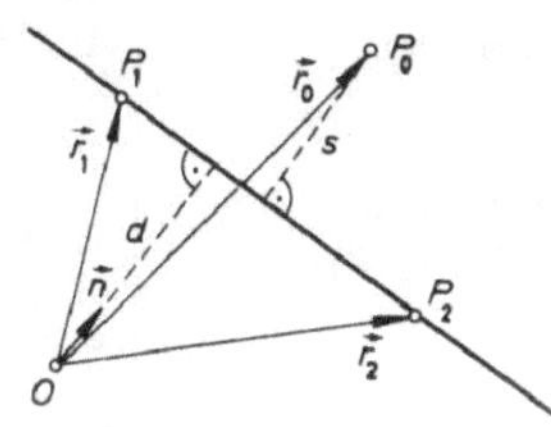


| | | | |
|---|---|---|---|
| **Allgemeine Form:** | $Ax + By + C = 0$<br>$A^2 + B^2 \neq 0$ | $\vec{a} = \binom{A}{B}$<br>$k = -C$ | $\vec{a} \cdot \vec{r} = k, \quad k \in \mathbb{R}$<br>$\vec{a} \neq \vec{o}$ |
| Hauptform: | $y = mx + b$ | | |
| Gerade durch $P_1$:<br>(Punktrichtungsform) | $y - y_1 = m(x - x_1)$ | $\vec{u} = \binom{1}{m}$ | $\vec{r} = \vec{r}_1 + \lambda\vec{u}, \quad \vec{u} \neq \vec{o}$ [1] |
| Gerade durch $P_1, P_2$:<br>(Zweipunktform) | $y - y_1 = \frac{y_2 - y_1}{x_2 - x_1}(x - x_1)$ | $\vec{r}_i = \binom{x_i}{y_i}$ | $\vec{r} = \vec{r}_1 + \lambda(\vec{r}_2 - \vec{r}_1)$ [1] |
| Abschnittsform: | $\frac{x}{a} + \frac{y}{b} = 1$ | | $\begin{pmatrix} \frac{1}{a} \\ \frac{1}{b} \end{pmatrix} \cdot \vec{r} = 1$ |

| | | | |
|---|---|---|---|
| **Hessesche Normalenform** | $x \cos\alpha + y \sin\alpha - d = 0$,<br>$d \geqslant 0$ | $\vec{n} = \binom{\cos\alpha}{\sin\alpha}$ | $\vec{r} \cdot \vec{n} - d = 0$<br>$\lvert\vec{n}\rvert = 1, \; d \geqslant 0, \; \vec{n} \perp \vec{u}$ |
| Abstand $s$ des Punktes $P_0$ von der Geraden | $s = x_0 \cos\alpha + y_0 \sin\alpha - d$ | $\vec{r}_0 = \binom{x_0}{y_0}$ | $s = \vec{r}_0 \cdot \vec{n} - d$ |

| | | |
|---|---|---|
| **Bei zwei Geraden $g_{1/2}$** | $y = m_{1/2}x + b_{1/2}$ bzw.<br>$x \cos\alpha_{1/2} + y \sin\alpha_{1/2} - d_{1/2} = 0$ | $\vec{r} = \vec{r}_{1/2} + \lambda\vec{u}_{1/2}$<br>$\vec{r} \cdot \vec{n}_{1/2} - d_{1/2} = 0$ |
| gilt für die Winkelhalbierenden: | $x(\cos\alpha_1 \pm \cos\alpha_2) + y(\sin\alpha_1 \pm \sin\alpha_2)$<br>$-(d_1 \pm d_2) = 0$ | $\vec{r} \cdot (\vec{n}_1 \pm \vec{n}_2) - (d_1 \pm d_2) = 0$ |
| gilt für die Schnittwinkel: | $\tan\varphi_{1/2} = \frac{m_2 - m_1}{1 + m_1 m_2}$ | $\cos\varphi_{1/2} = \frac{\vec{n}_1 \cdot \vec{n}_2}{\lvert\vec{n}_1\rvert \cdot \lvert\vec{n}_2\rvert} = \frac{\vec{u}_1 \cdot \vec{u}_2}{\lvert\vec{u}_1\rvert \cdot \lvert\vec{u}_2\rvert}$ [1] |
| gilt für alle Geraden des Büschels, dem $g_1$ und $g_2$ angehören ($\mu^2 + \nu^2 \neq 0$): | $x(\mu \cos\alpha_1 + \nu \cos\alpha_2) +$<br>$+ y(\mu \sin\alpha_1 + \nu \sin\alpha_2) -$<br>$-(\mu d_1 + \nu d_2) = 0$ | $\vec{r} \cdot (\mu\vec{n}_1 + \nu\vec{n}_2) - (\mu d_1 + \nu d_2) = 0$ |
| gilt ferner: | $g_1 \parallel g_2 \Leftrightarrow \begin{cases} m_1 = m_2 \\ \text{oder} \\ \alpha_1 = \alpha_2 \end{cases}$ | $g_1 \parallel g_2 \Leftrightarrow \begin{cases} \bigvee_{\lambda \in \mathbb{R}} \vec{n}_1 = \lambda\vec{n}_2 \\ \text{oder} \\ \bigvee_{\lambda \in \mathbb{R}} \vec{u}_1 = \lambda\vec{u}_2 \end{cases}$ [1] |
| | $g_1 \perp g_2 \Leftrightarrow m_1 = -\frac{1}{m_2}$ | $g_1 \perp g_2 \Leftrightarrow \begin{cases} \vec{n}_1 \cdot \vec{n}_2 = 0 \\ \text{oder} \\ \vec{u}_1 \cdot \vec{u}_2 = 0 \end{cases}$ [1] |

**Ebene**

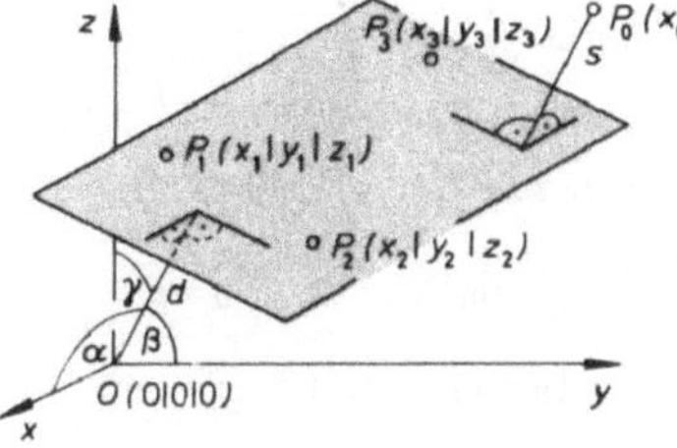


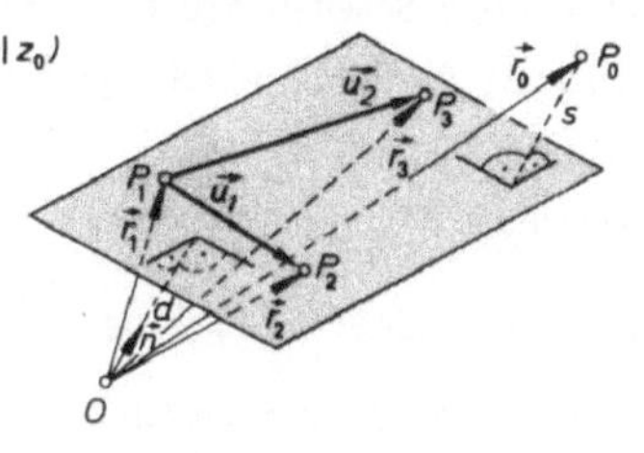


| | | | |
|---|---|---|---|
| **Allgemeine Form:** | $Ax + By + Cz + D = 0$<br>$A^2 + B^2 + C^2 \neq 0$ | $\vec{a} = \begin{pmatrix} A \\ B \\ C \end{pmatrix}; k = -D$ | $\vec{a} \cdot \vec{r} = k \quad k \in \mathbb{R}$<br>$\vec{a} \neq \vec{o}$ |

[1]) Vektorielle Gleichung (Bedingung) gilt auch im Raum.

| | | | |
|---|---|---|---|
| Ebene durch $P_1$: (Parameterform) | $A(x-x_1)+B(y-y_1)+C(z-z_1)+D=0$<br>$A^2+B^2+C^2 \neq 0$ | | $\vec{r}=\vec{r}_1+\lambda\vec{u}_1+\mu\vec{u}_2$<br>$\vec{u}_1, \vec{u}_2 \neq \vec{o}$;<br>$\vec{u}_1, \vec{u}_2$ nicht kollinear (siehe 8.) |
| Ebene durch drei Punkte $P_1, P_2, P_3$: | $\begin{vmatrix} x & y & z & 1 \\ x_1 & y_1 & z_1 & 1 \\ x_2 & y_2 & z_2 & 1 \\ x_3 & y_3 & z_3 & 1 \end{vmatrix} = 0$ | $r_i = \begin{pmatrix} x_i \\ y_i \\ z_i \end{pmatrix}$ | $\vec{r}=\vec{r}_1+\lambda(\vec{r}_2-\vec{r}_1)+\mu(\vec{r}_3-\vec{r}_1)$ |
| Abschnittsform: | $\frac{x}{a}+\frac{y}{b}+\frac{z}{c}=1$ | | $\begin{pmatrix} \frac{1}{a} \\ \frac{1}{b} \\ \frac{1}{c} \end{pmatrix} \cdot \vec{r} = 1$ |

| | | | |
|---|---|---|---|
| **Hessesche Normalenform:** | $x\cos\alpha + y\cos\beta + z\cos -$<br>$-d=0, \quad d \geqslant 0$ | $\vec{n} = \begin{pmatrix} \cos\alpha \\ \cos\beta \\ \cos\gamma \end{pmatrix}$ | $\vec{r}\cdot\vec{n}-d=0, \ d \geqslant 0, \ \lvert\vec{n}\rvert=1$<br>$\vec{n}=\frac{\vec{u}_1 \times \vec{u}_2}{\lvert\vec{u}_1\rvert \cdot \lvert\vec{u}_2\rvert}$ |
| Abstand $s$ des Punktes $P_0$ von der Ebene: | $s = x_0\cos\alpha + y_0\cos\beta +$<br>$+ z_0 \cos y - d$ | $\vec{r}_0 = \begin{pmatrix} x_0 \\ y_0 \\ z_0 \end{pmatrix}$ | $s=\vec{r}_0\cdot\vec{n}-d$ |

| | | |
|---|---|---|
| Bei **zwei Ebenen** $E_{1/2}$ | $x\cos\alpha_{1/2}+y\cos\beta_{1/2}+z\cos\gamma_{1/2}-d_{1/2}=0$ | $\vec{r}\cdot\vec{n}_{1/2}-d_{1/2}=0$ |
| gilt für die Winkelhalbierenden: | $x(\cos\alpha_1 \pm \cos\alpha_2)+y(\cos\beta_1 \pm \cos\beta_2)+$<br>$+z(\cos\gamma_1 \pm \cos\gamma_2)-(d_1 \pm d_2)=0$ | $\vec{r}(\vec{n}_1 \pm \vec{n}_2)-(d_1 \pm d_2)=0$ |
| gilt für die Schnittwinkel: | $\cos\varphi_{1/2}=\cos\alpha_1\cos\alpha_2+\cos\beta_1\cos\beta_2+$<br>$+\cos\gamma_1\cos\gamma_2$ | $\cos\varphi_{1/2}=\frac{\vec{n}_1\cdot\vec{n}_2}{\lvert\vec{n}_1\rvert\cdot\lvert\vec{n}_2\rvert}$ |
| gilt für die Ebenen des Büschels, dem $E_1$ und $E_2$ angehören ($\nu^2+\rho^2 \neq 0$): | $x(\nu\cos\alpha_1+\rho\cos\alpha_2)+y(\nu\cos\beta_1+\rho\cos\beta_2)+$<br>$+z(\nu\cos\gamma_1+\rho\cos\gamma_2)-(\nu d_1+\rho d_2)=0$ | $\vec{r}(\nu\vec{n}_1+\rho\vec{n}_2)-(\nu d_1+\rho d_2)=0$ |
| gilt ferner: | $E_1 \parallel E_2 \Longleftrightarrow \begin{cases} \alpha_1=\alpha_2 \\ \text{und} \\ \beta_1=\beta_2 \\ \text{und} \\ \gamma_1=\gamma_2 \end{cases}$ | $E_1 \parallel E_2 \Longleftrightarrow \begin{cases} \vec{n}_1, \vec{n}_2 \text{ kollinear} \\ \text{oder (siehe 8.)} \\ \vec{n}_1 \times \vec{n}_2 \end{cases}$<br>$E_1 \perp E_2 \Longleftrightarrow \vec{n}_1\cdot\vec{n}_2=0$ |

## 13.2. Kegelschnitte

**Kreis** Bezeichnungen: $K(x_0 \mid y_0; \rho)$; Mittelpunkt: $M(x_0 \mid y_0)$; Radius: $\rho$; $\vec{r}_0=\binom{x_0}{y_0}$

| | | |
|---|---|---|
| **Kreis um $M(0 \mid 0)$ mit $\rho$:** | $x^2+y^2=\rho^2$ | $(\vec{r})^2=\rho^2$ |
| Tangente in $P_1(x_1 \mid y_1)$: | $xx_1+yy_1=\rho^2$ | $\vec{r}\cdot\vec{r}_1=\rho^2$ |
| Polare zu $P_2(x_2 \mid y_2)$: | $xx_2+yy_2=\rho^2$ | $\vec{r}\cdot\vec{r}_2=\rho^2$ |
| **Kreis um $M(x_0 \mid y_0)$ mit $\rho$:** | $(x-x_0)^2+(y-y_0)^2=\rho^2$ | $(\vec{r}-\vec{r}_0)^2=\rho^2$ |
| Tangente in $P_1$: | $(x-x_0)(x_1-x_0)+(y-y_0)(y_1-y_0)=\rho^2$ | $(\vec{r}-\vec{r}_0)\cdot(\vec{r}_1-\vec{r}_0)=\rho^2$ |
| Polare zu $P_2$: | $(x-x_0)(x_2-x_0)+(y-y_0)(y_2-y_0)=\rho^2$ | $(\vec{r}-\vec{r}_0)\cdot(\vec{r}_2-\vec{r}_0)=\rho^2$ |

**Parabel** Parameter: $p>0$; Exzentrizität (numerische): $\epsilon=1$

**Scheitelform** Scheitel: $S(0 \mid 0)$; Brennpunkt: $F(\frac{p}{2} \mid 0)$

Gleichung (Parabel nach rechts geöffnet): $y^2=2px$

Leitlinie: $x=-\frac{p}{2}$ — Länge des Brennstrahls: $r=\frac{p}{2}+x_1$

Tangente in $P_1$: $yy_1=p(x+x_1)$ — Polare zu $P_2$: $yy_2=p(x+x_2)$

Krümmungsradius: für $P_1$: $\rho=\frac{\sqrt{(y_1^2+p^2)^3}}{p^2}$, für $S$: $\rho=p$

Sehnen mit Steigung $m$ heißen konjugiert zum Durchmesser $y=\frac{p}{m}$

Parabelgleichungen, wenn Öffnung in Richtung

| | | | | |
|---|---|---|---|---|
| $x$-Achse | nach rechts $y^2=2px$<br>nach links $y^2=-2px$ | | $y$-Achse | nach oben $x^2=2py$<br>nach unten $x^2=-2py$ |

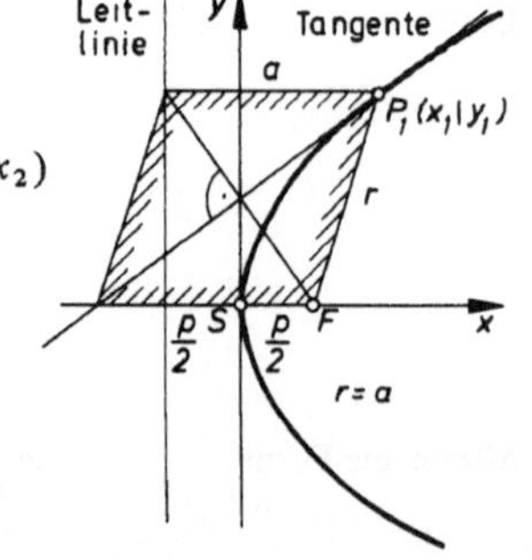

**Allgemeine Form** (Parabelachse parallel zur $x$-Achse, Parabel nach rechts geöffnet)

Parameter: $p > 0$; Scheitel: $S(x_S | y_S)$; Brennpunkt: $F(x_S + \frac{p}{2} | y_S)$ Leitlinie: $x = x_S - \frac{p}{2}$

Gleichung: $(y - y_S)^2 = 2p(x - x_S)$

Tangente in $P_1$: $(y - y_S)(y_1 - y_S) = p(x + x_1 - 2x_S)$ Polare zu $P_2$: $(y - y_S)(y_2 - y_S) = p(x + x_2 - 2x_S)$

**Ellipse und Hyperbel**



Parameter $p = \frac{b^2}{a}$

Halbachsen $a, b > 0$

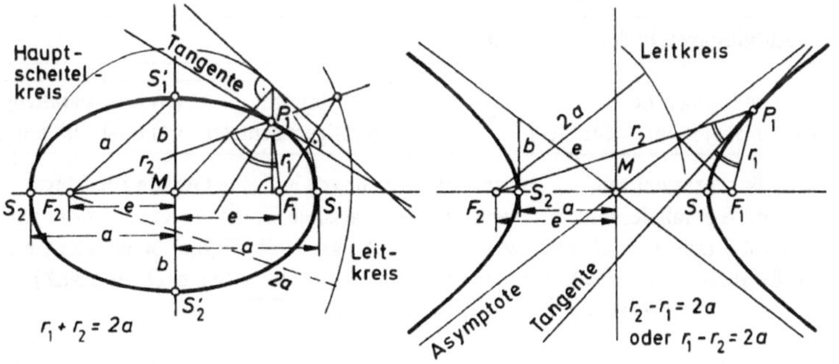

| | **Ellipse** ($a > b$) | **Hyperbel** |
|---|---|---|
| lineare Exzentrizität | $e = \sqrt{a^2 - b^2}$ | $e = \sqrt{a^2 + b^2}$ |
| numerische Exzentrizität | $\epsilon = \frac{e}{a} < 1$ | $\epsilon = \frac{e}{a} > 1$ |
| Krümmungsradius in $S_{1/2}$ ($S'_{1/2}$) | $\rho = \frac{b^2}{a} = p \left(\rho = \frac{a^2}{b}\right)$ | $\rho = \frac{b^2}{a} = p$ |
| Fläche | $F = ab\pi$ | – |
| **Mittelpunktsform** | | |
| Mittelpunkt | $M(0 \| 0)$ | $M(0 \| 0)$ |
| (Haupt-)Scheitelpunkte | $S_1(a \| 0)$, $S_2(-a \| 0)$ | $S_1(a \| 0)$, $S_2(-a \| 0)$ |
| Nebenscheitelpunkte | $S_1'(0 \| b)$, $S_2'(0 \| -b)$ | – |
| Brennpunkte | $F_1(e \| 0)$, $F_2(-e \| 0)$ | $F_1(e \| 0)$, $F_2(-e \| 0)$ |
| Gleichung | $\frac{x^2}{a^2} + \frac{y^2}{b^2} = 1$ | $\frac{x^2}{a^2} - \frac{y^2}{b^2} = 1$ |
| Länge der Brennstrahlen | $r_{1/2} = a \pm \epsilon x_1$ | $r_{1/2} = \epsilon x_1 \mp a$ |
| Tangente in $P_1$ | $\frac{xx_1}{a^2} + \frac{yy_1}{b^2} = 1$ | $\frac{xx_1}{a^2} - \frac{yy_1}{b^2} = 1$ |
| Polare zu $P_2$ | $\frac{xx_2}{a^2} + \frac{yy_2}{b^2} = 1$ | $\frac{xx_2}{a^2} - \frac{yy_2}{b^2} = 1$ |
| $y = m_2 x$ heißt konjugiert zu $y = m_1 x$ | $\Leftrightarrow m_1 m_2 = -\frac{b^2}{a^2}$ | $\Leftrightarrow m_1 m_2 = \frac{b^2}{a^2}$ |
| Asymptoten | – | $y = \pm \frac{b}{a} x$ |
| **Allgemeine Form** (Hauptachse parallel zur $x$-Achse) | | |
| Mittelpunkt | $M(x_0 \| y_0)$ | $M(x_0 \| y_0)$ |
| Scheitelpunkte | $S_1(a + x_0 \| y_0)$, $S_2(-a + x_0 \| y_0)$ | $S_1(a + x_0 \| y_0)$, $S_2(-a + x_0 \| y_0)$ |
| Brennpunkte | $F_1(e + x_0 \| y_0)$, $F_2(-e + x_0 \| y_0)$ | $F_1(e + x_0 \| y_0)$, $F_2(-e + x_0 \| y_0)$ |
| Gleichung | $\frac{(x - x_0)^2}{a^2} + \frac{(y - y_0)^2}{b^2} = 1$ | $\frac{(x - x_0)^2}{a^2} - \frac{(y - y_0)^2}{b^2} = 1$ |
| Tangente in $P_1$ | $\frac{(x - x_0)(x_1 - x_0)}{a^2} + \frac{(y - y_0)(y_2 - y_0)}{b^2} = 1$ | $\frac{(x - x_0)(x_1 - x_0)}{a^2} - \frac{(y - y_0)(y_1 - y_0)}{b^2} = 1$ |
| Polare zu $P_2$ | $\frac{(x - x_0)(x_2 - x_0)}{a^2} + \frac{(y - y_0)(y_2 - y_0)}{b^2} = 1$ | $\frac{(x - x_0)(x_2 - x_0)}{a^2} - \frac{(y - y_0)(y_2 - y_0)}{b^2} = 1$ |
| Asymptoten | – | $y - y_0 = \pm \frac{b}{a}(x - x_0)$ |

Gleichung der **Kegelschnitte in Scheitelform**

$y^2 = 2px + (\epsilon^2 - 1)x^2$ — Hyperbel für $\epsilon > 1$; Parabel für $\epsilon = 1$; Ellipse für $\epsilon < 1$; Kreis für $\epsilon = 0$

Gleichung der **Kegelschnitte in Polarkoordinaten** (Brennpunktsform)

$r = \dfrac{p}{1 - \epsilon \cos\varphi}$ — Hyperbel für $\epsilon > 1$; Parabel für $\epsilon = 1$; Ellipse für $\epsilon < 1$; Kreis für $\epsilon = 0$

## 13.3. Abbildungen in der Geometrie

| Eine Abbildung $\alpha$ der Ebene in sich heißt Affinität | $\Leftrightarrow$ | (1) $\alpha$ ist bijektiv<br>(2) $\alpha$ ist geradentreu<br>(3) $\alpha$ ist parallelentreu<br>(4) $\alpha$ ist teilverhältnistreu |
|---|---|---|

Dabei heißt $\alpha$ **geradentreu,** wenn sie jede Gerade auf eine Gerade abbildet;
dabei heißt $\alpha$ **parallelentreu,** wenn sie zwei parallele Geraden stets auf zwei parallele Geraden abbildet;
dabei heißt $\alpha$ **teilverhältnistreu,** wenn für alle Punkte $P, Q, X$ einer beliebigen Geraden stets gilt:
$\lambda$ ist Teilverhältnis von $P, Q, X \Rightarrow \lambda$ ist Teilverhältnis von $\alpha(P), \alpha(Q)$ und $\alpha(X)$,
d.h. $\overrightarrow{PQ} = \lambda \overrightarrow{PX} \Rightarrow \overrightarrow{\alpha(P)\alpha(Q)} = \lambda \overrightarrow{\alpha(P)\alpha(X)}$

Vektorraumabbildung einer Affinität: $f_\alpha(\vec{x}) = \begin{pmatrix} a & b \\ c & d \end{pmatrix} \vec{x} + \vec{v}$; $\begin{vmatrix} a & b \\ c & d \end{vmatrix} \neq 0$. (Matrizen und Determinanten siehe 9.)

Ein Punkt $P$ heißt genau dann **Fixpunkt** von $\alpha$, wenn gilt $\alpha(P) = P$.
Eine Gerade $g$ heißt genau dann **Fixgerade** von $\alpha$, wenn gilt $\alpha(g) = g$.
Eine Gerade $g$ heißt genau dann **Fixpunktgerade** von $\alpha$, wenn jeder Punkt von $g$ Fixpunkt ist.
Es gilt: Jede Fixpunktgerade ist Fixgerade (aber nicht umgekehrt).
Ein Vektor $\vec{r}$ heißt genau dann **Eigenvektor** von $f_\alpha$, wenn es ein $\lambda \in \mathbb{R}$ gibt, so daß gilt: $f_\alpha(\vec{r}) = \lambda \vec{r}$.
$\lambda$ heißt **Eigenwert** von $f_\alpha$.
Es gilt: Die Gerade mit $\vec{x} = \mu \vec{u}$ ist genau dann Fixgerade von $\alpha$, wenn $\vec{u}$ Eigenvektor von $f_\alpha$ ist.

Matrizen spezieller Abbildungen mit Fixpunkt $O$ bzgl. eines angepaßten, nicht notwendig kartesischen Koordinatensystems:

**Achsenaffinität** mit der $x$-Achse als Achse in Richtung der $y$-Achse: $\begin{pmatrix} 1 & 0 \\ 0 & d \end{pmatrix}$.
Die $x$-Achse ist Fixpunktgerade; jede Gerade parallel zur $y$-Achse ist Fixgerade.

**Schrägspiegelung** (Affinspiegelung) mit der $x$-Achse als Achse: $\begin{pmatrix} 1 & 0 \\ 0 & -1 \end{pmatrix}$.
Die $x$-Achse ist Fixpunktgerade; jede Gerade parallel zur $y$-Achse ist Fixgerade.
Schrägspiegelungen sind flächentreu.

**Scherung** mit der $x$-Achse als Scherachse: $\begin{pmatrix} 1 & k \\ 0 & 1 \end{pmatrix}$.
Die $x$-Achse ist Fixpunktgerade; jede zur $x$-Achse parallele Gerade ist Fixgerade.
Scherungen sind flächentreu.

**Eulersche Affinität** mit der $x$- und der $y$-Achse als Achsen: $\begin{pmatrix} k_1 & 0 \\ 0 & k_2 \end{pmatrix}$. Die $x$- und die $y$-Achse sind Fixgeraden.

**Affine Drehstreckung:** $\begin{pmatrix} k\cos\varphi & -k\sin\varphi \\ k\sin\varphi & k\cos\varphi \end{pmatrix}$
Für $\varphi = 0°$ und $\varphi = 180°$ sind alle Geraden durch $O$ Fixgeraden;
für $\varphi \neq 0°, 180°$ sind keine Fixgeraden durch $O$ vorhanden.

| Eine Affinität $\alpha$ heißt **Ähnlichkeitsabbildung** | $\Leftrightarrow$ | Es gibt ein $k \in \mathbb{R}^+$, so daß für alle $P, Q$ gilt:<br>$\lvert\overline{\alpha(P)\alpha(Q)}\rvert = k\lvert\overline{PQ}\rvert$ |
|---|---|---|

Vektorraumabbildung einer Ähnlichkeitsabbildung: $f_\alpha(\vec{x}) = \begin{pmatrix} a & -b \\ b & a \end{pmatrix}\vec{x} + \vec{v}$ (gleichsinnig) oder $f_\alpha(\vec{x}) = \begin{pmatrix} a & b \\ b & -a \end{pmatrix}\vec{x} + \vec{v}$ (gegensinnig) mit $a^2 + b^2 \neq 0$.

Matrizen spezieller Ähnlichkeitsabbildungen mit Fixpunkten $O$ bzgl. eines kartesischen Koordinatensystems:

**Zentrische Streckung:** $\begin{pmatrix} k & 0 \\ 0 & k \end{pmatrix}$. Alle Geraden durch $O$ sind Fixgeraden.

**Drehstreckung:** $\begin{pmatrix} k\cos\varphi & -k\sin\varphi \\ k\sin\varphi & k\cos\varphi \end{pmatrix}$. Für $\varphi = 0°$ und $\varphi = 180°$ sind alle Geraden durch $O$ Fixgeraden; für $\varphi \neq 0°, 180°$ sind keine Fixgeraden durch $O$ vorhanden.

**Spiegelstreckung:** $\begin{pmatrix} k\cos\varphi & k\sin\varphi \\ k\sin\varphi & -k\cos\varphi \end{pmatrix}$. Die Gerade mit $y = (\tan\frac{\varphi}{2})x$ und alle dazu senkrechten Geraden sind Fixgeraden.

| Eine Affinität $\alpha$ heißt **Kongruenzabbildung** | $\Leftrightarrow$ | $\alpha$ ist längentreu, d.h. es gilt für alle $P, Q$: $\lvert\overline{\alpha(P)\,\alpha(Q)}\rvert = \lvert\overline{PQ}\rvert$ |
|---|---|---|

Vektorraumabbildung einer Kongruenzabbildung: $f_\alpha(\vec{x}) = \begin{pmatrix} a & -b \\ b & a \end{pmatrix}\vec{x} + \vec{v}$ (gleichsinnig) oder $f_\alpha(\vec{x}) = \begin{pmatrix} a & b \\ b & -a \end{pmatrix}\vec{x} + \vec{v}$ (gegensinnig) mit $a^2 + b^2 = 1$

Matrizen spezieller Abbildungen mit Fixpunkt $O$ bzgl. eines kartesischen Koordinatensystems:

**Drehung:** $\begin{pmatrix} \cos\varphi & -\sin\varphi \\ \sin\varphi & \cos\varphi \end{pmatrix}$. $\varphi$ heißt Drehwinkel.

**Spiegelung:** $\begin{pmatrix} \cos\varphi & \sin\varphi \\ \sin\varphi & -\cos\varphi \end{pmatrix}$. Die Gerade mit $y = (\tan\frac{\varphi}{2})x$ heißt Spiegelachse.

Die Spiegelachse ist Fixpunktgerade; alle dazu senkrechten Geraden sind Fixgeraden.

Abbildungsgleichungen von weiteren Kongruenzabbildungen:

**Translation** $f_\alpha(\vec{x}) = \vec{x} + \vec{v}$

Alle Geraden mit $\vec{x} = \vec{a} + \lambda\vec{v}$ sind Fixgeraden.

**Gleitspiegelung** $f_\alpha(\vec{x}) = \begin{pmatrix} \cos\varphi & \sin\varphi \\ \sin\varphi & -\cos\varphi \end{pmatrix}\vec{x} + \lambda\begin{pmatrix} r \\ r\tan\frac{\varphi}{2} \end{pmatrix}$ $(r \in \mathbb{R}^*)$

Die Gerade mit $y = (\tan\frac{\varphi}{2})x$ heißt Spiegelachse. Diese ist Fixgerade.

## 14. Analysis

### 14.1. Folgen, Grenzwert

Jede Abbildung $\begin{matrix} \mathbb{N} \to \mathbb{R} \\ n \mapsto a_n \end{matrix}$ heißt **unendliche reelle Folge.** $a_n$ heißt Glied der Folge[1]). Schreibweise: $\langle a_n \rangle$.

Eine Folge $\langle a_n \rangle$ heißt **nach $\begin{matrix}\text{oben}\\\text{unten}\end{matrix}$ beschränkt** $\Leftrightarrow$ Es gibt ein $s \in \mathbb{R}$, so daß für alle $n \in \mathbb{N}$ gilt: $\begin{matrix} a_n \leq s \\ a_n \geq s \end{matrix}$

Eine Folge $\langle a_n \rangle$ heißt **monoton $\begin{matrix}\text{wachsend}\\\text{fallend}\end{matrix}$** $\Leftrightarrow$ Für alle $n \in \mathbb{N}$ gilt: $\begin{matrix} a_n \leq a_{n+1} \\ a_n \geq a_{n+1} \end{matrix}$

Eine Folge $\langle a_n \rangle$ heißt **streng monoton $\begin{matrix}\text{wachsend}\\\text{fallend}\end{matrix}$** $\Leftrightarrow$ Für alle $n \in \mathbb{N}$ gilt: $\begin{matrix} a_n < a_{n+1} \\ a_n > a_{n+1} \end{matrix}$

Eine Folge $\langle a_n \rangle$ heißt **Fundamentalfolge** (Cauchy-Folge) $\Leftrightarrow$ $\bigwedge_{\epsilon \in \mathbb{R}^+} \bigvee_{n \in \mathbb{N}} \bigwedge_{k, l \in \mathbb{N}} (k, l > n \Rightarrow |a_k - a_l| < \epsilon)$

| $g$ heißt **Grenzwert** von $\langle a_n \rangle \left(\lim\limits_{n\to\infty} \langle a_n \rangle = g\right)$ | $\Leftrightarrow$ | $\bigwedge_{\epsilon \in \mathbb{R}^+} \bigvee_{n \in \mathbb{N}} \bigwedge_{k \in \mathbb{N}} (k \geq n \to |a_k - g| < \epsilon)$ |
|---|---|---|

$\langle a_n \rangle$ heißt genau dann **konvergent,** wenn $\langle a_n \rangle$ einen Grenzwert hat.
Eine Folge hat höchstens einen Grenzwert.
Jede konvergente Folge ist nach oben und unten beschränkt.
Jede nach oben und unten beschränkte Folge besitzt mindestens einen Häufungspunkt (Bolzano-Weierstraß).
Jede monoton wachsende (fallende), nach oben (unten) beschränkte Folge ist konvergent.
Jede Fundamentalfolge ist konvergent, jede konvergente Folge ist Fundamentalfolge.

$\lim(a_n \pm b_n) = \lim a_n \pm \lim b_n$ $\quad \lim \frac{a_n}{b_n} = \frac{\lim a_n}{\lim b_b}$, falls stets $b_n \neq 0$ und $\lim b_n \neq 0$.

Spezielle Grenzwerte von Folgen: $\lim\left(1 + \frac{1}{n}\right)^n = \mathrm{e}$; $\lim \sqrt[n]{n} = 1$

Spezielle Grenzwerte von Funktionen: $\lim\limits_{x\to 0} a^x = 1 \; (a \neq 0)$; $\quad \lim\limits_{x\to 0} \frac{a^x - 1}{x} = \ln a$; $\quad \lim\limits_{x\to 0} x^x = 1 \; (x > 0)$; $\quad \lim\limits_{x\to 0} \frac{\sin x}{x} = 1$

### 14.2. Differentialrechnung

Differenzenquotient: (Steigung der Sekante) $\frac{\Delta y}{\Delta x} = \frac{f(x + \Delta x) - f(x)}{\Delta x}$

**Differentialquotient:** (1. Ableitung) (Steigung der Tangente) $\frac{\mathrm{d}y}{\mathrm{d}x} = \frac{\mathrm{d}f(x)}{\mathrm{d}x} = f'(x) = \lim\limits_{\Delta x \to 0} \frac{f(x + \Delta x) - f(x)}{\Delta x}$

Ableitungen höherer Ordnung: $\frac{\mathrm{d}^2 y}{\mathrm{d}x^2} = \frac{\mathrm{d}f'(x)}{\mathrm{d}x} = f''(x) = f^{(2)}(x)$; $\frac{\mathrm{d}^n y}{\mathrm{d}x^n} = \frac{\mathrm{d}f^{(n-1)}(x)}{\mathrm{d}x} = f^{(n)}(x)$

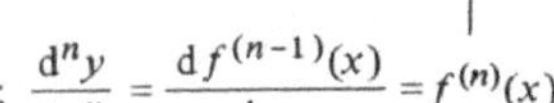

[1]) Arithmetische und geometrische Folgen siehe 11.

**Summenregel:** (Differenzenregel)

$f(x)=g(x)\pm h(x)\Rightarrow f'(x)=g'(x)\pm h'(x)$

Sonderfall: $f(x)=g(x)+c\Rightarrow f'(x)=g'(x)$

**Produktregel:**

$f(x)=g(x)\cdot h(x)\Rightarrow f'(x)=g'(x)\cdot h(x)+g(x)\cdot h'(x)$

Sonderfall: $f(x)=ag(x)\Rightarrow f'(x)=ag'(x)$

**Quotientenregel:** ($h(x)\neq 0$)

$$f(x)=\frac{g(x)}{h(x)}\Rightarrow f'(x)=\frac{g'(x)\cdot h(x)-g(x)\cdot h'(x)}{(h(x))^2}$$

**Potenzregel:** ($g(x)>0$)

$$f(x)=g(x)^{h(x)}\Rightarrow f'(x)=g(x)^{h(x)}\cdot\left(\frac{h(x)}{g(x)}g'(x)+h'(x)\cdot\ln g(x)\right)$$

Sonderfall: $f(x)=x^r\Rightarrow f'(x)=rx^{r-1}\quad(r\in\mathrm{IR})$

**Kettenregel:**

Ist $y=f(x)=g(h(x)$ und $z=h(x)$, so gilt

$$f'(x)=\frac{\mathrm{d}g(z)}{\mathrm{d}z}\cdot\frac{\mathrm{d}h(x)}{\mathrm{d}x},\qquad \text{kurz: } \frac{\mathrm{d}y}{\mathrm{d}x}=\frac{\mathrm{d}y}{\mathrm{d}z}\cdot\frac{\mathrm{d}z}{\mathrm{d}x}$$

$$f''(x)=\frac{\mathrm{d}g(z)}{\mathrm{d}z}\cdot\frac{\mathrm{d}^2h(x)}{\mathrm{d}x^2}+\frac{\mathrm{d}^2g(z)}{\mathrm{d}z^2}\cdot\left(\frac{\mathrm{d}h(x)}{\mathrm{d}x}\right)^2\quad \text{kurz: } \frac{\mathrm{d}^2y}{\mathrm{d}x^2}=\frac{\mathrm{d}y}{\mathrm{d}z}\cdot\frac{\mathrm{d}^2z}{\mathrm{d}x^2}+\frac{\mathrm{d}^2y}{\mathrm{d}z^2}\cdot\left(\frac{\mathrm{d}z}{\mathrm{d}x}\right)^2$$

**Logarithmische Differentiation:**

$$f(x)=\ln g(x)\Rightarrow f'(x)=\frac{g'(x)}{g(x)}$$

**Umkehrfunktion:**

Zu $f$ sei $f^{-1}$ die Umkehrfunktion (siehe 3.), es gelte also: $y=f(x)\Leftrightarrow x=f^{-1}(y)$;

dann gilt: $(f^{-1}(y))'=\dfrac{1}{f'(x)}$, kurz: $\dfrac{\mathrm{d}x}{\mathrm{d}y}=\dfrac{1}{\frac{\mathrm{d}y}{\mathrm{d}z}}$

**Mittelwertsatz:**

Ist $f$ in $]c,d[$ stetig, ist $c<a<a\quad h<d$ und ist $f$ in $]a,a+h[$ differenzierbar, so gibt es ein $\vartheta$ mit $0<\vartheta<1$, so daß gilt: $\dfrac{f(a+h)-f(a)}{h}=f'(a+\vartheta h)$.

**Regel von de l'Hospital:**

Gilt für $\dfrac{f(x)}{g(x)}$ $f(x_0)=g(x_0)=0$ oder $f(x)\to\pm\infty$, $g(x)\to\pm\infty$ für $x\to x_0$, dann läßt sich die Funktion $x\mapsto\dfrac{f(x)}{g(x)}$ $(x\neq x_0)$ stetig ergänzen durch $\dfrac{f'(x_0)}{g'(x_0)}$, falls dieser Bruch existiert, d.h. es ist $\lim\limits_{x\to x_0}\dfrac{f(x)}{g(x)}=\dfrac{f'(x_0)}{g'(x_0)}$

**Ableitungen einiger Grundfunktionen**

| $f(x)$ | $f'(x)$ | $f(x)$ | $f'(x)$ | $f(x)$ | $f'(x)$ | $f(x)$ | $f'(x)$ |
|---|---|---|---|---|---|---|---|
| $ax^n$ $(n\in\mathrm{IN})$ | $a\cdot n\cdot x^{n-1}$ | $c$ | $0$ | $e^x$ | $e^x$ | $a^x$ | $a^x\ln a$ |
| $ax^r$ $(r\in\mathrm{IR})$ | $a\cdot r\cdot x^{x-1}$ | $\sqrt{x}$ | $\frac{1}{2\sqrt{x}}$ | $\ln x$ | $\frac{1}{x}$ | $\log_a x$ | $\frac{1}{x}\log_a e=\frac{1}{x\cdot\ln a}$ |
| $\sin x$ | $\cos x$ | $\operatorname{arc}\sin x$ | $\frac{1}{\sqrt{1-x^2}}$ | $\sinh x$ | $\cosh x$ | $\operatorname{ar}\sinh x$ | $\frac{1}{\sqrt{x^2+1}}$ |
| $\cos x$ | $-\sin x$ | $\operatorname{arc}\cos x$ | $-\frac{1}{\sqrt{1-x^2}}$ | $\cosh x$ | $\sinh x$ | $\operatorname{ar}\cosh x$ | $\frac{1}{\sqrt{x^2-1}}$ |
| $\tan x$ | $\frac{1}{(\cos x)^2}$ | $\operatorname{arc}\tan x$ | $\frac{1}{1+x^2}$ | $\tanh x$ | $\frac{1}{(\cos x)^2}$ | $\operatorname{ar}\tanh x$ | $\frac{1}{1-x^2}$ |
| $\cot x$ | $-\frac{1}{(\sin x)^2}$ | $\operatorname{arc}\cot x$ | $-\frac{1}{1+x^2}$ | $\coth x$ | $-\frac{1}{(\sinh x)^2}$ | $\operatorname{ar}\coth x$ | $-\frac{1}{x^2-1}$ |

**Kurvenuntersuchungen**

Es gilt ($A$ ist jeweils hinreichende Bedingung von $B$):

| $A$ | $\Rightarrow$ | $B$ |
|---|---|---|
| $f'(x)=0$ und $f''(x)<0$ | $\Rightarrow$ | Maximum |
| $f'(x)=0$ und $f''(x)>0$ | $\Rightarrow$ | Minimum |
| $f''(x)>0$ | $\Rightarrow$ | Linkskrümmung (konkav nach oben) |
| $f''(x)<0$ | $\Rightarrow$ | Rechtskrümmung (konvex nach oben) |

| $A$ | $\Rightarrow$ | $B$ |
|---|---|---|
| $f''(x)=0$ und $f'''(x)<0$ | $\Rightarrow$ | Wendepunkt mit Links-Rechts-Krümmung |
| $f''(x)=0$ und $f'''(x)>0$ | $\Rightarrow$ | Wendepunkt mit Rechts-Links-Krümmung |
| $f'(x)=f''(x)=f'''(x)=0$ und $f''''(x)<0$ | $\Rightarrow$ | Maximum |
| $f'(x)=f''(x)=f'''(x)=0$ und $f''''(x)>0$ | $\Rightarrow$ | Minimum |
| ... | | ... |

$f$ heißt **gerade** $\iff \bigwedge_{x \in \mathbb{R}} f(-x) = f(x)$

(Graph von $f$ ist achsensymmetrisch zur $y$-Achse)

$f$ heißt **ungerade** $\iff \bigwedge_{x \in \mathbb{R}} f(-x) = -f(x)$

(Graph von $f$ ist punktsymmetrisch zu $O$)

**Krümmungskreis** ($f''(x) \neq 0$):

Mittelpunkt: $M\left(x - f'(x)\dfrac{1 + (f'(x))^2}{f''(x)} \;\middle|\; f(x) + \dfrac{1 + (f'(x))^2}{f''(x)}\right)$ Radius: $\rho = \dfrac{(1 + (f'(x))^2)^{3/2}}{f''(x)}$

Krümmung: $\kappa = \dfrac{1}{\rho}$

**Parameterdarstellung von Kurven** $\begin{array}{l} \mathbb{R} \to \mathbb{R} \times \mathbb{R} \\ t \mapsto (f(t), g(t)) \end{array}$

Ist $x_1 = f(t_1)$, $y_1 = g(t_1)$, so hat die Tangente in $P_1(x_1 \mid y_1)$ die Gleichung: $(x - x_1)g'(t_1) - (y - y_1)f'(t_1) = 0$

$g'(t) = 0,\ f'(t) \neq 0,\ g''(t) < 0 \implies$ Maximum an der Stelle $(f(t), g(t))$

$g'(t) = 0,\ f'(t) \neq 0,\ g''(t) > 0 \implies$ Minimum an der Stelle $(f(t), g(t))$

**Differentialgleichungen**

Eine Gleichung mit den Variablen $x, f(x), f'(x), f''(x), \ldots$, wobei $f: \begin{array}{l} A \to B \\ x \mapsto f(x) \end{array}$, $A, B \subseteq \mathbb{R}$ ist,

heißt **Differentialgleichung.** Lösung ist jede Funktion $f^*$ dieser Art, für die die Gleichung für alle $x \in A$ richtig ist.

Beispiele: (1) $f''(x) + k^2 f(x) = 0$ $(k \in \mathbb{R})$ Lösungen: $f^*(x) = C_1 \sin kx + C_2 \cos kx$, $C_1, C_2 \in \mathbb{R}$

(2) $f''(x) - k^2 f(x) = 0$ $(k \in \mathbb{R})$ Lösungen: $f^*(x) = C_1 e^{kx} + C_2 e^{-kx}$, $C_1, C_2 \in \mathbb{R}$

oder $f^*(x) = C_1' \sinh kx + C_2' \cosh kx$, $C_1', C_2' \in \mathbb{R}$

(3) $f'(x) - k f(x) = 0$ $(k \in \mathbb{R})$ Lösungen: $f^*(x) = C e^{kx}$ $C \in \mathbb{R}$

## 14.3. Integralrechnung

**Regeln für unbestimmtes Integral**

$\int a \cdot f(x)\,dx = a \cdot \int f(x)\,dx$ für $a \in \mathbb{R}^* = \mathbb{R} \setminus \{0\}$ $\quad \int 0 \cdot f(x)\,dx = C$, $\quad C \in \mathbb{R}$

$\int [f(x) \pm g(x)]\,dx = \int f(x)\,dx \pm \int g(x)\,dx$

Partielle Integration: $\int f(x)g'(x)\,dx = f(x)g(x) - \int f'(x)g(x)\,dx$

Logarithmische Integration: $\displaystyle\int \frac{f'(x)}{f(x)}\,dx = \ln|f(x)| + C$, falls $f(x) \neq 0$

Substitution: $\int f(x)\,dx = \int f(g(z)) \cdot g'(z)\,dz$, wobei $x = g(z)$; $g'(z) = \dfrac{dg(z)}{dz} \neq 0$

**Drehkörper** Drehachse für die Kurve mit $y = f(x)$ sei die $x$-Achse:

Volumen: $V_x = \pi \displaystyle\int_a^b [f(x)]^2\,dx$; Mantel: $M_x = 2\pi \displaystyle\int_a^b f(x)\sqrt{1 + [f'(x)]^2}\,dx$

**Parameterform:** $\begin{array}{l} \mathbb{R} \to \mathbb{R} \times \mathbb{R} \\ t \mapsto (f(t), g(t)) \end{array}$ Länge des Kurvenstücks: $s = \displaystyle\int_{t_1}^{t_2} \sqrt{[f'(t)]^2 + [g'(t)]^2}\,dt$

**Polarkoordinaten:** $f: \begin{array}{l} \mathbb{R} \to \mathbb{R}_0^+ \\ \varphi \mapsto r \end{array}$

Länge des Kurvenstücks:

$$s = \int_{\varphi_1}^{\varphi_2} \sqrt{[f(\varphi)]^2 + \left(\frac{df(\varphi)}{d\varphi}\right)^2}\,d\varphi$$

Die vom Fahrstrahl überstrichene Fläche:

$$A = \frac{1}{2}\int_{\varphi_1}^{\varphi_2} [f(\varphi)]^2\,d\varphi$$

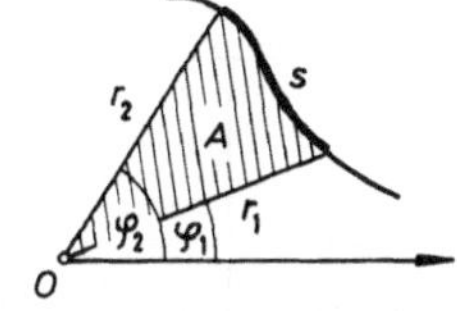


**Numerische Integration:**

Simpsonsche Regel:

$$\int_a^b f(x)\,dx \approx \frac{b-a}{6n}\Big[f(x_0) + f(x_{2n}) + 4\big(f(x_1) + f(x_3) + \ldots + f(x_{2n-1})\big) + 2\big(f(x_2) + f(x_4) + \ldots + f(x_{2n-2})\big)\Big]$$

Keplersche Faßregel: ($n = 1$)

$$\int_a^b f(x)\,dx \approx \frac{b-a}{6}\left[f(a) + 4f\left(\frac{a+b}{2}\right) + f(b)\right]$$

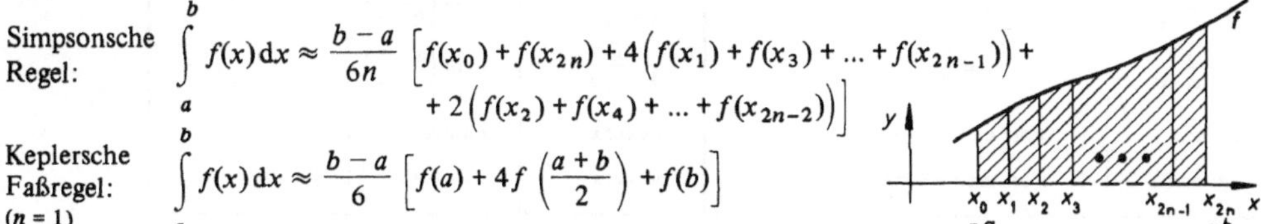

**Unbestimmte Integrale** (ohne Integrationskonstante)

| $f(x)$ | $\int f(x)\,dx$ | $f(x)$ | $\int f(x)\,dx$ |
|---|---|---|---|
| $1$ | $x$ | $\frac{1}{\sqrt{x}}$ | $2\sqrt{x}$ |
| $x^n$ | $\frac{x^{n+1}}{n+1}\quad (n \neq -1)$ | | |
| $\frac{1}{x}$ | $\ln\lvert x\rvert$ | $\frac{1}{a+bx}$ | $\frac{1}{b}\ln\lvert a+bx\rvert$ |
| | | $(a+bx)^n$ | $\frac{(a+bx)^{n+1}}{b(n+1)}\quad (n \neq -1)$ |
| $\frac{1}{ax^2+2bx+c}$ | $\begin{cases} \frac{1}{\sqrt{ac-b^2}}\arctan\frac{ax+b}{\sqrt{ac-b^2}}, & \text{falls } b^2-ac<0 \\ \frac{-1}{ax+b}, & \text{falls } b^2-ac=0 \\ \frac{1}{2\sqrt{b^2-ac}}\ln\left\lvert\frac{ax+b-\sqrt{b^2-ac}}{ax+b+\sqrt{b^2-ac}}\right\rvert, & \text{falls } b^2-ac>0 \end{cases}$ | $\frac{1}{\sqrt{ax+b}}$ | $\frac{2}{a}\sqrt{ax+b}$ |
| | | $\frac{1}{(ax+b)(cx+d)}$ | $\frac{1}{ad-bc}\ln\left\lvert\frac{ax+b}{cx+d}\right\rvert\quad (ad \neq bc)$ |
| $\frac{1}{\sqrt{1-x^2}}$ | $\arcsin x = -\arccos x + \frac{\pi}{2}$ | $\frac{1}{1+x^2}$ | $\arctan x = -\operatorname{arccot} x + \frac{\pi}{2}$ |
| $\sqrt{a^2-x^2}$ | $\frac{x}{2}\sqrt{a^2-x^2}+\frac{a^2}{2}\arcsin\frac{x}{\lvert a\rvert}\quad (a \neq 0)$ | | |
| $\frac{1}{\sqrt{x^2-a^2}}$ | $\begin{cases} \operatorname{ar\,cosh}\frac{x}{a} \\ \ln\lvert x+\sqrt{x^2-a^2}\rvert - \ln\lvert a\rvert \end{cases}\quad (a \neq 0)$ | $\frac{1}{\sqrt{x^2+a^2}}$ | $\begin{cases} \operatorname{ar\,sinh}\frac{x}{a} \\ \ln(x+\sqrt{x^2+a^2}) - \ln\lvert a\rvert \end{cases}\quad (a \neq 0)$ |
| $\frac{1}{a^2-x^2}$ | $\begin{cases} \frac{1}{a}\operatorname{ar\,tanh}\frac{x}{a} \\ \frac{1}{2a}\ln\frac{a+x}{a-x} \end{cases}\quad (a \neq 0, \lvert x\rvert < \lvert a\rvert)$ | $\frac{1}{x^2-a^2}$ | $\begin{cases} -\frac{1}{a}\operatorname{ar\,coth}\frac{x}{a} \\ -\frac{1}{2a}\ln\frac{x+a}{x-a} \end{cases}\quad (a \neq 0, \lvert x\rvert > \lvert a\rvert)$ |
| $\ln x$ | $x\ln x - x$ | $x^n \ln x$ | $\frac{x^{n+1}}{n+1}\left(\ln x - \frac{1}{n+1}\right)\quad (n \neq -1)$ |
| $e^x$ | $e^x$ | $x^n e^x$ | $x^n e^x - n\int x^{n-1}e^x\,dx$ |
| $a^x$ | $\frac{1}{\ln a}a^x\quad (a \neq 1,\ a>0)$ | | |
| $\sin x$ | $-\cos x$ | $(\sin x)^2$ | $\frac{x}{2}-\frac{1}{4}\sin 2x$ |
| $\cos x$ | $\sin x$ | $(\cos x)^2$ | $\frac{x}{2}+\frac{1}{4}\sin 2x$ |
| $\tan x$ | $-\ln\lvert\cos x\rvert$ | $(\tan x)^2$ | $-x+\tan x$ |
| $\cot x$ | $\ln\lvert\sin x\rvert$ | $(\cot x)^2$ | $-x-\cot x$ |
| $(\sin x)^n$ | $-\frac{\cos x(\sin x)^{n-1}}{n}+\frac{n-1}{n}\int(\sin x)^{n-2}\,dx$ | $(\cos x)^n$ | $\frac{\sin x(\cos x)^{n-1}}{n}+\frac{n-1}{n}\int(\cos x)^{n-2}\,dx$ |
| $(\tan x)^n$ | $\frac{(\tan x)^{n-1}}{n-1}-\int(\tan x)^{n-2}\,dx\quad (n \neq 1)$ | $(\cot x)^n$ | $-\frac{(\cot x)^{n-1}}{n-1}-\int(\cot x)^{n-2}\,dx\quad (n \neq 1)$ |
| $\frac{1}{(\sin x)^2}$ | $-\cot x$ | $\frac{1}{\sin x}$ | $\ln\left\lvert\tan\frac{x}{2}\right\rvert$ |
| $\frac{1}{(\cos x)^2}$ | $\tan x$ | $\frac{1}{\cos x}$ | $\ln\left\lvert\tan\left(\frac{x}{2}+\frac{\pi}{4}\right)\right\rvert$ |
| $\sinh x$ | $\cosh x$ | $\tanh x$ | $\ln\cosh x$ |
| $\cosh x$ | $\sinh x$ | $\coth x$ | $\ln\lvert\sinh x\rvert$ |
| $\frac{1}{\sinh x}$ | $\ln\left\lvert\tanh\frac{x}{2}\right\rvert$ | $\frac{1}{\cosh x}$ | $\arcsin(\tanh x)$ |
| $\frac{1}{(\sinh x)^2}$ | $-\coth x$ | $\frac{1}{(\cosh x)^2}$ | $\tanh x$ |
| $\frac{1}{1+\cos x}$ | $\tan\frac{x}{2}$ | $\frac{1}{1+\sin x}$ | $\tan\left(\frac{x}{2}-\frac{\pi}{4}\right)$ |
| $\frac{1}{1-\cos x}$ | $-\cot\frac{x}{2}$ | $\frac{1}{1-\sin x}$ | $-\cot\left(\frac{x}{2}-\frac{\pi}{4}\right)$ |
| $\arcsin x$ | $x\arcsin x+\sqrt{1-x^2}$ | $\arccos x$ | $x\arccos x-\sqrt{1-x^2}$ |
| $\arctan x$ | $x\arctan x-\frac{1}{2}\ln(1+x^2)$ | $\operatorname{arccot} x$ | $x\operatorname{arccot} x+\frac{1}{2}\ln(1+x^2)$ |

## 14.4. Potenzreihenentwicklung und Näherungsformeln

**Konvergenzbedingungen für Potenzreihen**

**Leibniz** (notwendig)

$$\lim_{n \to \infty} a_n (x_0 - c)^n = 0 \Leftarrow \sum_{n=0}^{\infty} a_n (x-c)^n \text{ konvergiert in } x_0$$

**d'Alembert** (hinreichend) Es gibt ein $q \in \mathbb{R}$:

$$\lim_{n \to \infty} \left| \frac{a_n(x_0 - c)^n}{a_{n-1}(x_0 - c)^{n-1}} \right| \leqslant q < 1 \Rightarrow \sum_{n=0}^{\infty} a_n (x-c)^n \text{ konvergiert in } x_0$$

**Alternierende Reihe** (von Glied zu Glied wechselndes Vorzeichen): (notwendig und hinreichend)

$$\lim_{n \to \infty} a_n (x_0 - c)^n = 0 \Leftrightarrow \sum_{n=0}^{\infty} a_n (x-c)^n \text{ konvergiert in } x_0$$

**Taylorsche Reihe:** $f(a+h) = f(a) + \frac{h}{1!} f'(a) + \frac{h^2}{2!} f''(a) + \ldots + \frac{h^{n-1}}{(n-1)!} f^{(n-1)}(a) + R_n$

Restglied (Lagrange): $R_n = \frac{h^n}{n!} f^{(n)}(a + \vartheta h)$ mit $0 < \vartheta < 1$

oder nach den Ersetzungen $a + h = x$, $h = x - a$, $a + \vartheta h = \xi$ mit $a < \xi < x$:

$$f(x) = f(a) + \frac{x-a}{1!} f'(a) + \ldots + \frac{(x-a)^{n-1}}{(n-1)!} f^{(n-1)}(a) + R_n; \quad R_n = \frac{(x-a)^n}{n!} f^{(n)}(\xi)$$

**MacLaurinsche Reihe** (speziell $a = 0$):

$$f(x) = f(0) + \frac{x}{1!} f'(0) + \ldots + \frac{x^{n-1}}{(n-1)!} f^{(n-1)}(0) + R_n; \quad R_n = \frac{x^n}{n!} f^{(n)}(\vartheta x) \text{ mit } 0 < \vartheta < 1$$

**Binomische Reihe:** Für alle $x \in \mathbb{R}$ mit $|x| < 1$ und alle $r \in \mathbb{R}$ gilt:

(Binomische Formeln siehe 6.)

$$(1+x)^r = 1 + \binom{r}{1}x + \binom{r}{2}x^2 + \binom{r}{3}x^3 + \ldots + \binom{r}{k}x^k + \ldots$$

Dabei ist: $\binom{r}{k} = \frac{r(r-1)(r-2)\cdot\ldots\cdot(r-k+1)}{k!}$ für $r \in \mathbb{R}$ und $k \in \mathbb{N}$

$$\sin x = x - \frac{x^3}{3!} + \frac{x^5}{5!} - \frac{x^7}{7!} + - \ldots + (-1)^n \frac{x^{2n+1}}{(2n+1)!} + \ldots \quad x \in \mathbb{R}$$

$$\cos x = 1 - \frac{x^2}{2!} + \frac{x^4}{4!} - \frac{x^6}{6!} + - \ldots + (-1)^n \frac{x^{2n}}{(2n)!} + \ldots \quad x \in \mathbb{R}$$

$$\tan x = x + \frac{1}{3}x^3 + \frac{2}{15}x^5 + \frac{17}{315}x^7 + \frac{62}{2835}x^9 + \ldots \quad x \in \left]-\tfrac{\pi}{2}, \tfrac{\pi}{2}\right[$$

$$e^x = 1 + \frac{x}{1!} + \frac{x^2}{2!} + \frac{x^3}{3!} + \ldots + \frac{x^k}{k!} + \ldots \quad x \in \mathbb{R} \qquad a^x = e^{x \ln a} = 1 + \frac{x \ln a}{1!} + \frac{(x \ln a)^2}{2!} + \ldots + \frac{(x \ln a)^k}{k!} + \ldots \quad x \in \mathbb{R}$$

Aus den vorstehenden Reihen ergeben sich unmittelbar die **Relationen von Euler:**

$$e^{ix} = \cos x + i \sin x; \quad e^{-ix} = \cos x - i \sin x; \quad \cos x = \frac{e^{ix} + e^{-ix}}{2}; \quad \sin x = \frac{e^{ix} - e^{-ix}}{2i}$$

$$\ln x = \frac{x-1}{1} - \frac{(x-1)^2}{2} + \frac{(x-1)^3}{3} - + \ldots + (-1)^{k+1} \frac{(x-1)^k}{k} + \ldots \quad x \in ]0, 2]$$

$$\arcsin x = x + \frac{1}{2} \cdot \frac{x^3}{3} + \frac{1\cdot 3}{2\cdot 4} \cdot \frac{x^5}{5} + \frac{1\cdot 3\cdot 5}{2\cdot 4\cdot 6} \cdot \frac{x^7}{7} + \frac{1\cdot 3\cdot 5\cdot 7}{2\cdot 4\cdot 6\cdot 8} \cdot \frac{x^9}{9} + \ldots + \frac{1\cdot 3\cdot\ldots\cdot(2k-1)}{2\cdot 4\cdot\ldots\cdot 2k} \cdot \frac{x^{2k+1}}{2k+1} + \ldots \quad x \in [-1, 1]$$

$$\arctan x = x - \frac{x^3}{3} + \frac{x^5}{5} - \frac{x^7}{7} + - \ldots + (-1)^k \cdot \frac{x^{2k+1}}{2k+1} + \ldots \quad x \in [-1, 1]$$

$$= \frac{\pi}{2} - \frac{1}{x} + \frac{1}{3x^3} - \frac{1}{5x^5} + - \ldots + (-1)^{k+1} \cdot \frac{1}{(2k+1)x^{2k+1}} + \ldots \quad x \in \mathbb{R} \setminus ]-1, 1[$$

$$\sinh x = x + \frac{x^3}{3!} + \frac{x^5}{5!} + \frac{x^7}{7!} + \ldots + \frac{x^{2k+1}}{(2k+1)!} + \ldots \quad x \in \mathbb{R} \qquad \cosh x = 1 + \frac{x^2}{2!} + \frac{x^4}{4!} + \frac{x^6}{6!} + \ldots + \frac{x^{2k}}{(2k)!} + \ldots \quad x \in \mathbb{R}$$

$$\tanh x = x - \frac{1}{3}x^3 + \frac{2}{15}x^5 - \frac{17}{315}x^7 + \frac{62}{2835}x^9 - + \ldots \quad x \in \left]-\tfrac{\pi}{2}, \tfrac{\pi}{2}\right[$$

$$\operatorname{artanh} x = x + \frac{x^3}{3} + \frac{x^5}{5} + \frac{x^7}{7} + \ldots + \frac{x^{2k+1}}{2k+1} + \ldots \quad x \in ]-1, 1[$$

**Gaußsches Fehlerintegral** ($x \in \mathbb{R}$)

$$\frac{1}{\sqrt{2\pi}} \int_{-\infty}^{x} e^{-\frac{1}{2}t^2}\, dt = 0{,}5 + \frac{1}{\sqrt{2\pi}} \left( \frac{x}{1} - \frac{x^3}{3 \cdot 2 \cdot 1!} + \frac{x^5}{5 \cdot 4 \cdot 2!} - \frac{x^7}{7 \cdot 8 \cdot 3!} + \frac{x^9}{9 \cdot 16 \cdot 4!} - + \ldots + (-1)^k \frac{x^{2k+1}}{(2k+1) \cdot 2^k \cdot k!} + - \ldots \right)$$

**Näherungsformeln für sehr kleine Werte von $x$**

$\sin x \approx \tan x \approx x$ $\quad \sin(a+x) \approx \sin a + x \cos a$

$\cos x \approx 1 - \frac{x^2}{2}$ $\quad \sinh x \approx \tanh x \approx x$ $\quad \cosh x \approx 1 + \frac{x^2}{2}$ $\quad \operatorname{ar\,sinh} x \approx \operatorname{ar\,tanh} x \approx x$

$(1 \pm x)^n \approx 1 \pm nx,\ n \in \mathbb{R}$ $\quad \sqrt{a^2 + x^2} \approx a\left(1 + \frac{1}{2} \cdot \frac{x^2}{a^2}\right)$ $\quad e^x \approx 1 + x + \frac{x^2}{2}$ $\quad \ln(1+x) \approx x - \frac{1}{2}x^2$

## 15. Spezielle Funktionen

### Arcusfunktionen

| | | | |
|---|---|---|---|
| **arc sin**: | $[-1, 1]$ | $\to$ | $[-\frac{\pi}{2}, \frac{\pi}{2}]$ |
| | $x$ | $\mapsto$ | $\arcsin x$ |
| Dabei gilt: $y = \arcsin x$ | | $\Leftrightarrow$ | $x = \sin y$ |
| **arc cos**: | $[-1, 1]$ | $\to$ | $[0, \pi]$ |
| | $x$ | $\mapsto$ | $\arccos x$ |
| Dabei gilt: $y = \arccos x$ | | $\Leftrightarrow$ | $x = \cos y$ |
| **arc tan**: | $]-\infty, \infty[$ | $\to$ | $]-\frac{\pi}{2}, \frac{\pi}{2}[$ |
| | $x$ | $\mapsto$ | $\arctan x$ |
| Dabei gilt: $y = \arctan x$ | | $\Leftrightarrow$ | $x = \tan y$ |
| **arc cot**: | $]-\infty, \infty[$ | $\to$ | $]0, \pi[$ |
| | $x$ | $\mapsto$ | $\operatorname{arc\,cot} x$ |
| Dabei gilt: $y = \operatorname{arc\,cot} x$ | | $\Leftrightarrow$ | $x = \cot y$ |

**Zusammenhänge zwischen den Arcusfunktionen**

Für $x > 0$ gilt:

| | ausgedrückt durch: | | | |
|---|---|---|---|---|
| | arcsin | arccos | arctan | arccot |
| arcsin $x$ | $-\arcsin(-x)$ | $\arccos\sqrt{1-x^2}$ | $\arctan\frac{x}{\sqrt{1-x^2}}$ | $\operatorname{arccot}\frac{\sqrt{1-x^2}}{x}$ |
| arccos $x$ | $\arcsin\sqrt{1-x^2}$ | $\pi - \arccos(-x)$ | $\arctan\frac{\sqrt{1-x^2}}{x}$ | $\operatorname{arccot}\frac{x}{\sqrt{1-x^2}}$ |
| arctan $x$ | $\arcsin\frac{x}{\sqrt{1+x^2}}$ | $\arccos\frac{1}{\sqrt{1+x^2}}$ | $-\arctan(-x)$ | $\operatorname{arccot}\frac{1}{x}$ |
| arccot $x$ | $\arcsin\frac{1}{\sqrt{1+x^2}}$ | $\arccos\frac{x}{\sqrt{1+x^2}}$ | $\arctan\frac{1}{x}$ | $\pi - \operatorname{arccot}(-x)$ |

### Hyperbelfunktionen

Für alle $x \in \mathbb{R}$ sei:

$$\sinh x = \frac{e^x - e^{-x}}{2}$$

$$\cosh x = \frac{e^x + e^{-x}}{2}$$

$$\tanh x = \frac{e^x - e^{-x}}{e^x + e^{-x}}$$

$$\coth x = \frac{e^x + e^{-x}}{e^x - e^{-x}}$$

**Zusammenhänge zwischen den Hyperbelfunktionen**

Für alle $x \in \mathbb{R}$ gilt:

$$(\cosh x)^2 - (\sinh x)^2 = 1$$

$$\tanh x = \frac{1}{\coth x} = \frac{\sinh x}{\cosh x}$$

$$\coth x = \frac{1}{\tanh x} = \frac{\cosh x}{\sinh x}$$

Für $x > 0$ gilt zusätzlich:

| | ausgedrückt durch: | | | |
|---|---|---|---|---|
| | sinh | cosh | tanh | coth |
| sinh $x$ | $-\sinh(-x)$ | $\sqrt{(\cosh x)^2 - 1}$ | $\frac{\tanh x}{\sqrt{1-(\tanh x)^2}}$ | $\frac{1}{\sqrt{(\coth x)^2 - 1}}$ |
| cosh $x$ | $\sqrt{1 + (\sinh x)^2}$ | $\cosh(-x)$ | $\frac{1}{\sqrt{1-(\tanh x)^2}}$ | $\frac{\coth x}{\sqrt{(\coth x)^2 - 1}}$ |
| tanh $x$ | $\frac{\sinh x}{\sqrt{1+(\sinh x)^2}}$ | $\frac{\sqrt{(\cosh x)^2 - 1}}{\cosh x}$ | $-\tanh(-x)$ | $\frac{1}{\coth x}$ |
| coth $x$ | $\frac{\sqrt{1+(\sinh x)^2}}{\sinh x}$ | $\frac{\cosh x}{\sqrt{(\cosh x)^2 - 1}}$ | $\frac{1}{\tanh x}$ | $-\coth(-x)$ |

**Additionstheoreme**

$\sinh(u \pm v) = \sinh u \cdot \cosh v \pm \cosh u \cdot \sinh v$ $\qquad \cosh(u \pm v) = \cosh u \cdot \cosh v \pm \sinh u \cdot \sinh v$

$$\tanh(u \pm v) = \frac{\tanh u \pm \tanh v}{1 \pm \tanh u \cdot \tanh v} \qquad \coth(u \pm v) = \frac{\coth u \cdot \coth v \pm 1}{\coth v \pm \coth u}$$

**Hyperbelfunktionen und trigonometrische Funktionen**

$\sinh x = -\mathrm{i}\sin(\mathrm{i}x)$ $\quad \cosh x = \cos(\mathrm{i}x)$ $\quad \tanh x = -\mathrm{i}\tan(\mathrm{i}x)$ $\quad \coth x = \mathrm{i}\cot(\mathrm{i}x)$

$\sin x = -\mathrm{i}\sinh(\mathrm{i}x)$ $\quad \cos x = \cosh(\mathrm{i}x)$ $\quad \tan x = -\mathrm{i}\tanh(\mathrm{i}x)$ $\quad \cot x = \mathrm{i}\coth(\mathrm{i}x)$

### Areafunktionen
(ar sinh, ... wird gelesen: area sinus hyperbolicus, ...)

| | | | |
|---|---|---|---|
| **ar sinh**: | $]-\infty, \infty[$ | $\to$ | $]-\infty, \infty[$ |
| | $x$ | $\mapsto$ | $\operatorname{ar\,sinh} x$ |
| Dabei gilt: $y = \operatorname{ar\,sinh} x$ | | $\Leftrightarrow$ | $x = \sinh y$ |
| **ar tanh**: | $]-1, 1[$ | $\to$ | $]-\infty, \infty[$ |
| | $x$ | $\mapsto$ | $\operatorname{ar\,tanh} x$ |
| Dabei gilt: $y = \operatorname{ar\,tanh} x$ | | $\Leftrightarrow$ | $x = \tanh y$ |
| **ar cosh**: | $[1, \infty[$ | $\to$ | $[0, \infty[$ |
| | $x$ | $\mapsto$ | $\operatorname{ar\,cosh} x$ |
| Dabei gilt: $y = \operatorname{ar\,cosh} x$ | | $\Leftrightarrow$ | $x = \cosh y$ |
| **ar coth**: | $\mathbb{R} \setminus [-1, 1]$ | $\to$ | $\mathbb{R}^*$ |
| | $x$ | $\mapsto$ | $\operatorname{ar\,coth} x$ |
| Dabei gilt: $y = \operatorname{ar\,coth} x$ | | $\Leftrightarrow$ | $x = \coth y$ |

## 16. Kombinatorik, Statistik, Wahrscheinlichkeitsrechnung

### 16.1. Kombinatorik

Es sei $A = \{1, 2, \ldots, n\}$ und $B = \{a_1, a_2, \ldots, a_k\}$

**Variationen** von $k$ Elementen zur Klasse $n$ (mit Wiederholung):

| | | | | |
|---|---|---|---|---|
| Anzahl aller $n$-Tupel mit Elementen aus $B$ | = | Anzahl aller Abbildungen von $A$ in $B$ | = | $k^n$ |

**Variationen** von $k$ Elementen zur Klasse $n$ (ohne Wiederholung)

| | | | | |
|---|---|---|---|---|
| Anzahl aller $n$-Tupel ohne Wiederholung mit Elementen aus $B$ | = | Anzahl aller injektiven Abbildungen von $A$ in $B$ | = | $\frac{n!}{(n-k)!}$ |

**Permutationen** von $n$ Elementen (ohne Wiederholung):

| | | | | |
|---|---|---|---|---|
| Anzahl aller Anordnungen von $n$ Elementen | = | Anzahl aller bijektiven Abbildungen von $A$ auf $B$ für $n = k$ | = | $n!$ |

**Permutationen** von $n$ Elementen (mit Wiederholung):

| | | | | |
|---|---|---|---|---|
| Anzahl der Möglichkeiten, $n$ verschiedene Dinge auf $k$ Kästen zu verteilen, wobei in den $i$-ten Kasten jeweils $m_i$ Dinge $(m_1 + m_2 + \ldots + m_k = n)$ kommen sollen | = | Anzahl aller Abbildungen von $A$ in $B$, wobei $a_i$ $(i = 1, 2, \ldots, k)$ genau $m_i$-mal als Bild auftritt und $m_1 + \ldots + m_k = n$ ist | = | $\frac{n!}{m_1! \cdot \ldots \cdot m_k!}$ |

**Kombinationen** von $n$ Elementen zur Klasse $k$ (ohne Wiederholung):

| | | | | |
|---|---|---|---|---|
| Anzahl der $k$-elementigen Teilmengen einer $n$-elementigen Menge | = | Anzahl der Bildmengen aller injektiven Abbildungen von $B$ in $A$ | = | $\binom{n}{k}$ |

### 16.2. Statistik

Tritt ein Ereignis bei $m$ Versuchen genau $H$-mal ein, so nennt man $H$ die **absolute Häufigkeit**, $h = \frac{H}{m}$ die **relative Häufigkeit** dieses Ereignisses.

Für $k$ Ablesungswerte (Beobachtungswerte) $a_1, a_2, \ldots, a_k$, die bei insgesamt $n$ Versuchen jeweils mit der absoluten Häufigkeit $H_1, H_2, \ldots, H_k$ (relativen Häufigkeit $h_1, h_2, \ldots, h_k$) auftreten, gilt:

**Mittelwert**

$$\bar{a} = \frac{1}{n} \sum_{i=1}^{k} a_i H_i = \sum_{i=1}^{k} a_i h_i$$

**Varianz**

$$\sigma^2 = \frac{1}{n} \sum_{i=1}^{k} (a_i - \bar{a})^2 H_i = \sum_{i=1}^{k} (a_i - \bar{a})^2 h_i$$

**Streuung** (Standardabweichung)

$$\sigma = \sqrt{\frac{1}{n} \sum_{i=1}^{k} (a_i - \bar{a})^2 H_i} = \sqrt{\sum_{i=1}^{k} (a_i - \bar{a})^2 h_i}$$

### 16.3. Wahrscheinlichkeitsrechnung

Ist $S$ die Menge aller möglichen Ausgänge eines Zufallsexperiments, so heißt jede Teilmenge $E$ von $S$ **Ereignis.** Dabei heißt $S$ das **sichere**, $\emptyset$ das **unmögliche** Ereignis.

Man sagt: Das Ereignis $E$ ist **eingetreten**, wenn der Ausgang des Experiments Element von $E$ ist.

Sind $E_1, E_2$ Ereignisse, so gilt:

Das Ereignis $E_1 \cap E_2$ tritt genau dann ein, wenn sowohl $E_1$ als auch $E_2$ eintritt.

Das Ereignis $E_1 \cup E_2$ tritt genau dann ein, wenn $E_1$ oder $E_2$ eintritt.

Das Ereignis $\bar{E}_1$ bzw. $\complement_S E_1$ tritt genau dann ein, wenn $E_1$ nicht eintritt.

$\bar{E}_1$ bzw. $\complement_S E_1$ nennt man auch das **Gegenereignis** von $E_1$.

Zwei Ereignisse $E_1, E_2$ heißen **unvereinbar**, wenn gilt: $E_1 \cap E_2 = \emptyset$.

| | | |
|---|---|---|
| $P: \begin{matrix} \mathfrak{P}S \to \mathbb{R} \\ E \mapsto P(E) \end{matrix}$ heißt **Wahrscheinlichkeitsmaß über $S$** | $\Leftrightarrow$ | (1) $\bigwedge_{E \in \mathfrak{P}S} 0 \leq P(E)$<br>(2) $\bigwedge_{E_1, E_2 \in \mathfrak{P}S} [E_1 \cap E_2 = \emptyset \Rightarrow P(E_1 \cup E_2) = P(E_1) + P(E_2)]$<br>(3) $P(S) = 1$ |

Es gilt stets: $P(E_1 \cap E_2) + P(E_1 \cup E_2) = P(E_1) + P(E_2)$; $P(\bar{E}) = 1 - P(E)$, insbesondere $P(\emptyset) = 1 - P(S) = 0$

Sind $E$ und $F$ Ereignisse und ist $P(F) \neq 0$, so wird die durch $F$ **bedingte Wahrscheinlichkeit** von $E$ kurz $P(E|F)$ (lies: $P$ von $E$ unter der Bedingung $F$), folgendermaßen definiert: $P(E|F) = \frac{P(E \cap F)}{P(F)}$

**Multiplikationssatz:** $P(F) \cdot P(E|F) = P(E \cap F) = P(E) \cdot P(F|E)$

Zwei Ereignisse $E_1, E_2$ heißen **unabhängig** $\Leftrightarrow$ $P(E_1 \cap E_2) = P(E_1) \cdot P(E_2)$

Drei Ereignisse $E_1, E_2, E_3$ heißen **unabhängig** $\Leftrightarrow$ $P(E_1 \cap E_2 \cap E_3) = P(E_1) \cdot P(E_2) \cdot P(E_3)$ und $P(E_1 \cap E_2) = P(E_1) \cdot P(E_2)$, $P(E_1 \cap E_3) = P(E_1) \cdot P(E_3)$, $P(E_2 \cap E_3) = P(E_2) \cdot P(E_3)$

**Satz von der totalen Wahrscheinlichkeit:**

Ist $S = E_1 \cup E_2 \cup \ldots \cup E_n$ und stets $E_i \cap E_k = \emptyset$ für $i \neq k$ sowie $P(E_i) \neq 0$, so gilt:
$P(F) = P(E_1) \cdot P(F|E_1) + P(E_2) \cdot P(F|E_2) + \ldots + P(E_n) \cdot P(F|E_n)$

**Bayessche Formel:**

Ist $S = E_1 \cup E_2 \cup \ldots \cup E_n$ und stets $E_i \cap E_k = \emptyset$ für $i \neq k$ sowie $P(E_i) \neq 0$, so gilt für $P(F) \neq 0$:

$$P(E_k|F) = \frac{P(E_k) \cdot P(F|E_k)}{P(E_1) \cdot P(F|E_1) + P(E_2) \cdot P(F|E_2) + \ldots + P(E_n) \cdot P(F|E_n)}$$

Eine Abbildung $X: S \to \mathbb{R}$ heißt **Zufallsgröße** über $S$.

Ist $X(S) = \{x_1, \ldots, x_n\}$ und sind $P(X = x_i)$ die Wahrscheinlichkeiten der Werte $x_i$, so ist der **Erwartungswert** der Zufallsgröße $X$ die Zahl $\mu = E(X) = \sum_{i=1}^{n} x_i \cdot P(X = x_i)$.

Sind $X$ und $Y$ Zufallsgrößen und $a, b \in \mathbb{R}$, so gilt: $E(aX + bY) = aE(X) + bE(Y)$.

Zwei Zufallsgrößen $X$ und $Y$ heißen **unabhängig** $\Leftrightarrow$ Für alle $x_i \in X(S)$, $y_i \in Y(S)$ gilt: $P(X = x_i \wedge Y = y_i) = P(X = x_i) \cdot P(Y = y_i)$

**Varianz** einer Zufallsgröße: $\operatorname{Var} X = E((X - \mu)^2) = E((X - E(X))^2)$

**Streuung** (Standardabweichung) einer Zufallsgröße: $\sigma(X) = \sqrt{\operatorname{Var} X}$

Es gilt: $\operatorname{Var}(aX + b) = a^2 \operatorname{Var} X$ für alle $a, b \in \mathbb{R}$

$X$ und $Y$ sind unabhängig $\Rightarrow$ $E(XY) = E(X) \cdot E(Y)$ und $\operatorname{Var}(X + Y) = \operatorname{Var}(X) + \operatorname{Var}(Y)$

Tschebyschow Ungleichung: Für alle $a \in \mathbb{R}^+$ gilt: $P(|X - E(X)| \geq a) \leq \frac{(\sigma(X))^2}{a^2}$

Eine Funktion $\begin{array}{l} \mathbb{R} \to \mathbb{R} \\ x \mapsto P(\{s | X(s) = x\}) \end{array}$ heißt **Wahrscheinlichkeitsverteilung** der Zufallsgröße $X$.

Eine Funktion $F$: $\begin{array}{l} \mathbb{R} \to \mathbb{R} \\ x \mapsto P(\{s | X(s) \leq x\}) \end{array}$ heißt **Verteilungsfunktion** der Zufallsgröße $X$.

Eine Funktion $f$: $\begin{array}{l} \mathbb{R} \to \mathbb{R} \\ x \mapsto \lim\limits_{\Delta x \to 0} \frac{F(x + \Delta x) - F(x)}{\Delta x} \end{array}$ heißt **Dichtefunktion** der Zufallsgröße $X$.

Es gilt: $F(x + \Delta x) - F(x) = \int_{x}^{x + \Delta x} f(t)\, dt$.

| Eine Folge von $n$ Wiederholungen eines Experiments heißt $n$-gliedrige **Bernoulli-Kette** | $\Leftrightarrow$ | (1) Das Experiment hat genau zwei Ausgänge: $T$ (Treffer), $N$ (Niete), also $S = \{T, N\}$<br>(2) Das Ereignis $\{T\}$ hat in allen Wiederholungen dieselbe Wahrscheinlichkeit $p$<br>(3) Die einzelnen Wiederholungen sind unabhängig |
|---|---|---|

Es gilt: Die Wahrscheinlichkeit, daß in einer $n$-gliedrigen Bernoulli-Kette das Ereignis $\{T\}$ genau $k$-mal eintritt, beträgt: $P^{(n)}(k) = \binom{n}{k} p^k q^{n-k}$, wobei $q = 1 - p$ ist.

**Tschebyschow Ungleichung:** Für alle $a \in \mathbb{R}^+$ gilt: $P(|\text{Trefferhäufigkeit} - p| \geq a) \leq \frac{pq}{a^2 n}$ $(q = 1 - p)$

Die Abbildung $P^{(n)}$: $\begin{array}{l} \mathbb{N} \to \mathbb{R} \\ k \mapsto P^{(n)}(k) \end{array}$ heißt **Binomialverteilung** der Bernoulli-Kette.

**Erwartungswert** (Mittelwert): $\mu = np$ **Streuung** (Standardabweichung): $\sigma = \sqrt{npq}$

**Poisson-Verteilung** (siehe Tafel S. 36):
Ist $p$ klein, $n$ groß, so stellt $k \mapsto P(k) = \frac{(np)^k\, e^{-np}}{k!} = \frac{\mu^k\, e^{-\mu}}{k!}$ eine Näherung an die Binomialverteilung dar.

**Gaußverteilung** (Normalverteilung siehe Tafeln S. 22/23, 34/35):
Sind $n$ und $\sqrt{2\,npq}$ groß, so stellt $k \mapsto P(k) = \frac{1}{\sigma\sqrt{2\pi}}\, e^{-\frac{(k-\mu)^2}{2\sigma^2}}$ eine Näherung für die Binomialverteilung dar.

Ersetzt man $\frac{k-\mu}{\sigma}$ durch $x$, so ergibt sich in $\varphi(x) = \frac{1}{\sqrt{2\pi}}\, e^{-\frac{1}{2}x^2}$ eine Gleichung, die für alle Gaußverteilungen in gleicher Weise gilt, da sie unabhängig von $n$, $\mu$ und $\sigma$ ist. Umrechnung: $\varphi(x) = \sigma P(k)$, wenn $x = \frac{k-\mu}{\sigma}$ bzw. $k = \sigma x + \mu$ ist.

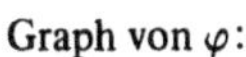
Graph von $\varphi$:

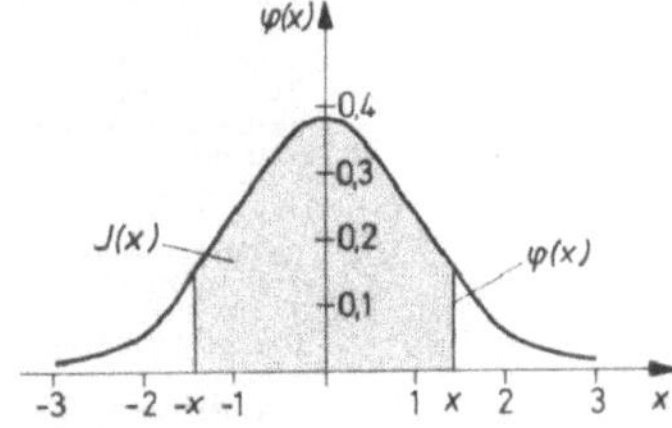


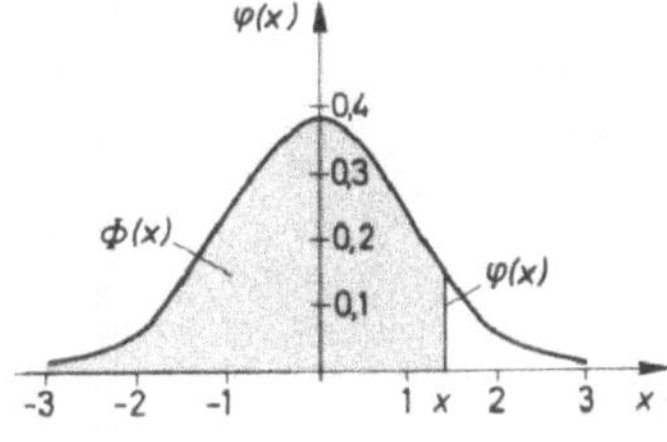


**Testen einer Hypothese:** Es sei $H_0$ die Nullhypothese. Dann ist vereinbart:
Fehler 1. Art ($\alpha$): $H_0$ ist erfüllt und wird durch den Test verworfen
Fehler 2. Art ($\beta$): $H_0$ ist nicht erfüllt und wird durch den Test angenommen

## Sachwortverzeichnis

Die Angaben beziehen sich auf die Abschnitte, nicht auf die Seitenzahlen.

## Inhaltsverzeichnis

# Mathematik

## Primzahlen $1 < p < 1000$

| | | | | | | | | | | | | | |
|---|---|---|---|---|---|---|---|---|---|---|---|---|---|
| 2 | 41 | 97 | 157 | 227 | 283 | 367 | 439 | 509 | 599 | 661 | 751 | 829 | 919 |
| 3 | 43 | 101 | 163 | 229 | 293 | 373 | 443 | 521 | 601 | 673 | 757 | 839 | 929 |
| 5 | 47 | 103 | 167 | 233 | 307 | 379 | 449 | 523 | 607 | 677 | 761 | 853 | 937 |
| 7 | 53 | 107 | 173 | 239 | 311 | 383 | 457 | 541 | 613 | 683 | 769 | 857 | 941 |
| 11 | 59 | 109 | 179 | 241 | 313 | 389 | 461 | 547 | 617 | 691 | 773 | 859 | 947 |
| 13 | 61 | 113 | 181 | 251 | 317 | 397 | 463 | 557 | 619 | 701 | 787 | 863 | 953 |
| 17 | 67 | 127 | 191 | 257 | 331 | 401 | 467 | 563 | 631 | 709 | 797 | 877 | 967 |
| 19 | 71 | 131 | 193 | 263 | 337 | 409 | 479 | 569 | 641 | 719 | 809 | 881 | 971 |
| 23 | 73 | 137 | 197 | 269 | 347 | 419 | 487 | 571 | 643 | 727 | 811 | 883 | 977 |
| 29 | 79 | 139 | 199 | 271 | 349 | 421 | 491 | 577 | 647 | 733 | 821 | 887 | 983 |
| 31 | 83 | 149 | 211 | 277 | 353 | 431 | 499 | 587 | 653 | 739 | 823 | 907 | 991 |
| 37 | 89 | 151 | 223 | 281 | 359 | 433 | 503 | 593 | 659 | 743 | 827 | 911 | 997 |

## Pythagoreische Zahlen $a^2 + b^2 = c^2$

| | | | | | | | | | | | | | | |
|---|---|---|---|---|---|---|---|---|---|---|---|---|---|---|
| 3 | 4 | 5 | 19 | 180 | 181 | 180 | 299 | 349 | 217 | 456 | 505 | 400 | 561 | 689 |
| 5 | 12 | 13 | 104 | 153 | 185 | 225 | 272 | 353 | 220 | 459 | 509 | 111 | 680 | 689 |
| 8 | 15 | 17 | 57 | 176 | 185 | 76 | 357 | 365 | 279 | 440 | 521 | 455 | 528 | 697 |
| 7 | 24 | 25 | 95 | 168 | 193 | 27 | 364 | 365 | 308 | 435 | 533 | 185 | 672 | 697 |
| 20 | 21 | 29 | 28 | 195 | 197 | 252 | 275 | 373 | 92 | 525 | 533 | 260 | 651 | 701 |
| 12 | 35 | 37 | 133 | 156 | 205 | 152 | 345 | 377 | 341 | 420 | 541 | 259 | 660 | 709 |
| 9 | 40 | 41 | 84 | 187 | 205 | 135 | 352 | 377 | 184 | 513 | 545 | 364 | 627 | 725 |
| 28 | 45 | 53 | 140 | 171 | 221 | 189 | 340 | 389 | 33 | 544 | 545 | 333 | 644 | 725 |
| 11 | 60 | 61 | 21 | 220 | 221 | 228 | 325 | 397 | 165 | 532 | 557 | 108 | 725 | 733 |
| 33 | 56 | 65 | 60 | 221 | 229 | 40 | 399 | 401 | 396 | 403 | 565 | 407 | 624 | 745 |
| 16 | 63 | 65 | 105 | 208 | 233 | 120 | 391 | 409 | 276 | 493 | 565 | 216 | 713 | 745 |
| 48 | 55 | 73 | 120 | 209 | 241 | 29 | 420 | 421 | 231 | 520 | 569 | 468 | 595 | 757 |
| 36 | 77 | 85 | 32 | 255 | 257 | 297 | 304 | 425 | 48 | 575 | 577 | 39 | 760 | 761 |
| 13 | 84 | 85 | 96 | 247 | 265 | 87 | 416 | 425 | 368 | 465 | 593 | 481 | 600 | 769 |
| 39 | 80 | 89 | 23 | 264 | 265 | 145 | 408 | 433 | 240 | 551 | 601 | 195 | 748 | 773 |
| 65 | 72 | 97 | 69 | 260 | 269 | 203 | 396 | 445 | 35 | 612 | 613 | 273 | 736 | 785 |
| 20 | 99 | 101 | 115 | 252 | 277 | 84 | 437 | 445 | 105 | 608 | 617 | 56 | 783 | 785 |
| 60 | 91 | 109 | 160 | 231 | 281 | 280 | 351 | 449 | 336 | 527 | 625 | 432 | 665 | 793 |
| 15 | 112 | 113 | 161 | 240 | 289 | 168 | 425 | 457 | 429 | 460 | 629 | 168 | 775 | 793 |
| 44 | 117 | 125 | 68 | 285 | 293 | 261 | 380 | 461 | 100 | 621 | 629 | 555 | 572 | 797 |
| 88 | 105 | 137 | 207 | 224 | 305 | 319 | 360 | 481 | 200 | 609 | 641 | 280 | 759 | 809 |
| 24 | 143 | 145 | 136 | 273 | 305 | 31 | 480 | 481 | 315 | 572 | 653 | 429 | 700 | 821 |
| 17 | 144 | 145 | 25 | 312 | 313 | 93 | 476 | 485 | 300 | 589 | 661 | 540 | 629 | 829 |
| 51 | 140 | 149 | 75 | 308 | 317 | 44 | 483 | 485 | 385 | 552 | 673 | 41 | 840 | 841 |
| 85 | 132 | 157 | 204 | 253 | 325 | 155 | 468 | 493 | 52 | 675 | 677 | 123 | 836 | 845 |
| 119 | 120 | 169 | 36 | 323 | 325 | 132 | 475 | 493 | 156 | 667 | 685 | 116 | 837 | 845 |
| 52 | 165 | 173 | 175 | 288 | 337 | 336 | 377 | 505 | 37 | 684 | 685 | 205 | 828 | 853 |

## Quaderdiagonalen $a^2 + b^2 + c^2 = D^2$ (a, b, c, D ∈ IN)

| a | b | c | D | a | b | c | D | a | b | c | D | a | b | c | D |
|---|---|---|---|---|---|---|---|---|---|---|---|---|---|---|---|
| 1 | 2 | 2 | 3 | 1 | 12 | 12 | | 6 | 13 | 18 | | 12 | 12 | 21 | |
| 2 | 3 | 6 | 7 | 1 | 6 | 18 | 19 | 9 | 12 | 20 | 25 | 3 | 16 | 24 | 29 |
| 1 | 4 | 8 | 9 | 6 | 10 | 15 | | 12 | 15 | 16 | | 11 | 12 | 24 | |
| 4 | 4 | 7 | | 6 | 6 | 17 | | 2 | 7 | 26 | 27 | 12 | 16 | 21 | |
| 2 | 6 | 9 | 11 | 4 | 5 | 20 | 21 | 2 | 10 | 25 | | 5 | 6 | 30 | 31 |
| 6 | 6 | 7 | | 4 | 8 | 19 | | 2 | 14 | 23 | | 6 | 14 | 27 | |
| 3 | 4 | 12 | 13 | 4 | 13 | 16 | | 3 | 12 | 24 | | 6 | 21 | 22 | |
| 2 | 5 | 14 | 15 | 8 | 11 | 16 | | 7 | 14 | 22 | | 14 | 18 | 21 | |
| 2 | 10 | 11 | | 3 | 6 | 22 | 23 | 9 | 18 | 18 | | 1 | 8 | 32 | 33 |
| 8 | 9 | 12 | 17 | 3 | 14 | 18 | | 10 | 10 | 23 | | 4 | 7 | 32 | |

## Mantissen der Zehnerlogarithmen

| N / x | 0 | 1 | 2 | 3 | 4 | 5 | 6 | 7 | 8 | 9 | D |
|---|---|---|---|---|---|---|---|---|---|---|---|
| **100** | 00000 | 00043 | 00087 | 00130 | 00173 | 00217 | 00260 | 00303 | 00346 | 00389 | 43 |
| 101 | 00432 | 00475 | 00518 | 00561 | 00604 | 00647 | 00689 | 00732 | 00775 | 00817 | 43 |
| 102 | 00860 | 00903 | 00945 | 00988 | 01030 | 01072 | 01115 | 01157 | 01199 | 01242 | 42 |
| 103 | 01284 | 01326 | 01368 | 01410 | 01452 | 01494 | 01536 | 01578 | 01620 | 01662 | 41 |
| 104 | 01703 | 01745 | 01787 | 01828 | 01870 | 01912 | 01953 | 01995 | 02036 | 02078 | 41 |
| 105 | 02119 | 02160 | 02202 | 02243 | 02284 | 02325 | 02366 | 02407 | 02449 | 02490 | 41 |
| 106 | 02531 | 02572 | 02612 | 02653 | 02694 | 02735 | 02776 | 02816 | 02857 | 02898 | 40 |
| 107 | 02938 | 02979 | 03019 | 03060 | 03100 | 03141 | 03181 | 03222 | 03262 | 03302 | 40 |
| 108 | 03342 | 03383 | 03423 | 03463 | 03503 | 03543 | 03583 | 03623 | 03663 | 03703 | 40 |
| 109 | 03743 | 03782 | 03822 | 03862 | 03902 | 03941 | 03981 | 04021 | 04060 | 04100 | |
| **10** | 0000 | 0043 | 0086 | 0128 | 0170 | 0212 | 0253 | 0294 | 0334 | 0374 | 40 |
| 11 | 0414 | 0453 | 0492 | 0531 | 0569 | 0607 | 0645 | 0682 | 0719 | 0755 | 37 |
| 12 | 0792 | 0828 | 0864 | 0899 | 0934 | 0969 | 1004 | 1038 | 1072 | 1106 | 33 |
| 13 | 1139 | 1173 | 1206 | 1239 | 1271 | 1303 | 1335 | 1367 | 1399 | 1430 | 31 |
| 14 | 1461 | 1492 | 1523 | 1553 | 1584 | 1614 | 1644 | 1673 | 1703 | 1732 | 29 |
| 15 | 1761 | 1790 | 1818 | 1847 | 1875 | 1903 | 1931 | 1959 | 1987 | 2014 | 27 |
| 16 | 2041 | 2068 | 2095 | 2122 | 2148 | 2175 | 2201 | 2227 | 2253 | 2279 | 25 |
| 17 | 2304 | 2330 | 2355 | 2380 | 2405 | 2430 | 2455 | 2480 | 2504 | 2529 | 24 |
| 18 | 2553 | 2577 | 2601 | 2625 | 2648 | 2672 | 2695 | 2718 | 2742 | 2765 | 23 |
| 19 | 2788 | 2810 | 2833 | 2856 | 2878 | 2900 | 2923 | 2945 | 2967 | 2989 | 21 |
| **20** | 3010 | 3032 | 3054 | 3075 | 3096 | 3118 | 3139 | 3160 | 3181 | 3201 | 21 |
| 21 | 3222 | 3243 | 3263 | 3284 | 3304 | 3324 | 3345 | 3365 | 3385 | 3404 | 20 |
| 22 | 3424 | 3444 | 3464 | 3483 | 3502 | 3522 | 3541 | 3560 | 3579 | 3598 | 19 |
| 23 | 3617 | 3636 | 3655 | 3674 | 3692 | 3711 | 3729 | 3747 | 3766 | 3784 | 18 |
| 24 | 3802 | 3820 | 3838 | 3856 | 3874 | 3892 | 3909 | 3927 | 3945 | 3962 | 17 |
| 25 | 3979 | 3997 | 4014 | 4031 | 4048 | 4065 | 4082 | 4099 | 4116 | 4133 | 17 |
| 26 | 4150 | 4166 | 4183 | 4200 | 4216 | 4232 | 4249 | 4265 | 4281 | 4298 | 16 |
| 27 | 4314 | 4330 | 4346 | 4362 | 4378 | 4393 | 4409 | 4425 | 4440 | 4456 | 16 |
| 28 | 4472 | 4487 | 4502 | 4518 | 4533 | 4548 | 4564 | 4579 | 4594 | 4609 | 15 |
| 29 | 4624 | 4639 | 4654 | 4669 | 4683 | 4698 | 4713 | 4728 | 4742 | 4757 | 14 |
| **30** | 4771 | 4786 | 4800 | 4814 | 4829 | 4843 | 4857 | 4871 | 4886 | 4900 | 14 |
| 31 | 4914 | 4928 | 4942 | 4955 | 4969 | 4983 | 4997 | 5011 | 5024 | 5038 | 13 |
| 32 | 5051 | 5065 | 5079 | 5092 | 5105 | 5119 | 5132 | 5145 | 5159 | 5172 | 13 |
| 33 | 5185 | 5198 | 5211 | 5224 | 5237 | 5250 | 5263 | 5276 | 5289 | 5302 | 13 |
| 34 | 5315 | 5328 | 5340 | 5353 | 5366 | 5378 | 5391 | 5403 | 5416 | 5428 | 13 |
| 35 | 5441 | 5453 | 5465 | 5478 | 5490 | 5502 | 5514 | 5527 | 5539 | 5551 | 12 |
| 36 | 5563 | 5575 | 5587 | 5599 | 5611 | 5623 | 5635 | 5647 | 5658 | 5670 | 12 |
| 37 | 5682 | 5694 | 5705 | 5717 | 5729 | 5740 | 5752 | 5763 | 5775 | 5786 | 12 |
| 38 | 5798 | 5809 | 5821 | 5832 | 5843 | 5855 | 5866 | 5877 | 5888 | 5899 | 12 |
| 39 | 5911 | 5922 | 5933 | 5944 | 5955 | 5966 | 5977 | 5988 | 5999 | 6010 | 11 |
| **40** | 6021 | 6031 | 6042 | 6053 | 6064 | 6075 | 6085 | 6096 | 6107 | 6117 | 11 |
| 41 | 6128 | 6138 | 6149 | 6160 | 6170 | 6180 | 6191 | 6201 | 6212 | 6222 | 10 |
| 42 | 6232 | 6243 | 6253 | 6263 | 6274 | 6284 | 6294 | 6304 | 6314 | 6325 | 10 |
| 43 | 6335 | 6345 | 6355 | 6365 | 6375 | 6385 | 6395 | 6405 | 6415 | 6425 | 10 |
| 44 | 6435 | 6444 | 6454 | 6464 | 6474 | 6484 | 6493 | 6503 | 6513 | 6522 | 10 |
| 45 | 6532 | 6542 | 6551 | 6561 | 6571 | 6580 | 6590 | 6599 | 6609 | 6618 | 10 |
| 46 | 6628 | 6637 | 6646 | 6656 | 6665 | 6675 | 6684 | 6693 | 6702 | 6712 | 9 |
| 47 | 6721 | 6730 | 6739 | 6749 | 6758 | 6767 | 6776 | 6785 | 6794 | 6803 | 9 |
| 48 | 6812 | 6821 | 6830 | 6839 | 6848 | 6857 | 6866 | 6875 | 6884 | 6893 | 9 |
| 49 | 6902 | 6911 | 6920 | 6928 | 6937 | 6946 | 6955 | 6964 | 6972 | 6981 | 9 |

**Erläuterungen:**

Zwischenwerte mit Hilfe der beigefügten Interpolationstafel (Beispiele siehe rechte Seite).

2 bedeutet: Ziffer 2 ist aufgerundet.

*D* Mantissendifferenz zur nächsten Zeile.

# Mantissen der Zehnerlogarithmen (Fortsetzung)



| N / x | 0 | 1 | 2 | 3 | 4 | 5 | 6 | 7 | 8 | 9 | D |
|---|---|---|---|---|---|---|---|---|---|---|---|
| 50 | 6990 | 6998 | 7007 | 7016 | 7024 | 7033 | 7042 | 7050 | 7059 | 7067 | 9 |
| 51 | 7076 | 7084 | 7093 | 7101 | 7110 | 7118 | 7126 | 7135 | 7143 | 7152 | 8 |
| 52 | 7160 | 7168 | 7177 | 7185 | 7193 | 7202 | 7210 | 7218 | 7226 | 7235 | 8 |
| 53 | 7243 | 7251 | 7259 | 7267 | 7275 | 7284 | 7292 | 7300 | 7308 | 7316 | 8 |
| 54 | 7324 | 7332 | 7340 | 7348 | 7356 | 7364 | 7372 | 7380 | 7388 | 7396 | 8 |
| 55 | 7404 | 7412 | 7419 | 7427 | 7435 | 7443 | 7451 | 7459 | 7466 | 7474 | 8 |
| 56 | 7482 | 7490 | 7497 | 7505 | 7513 | 7520 | 7528 | 7536 | 7543 | 7551 | 8 |
| 57 | 7559 | 7566 | 7574 | 7582 | 7589 | 7597 | 7604 | 7612 | 7619 | 7627 | 7 |
| 58 | 7634 | 7642 | 7649 | 7657 | 7664 | 7672 | 7679 | 7686 | 7694 | 7701 | 8 |
| 59 | 7709 | 7716 | 7723 | 7731 | 7738 | 7745 | 7752 | 7760 | 7767 | 7774 | 8 |
| 60 | 7782 | 7789 | 7796 | 7803 | 7810 | 7818 | 7825 | 7832 | 7839 | 7846 | 7 |
| 61 | 7853 | 7860 | 7868 | 7875 | 7882 | 7889 | 7896 | 7903 | 7910 | 7917 | 7 |
| 62 | 7924 | 7931 | 7938 | 7945 | 7952 | 7959 | 7966 | 7973 | 7980 | 7987 | 6 |
| 63 | 7993 | 8000 | 8007 | 8014 | 8021 | 8028 | 8035 | 8041 | 8048 | 8055 | 7 |
| 64 | 8062 | 8069 | 8075 | 8082 | 8089 | 8096 | 8102 | 8109 | 8116 | 8122 | 7 |
| 65 | 8129 | 8136 | 8142 | 8149 | 8156 | 8162 | 8169 | 8176 | 8182 | 8189 | 6 |
| 66 | 8195 | 8202 | 8209 | 8215 | 8222 | 8228 | 8235 | 8241 | 8248 | 8254 | 7 |
| 67 | 8261 | 8267 | 8274 | 8280 | 8287 | 8293 | 8299 | 8306 | 8312 | 8319 | 6 |
| 68 | 8325 | 8331 | 8338 | 8344 | 8351 | 8357 | 8363 | 8370 | 8376 | 8382 | 6 |
| 69 | 8388 | 8395 | 8401 | 8407 | 8414 | 8420 | 8426 | 8432 | 8439 | 8445 | 6 |
| 70 | 8451 | 8457 | 8463 | 8470 | 8476 | 8482 | 8488 | 8494 | 8500 | 8506 | 7 |
| 71 | 8513 | 8519 | 8525 | 8531 | 8537 | 8543 | 8549 | 8555 | 8561 | 8567 | 6 |
| 72 | 8573 | 8579 | 8585 | 8591 | 8597 | 8603 | 8609 | 8615 | 8621 | 8627 | 6 |
| 73 | 8633 | 8639 | 8645 | 8651 | 8657 | 8663 | 8669 | 8675 | 8681 | 8686 | 6 |
| 74 | 8692 | 8698 | 8704 | 8710 | 8716 | 8722 | 8727 | 8733 | 8739 | 8745 | 6 |
| 75 | 8751 | 8756 | 8762 | 8768 | 8774 | 8779 | 8785 | 8791 | 8797 | 8802 | 6 |
| 76 | 8808 | 8814 | 8820 | 8825 | 8831 | 8837 | 8842 | 8848 | 8854 | 8859 | 6 |
| 77 | 8865 | 8871 | 8876 | 8882 | 8887 | 8893 | 8899 | 8904 | 8910 | 8915 | 6 |
| 78 | 8921 | 8927 | 8932 | 8938 | 8943 | 8949 | 8954 | 8960 | 8965 | 8971 | 5 |
| 79 | 8976 | 8982 | 8987 | 8993 | 8998 | 9004 | 9009 | 9015 | 9020 | 9025 | 6 |
| 80 | 9031 | 9036 | 9042 | 9047 | 9053 | 9058 | 9063 | 9069 | 9074 | 9079 | 6 |
| 81 | 9085 | 9090 | 9096 | 9101 | 9106 | 9112 | 9117 | 9122 | 9128 | 9133 | 5 |
| 82 | 9138 | 9143 | 9149 | 9154 | 9159 | 9165 | 9170 | 9175 | 9180 | 9186 | 5 |
| 83 | 9191 | 9196 | 9201 | 9206 | 9212 | 9217 | 9222 | 9227 | 9232 | 9238 | 5 |
| 84 | 9243 | 9248 | 9253 | 9258 | 9263 | 9269 | 9274 | 9279 | 9284 | 9289 | 5 |
| 85 | 9294 | 9299 | 9304 | 9309 | 9315 | 9320 | 9325 | 9330 | 9335 | 9340 | 5 |
| 86 | 9345 | 9350 | 9355 | 9360 | 9365 | 9370 | 9375 | 9380 | 9385 | 9390 | 5 |
| 87 | 9395 | 9400 | 9405 | 9410 | 9415 | 9420 | 9425 | 9430 | 9435 | 9440 | 5 |
| 88 | 9445 | 9450 | 9455 | 9460 | 9465 | 9469 | 9474 | 9479 | 9484 | 9489 | 5 |
| 89 | 9494 | 9499 | 9504 | 9509 | 9513 | 9518 | 9523 | 9528 | 9533 | 9538 | 4 |
| 90 | 9542 | 9547 | 9552 | 9557 | 9562 | 9566 | 9571 | 9576 | 9581 | 9586 | 4 |
| 91 | 9590 | 9595 | 9600 | 9605 | 9609 | 9614 | 9619 | 9624 | 9628 | 9633 | 5 |
| 92 | 9638 | 9643 | 9647 | 9652 | 9657 | 9661 | 9666 | 9671 | 9675 | 9680 | 5 |
| 93 | 9685 | 9689 | 9694 | 9699 | 9703 | 9708 | 9713 | 9717 | 9722 | 9727 | 4 |
| 94 | 9731 | 9736 | 9741 | 9745 | 9750 | 9754 | 9759 | 9763 | 9768 | 9773 | 4 |
| 95 | 9777 | 9782 | 9786 | 9791 | 9795 | 9800 | 9805 | 9809 | 9814 | 9818 | 5 |
| 96 | 9823 | 9827 | 9832 | 9836 | 9841 | 9845 | 9850 | 9854 | 9859 | 9863 | 5 |
| 97 | 9868 | 9872 | 9877 | 9881 | 9886 | 9890 | 9894 | 9899 | 9903 | 9908 | 4 |
| 98 | 9912 | 9917 | 9921 | 9926 | 9930 | 9934 | 9939 | 9943 | 9948 | 9952 | 4 |
| 99 | 9956 | 9961 | 9965 | 9969 | 9974 | 9978 | 9983 | 9987 | 9991 | 9996 | 4 |

**Kennziffer** $k \in \mathbb{Z}$: Für $1 < x < 10$ ist $k = 0$.

**Beispiel:** lg 3,243 = 0,5109

Für $x \geqslant 10$ ist k um 1 kleiner als die Stellenzahl von x vor dem Komma.

**Beispiel:** lg 1029,6 = 3,01267

Für $x \leqslant 1$ ist k negativ und der Betrag von k gleich der Anzahl der Nullen vor der ersten geltenden Stelle.

**Beispiel:** lg 0,09971 = 0,9987 − 2

# Logarithmen der Kreisfunktionswerte

## lg sin 0° bis lg sin 45°

| φ | +0′ +0,0° | +6′ +0,1° | +12′ +0,2° | +18′ +0,3° | +24′ +0,4° | +30′ +0,5° | +36′ +0,6° | +42′ +0,7° | +48′ +0,8° | +54′ +0,9° | +60′ +1,0° | |
|---|---|---|---|---|---|---|---|---|---|---|---|---|
| 0° | – | 7,241$\underline{9}$ | 5429 | 719$\underline{0}$ | 8439 | 9408 | •0200 | •087$\underline{0}$ | •145$\underline{0}$ | •1961 | •241$\underline{9}$ | 89° |
| 1° | 8,241$\underline{9}$ | 2832 | 3210 | 355$\underline{8}$ | 388$\underline{0}$ | 4179 | 4459 | 472$\underline{3}$ | 497$\underline{1}$ | 520$\underline{6}$ | 5428 | 88° |
| 2° | 8,5428 | 564$\underline{0}$ | 584$\underline{2}$ | 603$\underline{5}$ | 622$\underline{0}$ | 639$\underline{7}$ | 6567 | 6731 | 688$\underline{9}$ | 7041 | 7188 | 87° |
| 3° | 8,7188 | 7330 | 7468 | 760$\underline{2}$ | 7731 | 785$\underline{7}$ | 797$\underline{9}$ | 809$\underline{8}$ | 8213 | 8326 | 843$\underline{6}$ | 86° |
| 4° | 8,843$\underline{6}$ | 854$\underline{3}$ | 8647 | 8749 | 8849 | 8946 | 904$\underline{2}$ | 913$\underline{5}$ | 9226 | 9315 | 940$\underline{3}$ | 85° |
| 5° | 8,940$\underline{3}$ | 948$\underline{9}$ | 957$\underline{3}$ | 9655 | 9736 | 981$\underline{6}$ | 9894 | 9970 | •004$\underline{6}$ | •012$\underline{0}$ | •0192 | 84° |
| 6° | 9,0192 | 026$\underline{4}$ | 0334 | 0403 | 047$\underline{2}$ | 053$\underline{9}$ | 060$\underline{5}$ | 067$\underline{0}$ | 073$\underline{4}$ | 079$\underline{7}$ | 085$\underline{9}$ | 83° |
| 7° | 9,085$\underline{9}$ | 0920 | 098$\underline{1}$ | 1040 | 1099 | 115$\underline{7}$ | 1214 | 127$\underline{1}$ | 1326 | 1381 | 143$\underline{6}$ | 82° |
| 8° | 9,143$\underline{6}$ | 1489 | 1542 | 1594 | 164$\underline{6}$ | 1697 | 1747 | 1797 | 184$\underline{7}$ | 1895 | 1943 | 81° |
| 9° | 9,1943 | 199$\underline{1}$ | 203$\underline{8}$ | 208$\underline{5}$ | 213$\underline{1}$ | 2176 | 2221 | 2266 | 231$\underline{0}$ | 2353 | 239$\underline{7}$ | 80° |
| 10° | 9,239$\underline{7}$ | 2439 | 248$\underline{2}$ | 252$\underline{4}$ | 2565 | 2606 | 2647 | 2687 | 2727 | 276$\underline{7}$ | 280$\underline{6}$ | 79° |
| 11° | 9,280$\underline{6}$ | 284$\underline{5}$ | 2883 | 2921 | 2959 | 299$\underline{7}$ | 303$\underline{4}$ | 3070 | 310$\underline{7}$ | 314$\underline{3}$ | 317$\underline{9}$ | 78° |
| 12° | 9,317$\underline{9}$ | 3214 | 325$\underline{0}$ | 3284 | 3319 | 3353 | 3387 | 3421 | 345$\underline{5}$ | 348$\underline{8}$ | 352$\underline{1}$ | 77° |
| 13° | 9,352$\underline{1}$ | 355$\underline{4}$ | 3586 | 3618 | 3650 | 368$\underline{2}$ | 3713 | 374$\underline{5}$ | 3775 | 3806 | 383$\underline{7}$ | 76° |
| 14° | 9,383$\underline{7}$ | 3867 | 3897 | 392$\underline{7}$ | 395$\underline{7}$ | 398$\underline{6}$ | 4015 | 4044 | 407$\underline{3}$ | 410$\underline{2}$ | 413$\underline{0}$ | 75° |
| 15° | 9,413$\underline{0}$ | 4158 | 4186 | 4214 | 424$\underline{2}$ | 426$\underline{9}$ | 4296 | 4323 | 4350 | 437$\underline{7}$ | 4403 | 74° |
| 16° | 9,4403 | 443$\underline{0}$ | 445$\underline{6}$ | 4482 | 450$\underline{8}$ | 4533 | 455$\underline{9}$ | 4584 | 4609 | 4634 | 4659 | 73° |
| 17° | 9,4659 | 4684 | 470$\underline{9}$ | 4733 | 4757 | 4781 | 4805 | 4829 | 485$\underline{3}$ | 4876 | 490$\underline{0}$ | 72° |
| 18° | 9,490$\underline{0}$ | 4923 | 4946 | 4969 | 4992 | 501$\underline{5}$ | 5037 | 5060 | 5082 | 5104 | 5126 | 71° |
| 19° | 9,5126 | 5148 | 5170 | 519$\underline{2}$ | 5213 | 523$\underline{5}$ | 5256 | 527$\underline{8}$ | 529$\underline{9}$ | 532$\underline{0}$ | 534$\underline{1}$ | 70° |
| 20° | 9,534$\underline{1}$ | 5361 | 538$\underline{2}$ | 5402 | 542$\underline{3}$ | 5443 | 5463 | 548$\underline{4}$ | 550$\underline{4}$ | 5523 | 5543 | 69° |
| 21° | 9,5543 | 556$\underline{3}$ | 558$\underline{3}$ | 5602 | 5621 | 564$\underline{1}$ | 566$\underline{0}$ | 5679 | 5698 | 571$\underline{7}$ | 573$\underline{6}$ | 68° |
| 22° | 9,573$\underline{6}$ | 5754 | 5773 | 579$\underline{2}$ | 5810 | 5828 | 584$\underline{7}$ | 586$\underline{5}$ | 588$\underline{3}$ | 590$\underline{1}$ | 591$\underline{9}$ | 67° |
| 23° | 9,591$\underline{9}$ | 593$\underline{7}$ | 5954 | 597$\underline{2}$ | 599$\underline{0}$ | 600$\underline{7}$ | 6024 | 604$\underline{2}$ | 605$\underline{9}$ | 6076 | 6093 | 66° |
| 24° | 9,6093 | 6110 | 6127 | 614$\underline{4}$ | 616$\underline{1}$ | 6177 | 619$\underline{4}$ | 6210 | 622$\underline{7}$ | 6243 | 6259 | 65° |
| 25° | 9,6259 | 627$\underline{6}$ | 629$\underline{2}$ | 6308 | 632$\underline{4}$ | 634$\underline{0}$ | 635$\underline{6}$ | 6371 | 6387 | 640$\underline{3}$ | 6418 | 64° |
| 26° | 9,6418 | 643$\underline{4}$ | 6449 | 646$\underline{5}$ | 6480 | 6495 | 6510 | 652$\underline{6}$ | 654$\underline{1}$ | 655$\underline{6}$ | 6570 | 63° |
| 27° | 9,6570 | 6585 | 6600 | 661$\underline{5}$ | 6629 | 6644 | 665$\underline{9}$ | 6673 | 6687 | 670$\underline{2}$ | 6716 | 62° |
| 28° | 9,6716 | 6730 | 6744 | 675$\underline{9}$ | 677$\underline{3}$ | 678$\underline{7}$ | 680$\underline{1}$ | 6814 | 6828 | 6842 | 685$\underline{6}$ | 61° |
| 29° | 9,685$\underline{6}$ | 6869 | 688$\underline{3}$ | 6896 | 691$\underline{0}$ | 6923 | 693$\underline{7}$ | 6950 | 6963 | 697$\underline{7}$ | 699$\underline{0}$ | 60° |
| 30° | 9,699$\underline{0}$ | 7003 | 701$\underline{6}$ | 702$\underline{9}$ | 704$\underline{2}$ | 705$\underline{5}$ | 706$\underline{8}$ | 7080 | 7093 | 710$\underline{6}$ | 7118 | 59° |
| 31° | 9,7118 | 713$\underline{1}$ | 714$\underline{4}$ | 7156 | 7168 | 718$\underline{1}$ | 7193 | 7205 | 721$\underline{8}$ | 723$\underline{0}$ | 7242 | 58° |
| 32° | 9,7242 | 7254 | 7266 | 7278 | 7290 | 7302 | 7314 | 732$\underline{6}$ | 733$\underline{8}$ | 7349 | 7361 | 57° |
| 33° | 9,7361 | 737$\underline{3}$ | 7384 | 739$\underline{6}$ | 7407 | 741$\underline{9}$ | 7430 | 744$\underline{2}$ | 7453 | 7464 | 747$\underline{6}$ | 56° |
| 34° | 9,747$\underline{6}$ | 748$\underline{7}$ | 7498 | 7509 | 7520 | 7531 | 7542 | 7553 | 7564 | 7575 | 758$\underline{6}$ | 55° |
| 35° | 9,758$\underline{6}$ | 759$\underline{7}$ | 7607 | 7618 | 762$\underline{9}$ | 764$\underline{0}$ | 7650 | 766$\underline{1}$ | 7671 | 768$\underline{2}$ | 7692 | 54° |
| 36° | 9,7692 | 770$\underline{3}$ | 771$\underline{3}$ | 7723 | 773$\underline{4}$ | 774$\underline{4}$ | 7754 | 7764 | 7774 | 778$\underline{5}$ | 779$\underline{5}$ | 53° |
| 37° | 9,779$\underline{5}$ | 780$\underline{5}$ | 781$\underline{5}$ | 782$\underline{5}$ | 783$\underline{5}$ | 7844 | 7854 | 7864 | 787$\underline{4}$ | 788$\underline{4}$ | 7893 | 52° |
| 38° | 9,7893 | 7903 | 791$\underline{3}$ | 7922 | 793$\underline{2}$ | 7941 | 7951 | 7960 | 797$\underline{0}$ | 7979 | 798$\underline{9}$ | 51° |
| 39° | 9,798$\underline{9}$ | 7998 | 8007 | 801$\underline{7}$ | 802$\underline{6}$ | 8035 | 8044 | 8053 | 806$\underline{3}$ | 807$\underline{2}$ | 808$\underline{1}$ | 50° |
| 40° | 9,808$\underline{1}$ | 8090 | 809$\underline{9}$ | 810$\underline{8}$ | 811$\underline{7}$ | 8125 | 8134 | 8143 | 815$\underline{2}$ | 816$\underline{1}$ | 8169 | 49° |
| 41° | 9,8169 | 8178 | 818$\underline{7}$ | 8195 | 8204 | 821$\underline{3}$ | 8221 | 823$\underline{0}$ | 8238 | 824$\underline{7}$ | 8255 | 48° |
| 42° | 9,8255 | 8264 | 827$\underline{2}$ | 8280 | 828$\underline{9}$ | 829$\underline{7}$ | 8305 | 8313 | 832$\underline{2}$ | 833$\underline{0}$ | 833$\underline{8}$ | 47° |
| 43° | 9,833$\underline{8}$ | 8346 | 8354 | 8362 | 8370 | 8378 | 8386 | 8394 | 840$\underline{2}$ | 841$\underline{0}$ | 841$\underline{8}$ | 46° |
| 44° | 9,841$\underline{8}$ | 842$\underline{6}$ | 8433 | 8441 | 844$\underline{9}$ | 845$\underline{7}$ | 8464 | 847$\underline{2}$ | 848$\underline{0}$ | 8487 | 849$\underline{5}$ | 45° |
| | +1,0° +60′ | +0,9° +54′ | +0,8° +48′ | +0,7° +42′ | +0,6° +36′ | +0,5° +30′ | +0,4° +24′ | +0,3° +18′ | +0,2° +12′ | +0,1° +6′ | +0,0° +0′ | φ |

## lg cos 90° bis lg cos 45°

**Erläuterungen:**

Die Kennziffer jedes Logarithmus steht nur am Zeilenanfang; sie ist um 10 zu verkleinern (Beispiele siehe rechte Seite).

* bedeutet, daß hier die Kennziffer der nächsten Zeile zu nehmen ist.

$\underline{3}$ bedeutet: Ziffer 3 ist aufgerundet.

## Logarithmen der Kreisfunktionswerte (Fortsetzung)

### lg sin 45° bis lg sin 90°

| φ | + 0′<br>+ 0,0° | + 6′<br>+ 0,1° | + 12′<br>+ 0,2° | + 18′<br>+ 0,3° | + 24′<br>+ 0,4° | + 30′<br>+ 0,5° | + 36′<br>+ 0,6° | + 42′<br>+ 0,7° | + 48′<br>+ 0,8° | + 54′<br>+ 0,9° | + 60′<br>+ 1,0° | |
|---|---|---|---|---|---|---|---|---|---|---|---|---|
| 45° | 9,8495 | 8502 | 8510 | 8517 | 8525 | 8532 | 8540 | 8547 | 8555 | 8562 | 8569 | 44° |
| 46° | 9,8569 | 8577 | 8584 | 8591 | 8598 | 8606 | 8613 | 8620 | 8627 | 8634 | 8641 | 43° |
| 47° | 9,8641 | 8648 | 8655 | 8662 | 8669 | 8676 | 8683 | 8690 | 8697 | 8704 | 8711 | 42° |
| 48° | 9,8711 | 8718 | 8724 | 8731 | 8738 | 8745 | 8751 | 8758 | 8765 | 8771 | 8778 | 41° |
| 49° | 9,8778 | 8784 | 8791 | 8797 | 8804 | 8810 | 8817 | 8823 | 8830 | 8836 | 8843 | 40° |
| 50° | 9,8843 | 8849 | 8855 | 8862 | 8868 | 8874 | 8880 | 8887 | 8893 | 8899 | 8905 | 39° |
| 51° | 9,8905 | 8911 | 8917 | 8923 | 8929 | 8935 | 8941 | 8947 | 8953 | 8959 | 8965 | 38° |
| 52° | 9,8965 | 8971 | 8977 | 8983 | 8989 | 8995 | 9000 | 9006 | 9012 | 9018 | 9023 | 37° |
| 53° | 9,9023 | 9029 | 9035 | 9041 | 9046 | 9052 | 9057 | 9063 | 9069 | 9074 | 9080 | 36° |
| 54° | 9,9080 | 9085 | 9091 | 9096 | 9101 | 9107 | 9112 | 9118 | 9123 | 9128 | 9134 | 35° |
| 55° | 9,9134 | 9139 | 9144 | 9149 | 9155 | 9160 | 9165 | 9170 | 9175 | 9181 | 9186 | 34° |
| 56° | 9,9186 | 9191 | 9196 | 9201 | 9206 | 9211 | 9216 | 9221 | 9226 | 9231 | 9236 | 33° |
| 57° | 9,9236 | 9241 | 9246 | 9251 | 9255 | 9260 | 9265 | 9270 | 9275 | 9279 | 9284 | 32° |
| 58° | 9,9284 | 9289 | 9294 | 9298 | 9303 | 9308 | 9312 | 9317 | 9322 | 9326 | 9331 | 31° |
| 59° | 9,9331 | 9335 | 9340 | 9344 | 9349 | 9353 | 9358 | 9362 | 9367 | 9371 | 9375 | 30° |
| 60° | 9,9375 | 9380 | 9384 | 9388 | 9393 | 9397 | 9401 | 9406 | 9410 | 9414 | 9418 | 29° |
| 61° | 9,9418 | 9422 | 9427 | 9431 | 9435 | 9439 | 9443 | 9447 | 9451 | 9455 | 9459 | 28° |
| 62° | 9,9459 | 9463 | 9467 | 9471 | 9475 | 9479 | 9483 | 9487 | 9491 | 9495 | 9499 | 27° |
| 63° | 9,9499 | 9503 | 9506 | 9510 | 9514 | 9518 | 9522 | 9525 | 9529 | 9533 | 9537 | 26° |
| 64° | 9,9537 | 9540 | 9544 | 9548 | 9551 | 9555 | 9558 | 9562 | 9566 | 9569 | 9573 | 25° |
| 65° | 9,9573 | 9576 | 9580 | 9583 | 9587 | 9590 | 9594 | 9597 | 9601 | 9604 | 9607 | 24° |
| 66° | 9,9607 | 9611 | 9614 | 9617 | 9621 | 9624 | 9627 | 9631 | 9634 | 9637 | 9640 | 23° |
| 67° | 9,9640 | 9643 | 9647 | 9650 | 9653 | 9656 | 9659 | 9662 | 9666 | 9669 | 9672 | 22° |
| 68° | 9,9672 | 9675 | 9678 | 9681 | 9684 | 9687 | 9690 | 9693 | 9696 | 9699 | 9702 | 21° |
| 69° | 9,9702 | 9704 | 9707 | 9710 | 9713 | 9716 | 9719 | 9722 | 9724 | 9727 | 9730 | 20° |
| 70° | 9,9730 | 9733 | 9735 | 9738 | 9741 | 9743 | 9746 | 9749 | 9751 | 9754 | 9757 | 19° |
| 71° | 9,9757 | 9759 | 9762 | 9764 | 9767 | 9770 | 9772 | 9775 | 9777 | 9780 | 9782 | 18° |
| 72° | 9,9782 | 9785 | 9787 | 9789 | 9792 | 9794 | 9797 | 9799 | 9801 | 9804 | 9806 | 17° |
| 73° | 9,9806 | 9808 | 9811 | 9813 | 9815 | 9817 | 9820 | 9822 | 9824 | 9826 | 9828 | 16° |
| 74° | 9,9828 | 9831 | 9833 | 9835 | 9837 | 9839 | 9841 | 9843 | 9845 | 9847 | 9849 | 15° |
| 75° | 9,9849 | 9851 | 9853 | 9855 | 9857 | 9859 | 9861 | 9863 | 9865 | 9867 | 9869 | 14° |
| 76° | 9,9869 | 9871 | 9873 | 9875 | 9876 | 9878 | 9880 | 9882 | 9884 | 9885 | 9887 | 13° |
| 77° | 9,9887 | 9889 | 9891 | 9892 | 9894 | 9896 | 9897 | 9899 | 9901 | 9902 | 9904 | 12° |
| 78° | 9,9904 | 9906 | 9907 | 9909 | 9910 | 9912 | 9913 | 9915 | 9916 | 9918 | 9919 | 11° |
| 79° | 9,9919 | 9921 | 9922 | 9924 | 9925 | 9927 | 9928 | 9929 | 9931 | 9932 | 9934 | 10° |
| 80° | 9,9934 | 9935 | 9936 | 9937 | 9939 | 9940 | 9941 | 9943 | 9944 | 9945 | 9946 | 9° |
| 81° | 9,9946 | 9947 | 9949 | 9950 | 9951 | 9952 | 9953 | 9954 | 9955 | 9956 | 9958 | 8° |
| 82° | 9,9958 | 9959 | 9960 | 9961 | 9962 | 9963 | 9964 | 9965 | 9966 | 9967 | 9968 | 7° |
| 83° | 9,9968 | 9968 | 9969 | 9970 | 9971 | 9972 | 9973 | 9974 | 9975 | 9975 | 9976 | 6° |
| 84° | 9,9976 | 9977 | 9978 | 9978 | 9979 | 9980 | 9981 | 9981 | 9982 | 9983 | 9983 | 5° |
| 85° | 9,9983 | 9984 | 9985 | 9985 | 9986 | 9987 | 9987 | 9988 | 9988 | 9989 | 9989 | 4° |
| 86° | 9,9989 | 9990 | 9990 | 9991 | 9991 | 9992 | 9992 | 9993 | 9993 | 9994 | 9994 | 3° |
| 87° | 9,9994 | 9994 | 9995 | 9995 | 9996 | 9996 | 9996 | 9996 | 9997 | 9997 | 9997 | 2° |
| 88° | 9,9997 | 9998 | 9998 | 9998 | 9998 | 9999 | 9999 | 9999 | 9999 | 9999 | 9999 | 1° |
| 89° | 9,9999 | 9999 | •0000 | •0000 | •0000 | •0000 | •0000 | •0000 | •0000 | •0000 | •0000 | 0° |
| | + 1,0°<br>+ 60′ | + 0,9°<br>+ 54′ | + 0,8°<br>+ 48′ | + 0,7°<br>+ 42′ | + 0,6°<br>+ 36′ | + 0,5°<br>+ 30′ | + 0,4°<br>+ 24′ | + 0,3°<br>+ 18′ | + 0,2°<br>+ 12′ | + 0,1°<br>+ 6′ | + 0,0°<br>+ 0′ | φ |

lg cos 45° bis lg cos 0°

lg sin x …

**Beispiele:**

1. lg sin 44,04° = 9,8421 − 10 = 0,8421 − 1
2. lg cos 84° 1′ = 9,0180 − 10 = 0,0180 − 1
3. (vgl. Formelteil 12.3.) lg cos 146° 9′ imaginär, aber lg(− cos 146° 9′) = lg cos 33° 51′ = 0,9193 − 1

## Logarithmen der Kreisfunktionswerte (Fortsetzung)

### lg tan 0° bis lg tan 45°

| φ | + 0′ | + 6′ | + 12′ | + 18′ | + 24′ | + 30′ | + 36′ | + 42′ | + 48′ | + 54′ | + 60′ | |
|---|---|---|---|---|---|---|---|---|---|---|---|---|
| | + 0,0° | + 0,1° | + 0,2° | + 0,3° | + 0,4° | + 0,5° | + 0,6° | + 0,7° | + 0,8° | + 0,9° | + 1,0° | |
| 0° | – | 7,2419 | 5429 | 7190 | 8439 | 9409 | •0200 | •0870 | •1450 | •1962 | •2419 | 89° |
| 1° | 8,2419 | 2833 | 3211 | 3559 | 3881 | 4181 | 4461 | 4725 | 4973 | 5208 | 5431 | 88° |
| 2° | 8,5431 | 5643 | 5845 | 6038 | 6223 | 6401 | 6571 | 6736 | 6894 | 7046 | 7194 | 87° |
| 3° | 8,7194 | 7337 | 7475 | 7609 | 7739 | 7865 | 7988 | 8107 | 8223 | 8336 | 8446 | 86° |
| 4° | 8,8446 | 8554 | 8659 | 8762 | 8862 | 8960 | 9056 | 9150 | 9241 | 9331 | 9420 | 85° |
| 5° | 8,9420 | 9506 | 9591 | 9674 | 9756 | 9836 | 9915 | 9992 | •0068 | •0143 | •0216 | 84° |
| 6° | 9,0216 | 0289 | 0360 | 0430 | 0499 | 0567 | 0633 | 0699 | 0764 | 0828 | 0891 | 83° |
| 7° | 9,0891 | 0954 | 1015 | 1076 | 1135 | 1194 | 1252 | 1310 | 1367 | 1423 | 1478 | 82° |
| 8° | 9,1478 | 1533 | 1587 | 1640 | 1693 | 1745 | 1797 | 1848 | 1898 | 1948 | 1997 | 81° |
| 9° | 9,1997 | 2046 | 2094 | 2142 | 2189 | 2236 | 2282 | 2328 | 2374 | 2419 | 2463 | 80° |
| 10° | 9,2463 | 2507 | 2551 | 2594 | 2637 | 2680 | 2722 | 2764 | 2805 | 2846 | 2887 | 79° |
| 11° | 9,2887 | 2927 | 2967 | 3006 | 3046 | 3085 | 3123 | 3162 | 3200 | 3237 | 3275 | 78° |
| 12° | 9,3275 | 3312 | 3349 | 3385 | 3422 | 3458 | 3493 | 3529 | 3564 | 3599 | 3634 | 77° |
| 13° | 9,3634 | 3668 | 3702 | 3736 | 3770 | 3804 | 3837 | 3870 | 3903 | 3935 | 3968 | 76° |
| 14° | 9,3968 | 4000 | 4032 | 4064 | 4095 | 4127 | 4158 | 4189 | 4220 | 4250 | 4281 | 75° |
| 15° | 9,4281 | 4311 | 4341 | 4371 | 4400 | 4430 | 4459 | 4488 | 4517 | 4546 | 4575 | 74° |
| 16° | 9,4575 | 4603 | 4632 | 4660 | 4688 | 4716 | 4744 | 4771 | 4799 | 4826 | 4853 | 73° |
| 17° | 9,4853 | 4880 | 4907 | 4934 | 4961 | 4987 | 5014 | 5040 | 5066 | 5092 | 5118 | 72° |
| 18° | 9,5118 | 5143 | 5169 | 5195 | 5220 | 5245 | 5270 | 5295 | 5320 | 5345 | 5370 | 71° |
| 19° | 9,5370 | 5394 | 5419 | 5443 | 5467 | 5491 | 5516 | 5539 | 5563 | 5587 | 5611 | 70° |
| 20° | 9,5611 | 5634 | 5658 | 5681 | 5704 | 5727 | 5750 | 5773 | 5796 | 5819 | 5842 | 69° |
| 21° | 9,5842 | 5864 | 5887 | 5909 | 5932 | 5954 | 5976 | 5998 | 6020 | 6042 | 6064 | 68° |
| 22° | 9,6064 | 6086 | 6108 | 6129 | 6151 | 6172 | 6194 | 6215 | 6236 | 6257 | 6279 | 67° |
| 23° | 9,6279 | 6300 | 6321 | 6341 | 6362 | 6383 | 6404 | 6424 | 6445 | 6465 | 6486 | 66° |
| 24° | 9,6486 | 6506 | 6527 | 6547 | 6567 | 6587 | 6607 | 6627 | 6647 | 6667 | 6687 | 65° |
| 25° | 9,6687 | 6706 | 6726 | 6746 | 6765 | 6785 | 6804 | 6824 | 6843 | 6863 | 6882 | 64° |
| 26° | 9,6882 | 6901 | 6920 | 6939 | 6958 | 6977 | 6996 | 7015 | 7034 | 7053 | 7072 | 63° |
| 27° | 9,7072 | 7090 | 7109 | 7128 | 7146 | 7165 | 7183 | 7202 | 7220 | 7238 | 7257 | 62° |
| 28° | 9,7257 | 7275 | 7293 | 7311 | 7330 | 7348 | 7366 | 7384 | 7402 | 7420 | 7438 | 61° |
| 29° | 9,7438 | 7455 | 7473 | 7491 | 7509 | 7526 | 7544 | 7562 | 7579 | 7597 | 7614 | 60° |
| 30° | 9,7614 | 7632 | 7649 | 7667 | 7684 | 7701 | 7719 | 7736 | 7753 | 7771 | 7788 | 59° |
| 31° | 9,7788 | 7805 | 7822 | 7839 | 7856 | 7873 | 7890 | 7907 | 7924 | 7941 | 7958 | 58° |
| 32° | 9,7958 | 7975 | 7992 | 8008 | 8025 | 8042 | 8059 | 8075 | 8092 | 8109 | 8125 | 57° |
| 33° | 9,8125 | 8142 | 8158 | 8175 | 8191 | 8208 | 8224 | 8241 | 8257 | 8274 | 8290 | 56° |
| 34° | 9,8290 | 8306 | 8323 | 8339 | 8355 | 8371 | 8388 | 8404 | 8420 | 8436 | 8452 | 55° |
| 35° | 9,8452 | 8468 | 8484 | 8501 | 8517 | 8533 | 8549 | 8565 | 8581 | 8597 | 8613 | 54° |
| 36° | 9,8613 | 8629 | 8644 | 8660 | 8676 | 8692 | 8708 | 8724 | 8740 | 8755 | 8771 | 53° |
| 37° | 9,8771 | 8787 | 8803 | 8818 | 8834 | 8850 | 8865 | 8881 | 8897 | 8912 | 8928 | 52° |
| 38° | 9,8928 | 8944 | 8959 | 8975 | 8990 | 9006 | 9022 | 9037 | 9053 | 9068 | 9084 | 51° |
| 39° | 9,9084 | 9099 | 9115 | 9130 | 9146 | 9161 | 9176 | 9192 | 9207 | 9223 | 9238 | 50° |
| 40° | 9,9238 | 9254 | 9269 | 9284 | 9300 | 9315 | 9330 | 9346 | 9361 | 9376 | 9392 | 49° |
| 41° | 9,9392 | 9407 | 9422 | 9438 | 9453 | 9468 | 9483 | 9499 | 9514 | 9529 | 9544 | 48° |
| 42° | 9,9544 | 9560 | 9575 | 9590 | 9605 | 9621 | 9636 | 9651 | 9666 | 9681 | 9697 | 47° |
| 43° | 9,9697 | 9712 | 9727 | 9742 | 9757 | 9772 | 9788 | 9803 | 9818 | 9833 | 9848 | 46° |
| 44° | 9,9848 | 9864 | 9879 | 9894 | 9909 | 9924 | 9939 | 9955 | 9970 | 9985 | •0000 | 45° |
| | + 1,0° | + 0,9° | + 0,8° | + 0,7° | + 0,6° | + 0,5° | + 0,4° | + 0,3° | + 0,2° | + 0,1° | + 0,0° | φ |
| | + 60′ | + 54′ | + 48′ | + 42′ | + 36′ | + 30′ | + 24′ | + 18′ | + 12′ | + 6′ | + 0′ | |

### lg cot 90° bis lg cot 45°

**Erläuterungen:**

Die Kennziffer steht nur am Zeilenanfang; sie ist – nur auf dieser linken Seite – um 10 zu verkleinern.

• bedeutet, daß hier die Kennziffer der nächsten Zeile zu nehmen ist.

70 bedeutet, 70 ist in der letzten Stelle aufgerundet.

## lg tan 45° bis lg tan 90°

| φ | + 0′ + 0,0° | + 6′ + 0,1° | + 12′ + 0,2° | + 18′ + 0,3° | + 24′ + 0,4° | + 30′ + 0,5° | + 36′ + 0,6° | + 42′ + 0,7° | + 48′ + 0,8° | + 54′ + 0,9° | + 60′ + 1,0° | |
|---|---|---|---|---|---|---|---|---|---|---|---|---|
| 45° | 0,0000 | 0015 | 0030 | 0045 | 0061 | 0076 | 0091 | 0106 | 0121 | 0136 | 0152 | 44° |
| 46° | 0,0152 | 0167 | 0182 | 0197 | 0212 | 0228 | 0243 | 0258 | 0273 | 0288 | 0303 | 43° |
| 47° | 0,0303 | 0319 | 0334 | 0349 | 0364 | 0379 | 0395 | 0410 | 0425 | 0440 | 0456 | 42° |
| 48° | 0,0456 | 0471 | 0486 | 0501 | 0517 | 0532 | 0547 | 0562 | 0578 | 0593 | 0608 | 41° |
| 49° | 0,0608 | 0624 | 0639 | 0654 | 0670 | 0685 | 0700 | 0716 | 0731 | 0746 | 0762 | 40° |
| 50° | 0,0762 | 0777 | 0793 | 0808 | 0824 | 0839 | 0854 | 0870 | 0885 | 0901 | 0916 | 39° |
| 51° | 0,0916 | 0932 | 0947 | 0963 | 0978 | 0994 | 1010 | 1025 | 1041 | 1056 | 1072 | 38° |
| 52° | 0,1072 | 1088 | 1103 | 1119 | 1135 | 1150 | 1166 | 1182 | 1197 | 1213 | 1229 | 37° |
| 53° | 0,1229 | 1245 | 1260 | 1276 | 1292 | 1308 | 1324 | 1340 | 1356 | 1371 | 1387 | 36° |
| 54° | 0,1387 | 1403 | 1419 | 1435 | 1451 | 1467 | 1483 | 1499 | 1516 | 1532 | 1548 | 35° |
| 55° | 0,1548 | 1564 | 1580 | 1596 | 1612 | 1629 | 1645 | 1661 | 1677 | 1694 | 1710 | 34° |
| 56° | 0,1710 | 1726 | 1743 | 1759 | 1776 | 1792 | 1809 | 1825 | 1842 | 1858 | 1875 | 33° |
| 57° | 0,1875 | 1891 | 1908 | 1925 | 1941 | 1958 | 1975 | 1992 | 2008 | 2025 | 2042 | 32° |
| 58° | 0,2042 | 2059 | 2076 | 2093 | 2110 | 2127 | 2144 | 2161 | 2178 | 2195 | 2212 | 31° |
| 59° | 0,2212 | 2229 | 2247 | 2264 | 2281 | 2299 | 2316 | 2333 | 2351 | 2368 | 2386 | 30° |
| 60° | 0,2386 | 2403 | 2421 | 2438 | 2456 | 2474 | 2491 | 2509 | 2527 | 2545 | 2562 | 29° |
| 61° | 0,2562 | 2580 | 2598 | 2616 | 2634 | 2652 | 2670 | 2689 | 2707 | 2725 | 2743 | 28° |
| 62° | 0,2743 | 2762 | 2780 | 2798 | 2817 | 2835 | 2854 | 2872 | 2891 | 2910 | 2928 | 27° |
| 63° | 0,2928 | 2947 | 2966 | 2985 | 3004 | 3023 | 3042 | 3061 | 3080 | 3099 | 3118 | 26° |
| 64° | 0,3118 | 3137 | 3157 | 3176 | 3196 | 3215 | 3235 | 3254 | 3274 | 3294 | 3313 | 25° |
| 65° | 0,3313 | 3333 | 3353 | 3373 | 3393 | 3413 | 3433 | 3453 | 3473 | 3494 | 3514 | 24° |
| 66° | 0,3514 | 3535 | 3555 | 3576 | 3596 | 3617 | 3638 | 3659 | 3679 | 3700 | 3721 | 23° |
| 67° | 0,3721 | 3743 | 3764 | 3785 | 3806 | 3828 | 3849 | 3871 | 3892 | 3914 | 3936 | 22° |
| 68° | 0,3936 | 3958 | 3980 | 4002 | 4024 | 4046 | 4068 | 4091 | 4113 | 4136 | 4158 | 21° |
| 69° | 0,4158 | 4181 | 4204 | 4227 | 4250 | 4273 | 4296 | 4319 | 4342 | 4366 | 4389 | 20° |
| 70° | 0,4389 | 4413 | 4437 | 4461 | 4484 | 4509 | 4533 | 4557 | 4581 | 4606 | 4630 | 19° |
| 71° | 0,4630 | 4655 | 4680 | 4705 | 4730 | 4755 | 4780 | 4805 | 4831 | 4857 | 4882 | 18° |
| 72° | 0,4882 | 4908 | 4934 | 4960 | 4986 | 5013 | 5039 | 5066 | 5093 | 5120 | 5147 | 17° |
| 73° | 0,5147 | 5174 | 5201 | 5229 | 5256 | 5284 | 5312 | 5340 | 5368 | 5397 | 5425 | 16° |
| 74° | 0,5425 | 5454 | 5483 | 5512 | 5541 | 5570 | 5600 | 5629 | 5659 | 5689 | 5719 | 15° |
| 75° | 0,5719 | 5750 | 5780 | 5811 | 5842 | 5873 | 5905 | 5936 | 5968 | 6000 | 6032 | 14° |
| 76° | 0,6032 | 6065 | 6097 | 6130 | 6163 | 6196 | 6230 | 6264 | 6298 | 6332 | 6366 | 13° |
| 77° | 0,6366 | 6401 | 6436 | 6471 | 6507 | 6542 | 6578 | 6615 | 6651 | 6688 | 6725 | 12° |
| 78° | 0,6725 | 6763 | 6800 | 6838 | 6877 | 6915 | 6954 | 6994 | 7033 | 7073 | 7113 | 11° |
| 79° | 0,7113 | 7154 | 7195 | 7236 | 7278 | 7320 | 7363 | 7406 | 7449 | 7493 | 7537 | 10° |
| 80° | 0,7537 | 7581 | 7626 | 7672 | 7718 | 7764 | 7811 | 7858 | 7906 | 7954 | 8003 | 9° |
| 81° | 0,8003 | 8052 | 8102 | 8152 | 8203 | 8255 | 8307 | 8360 | 8413 | 8467 | 8522 | 8° |
| 82° | 0,8522 | 8577 | 8633 | 8690 | 8748 | 8806 | 8865 | 8924 | 8985 | 9046 | 9109 | 7° |
| 83° | 0,9109 | 9172 | 9236 | 9301 | 9367 | 9433 | 9501 | 9570 | 9640 | 9711 | 9784 | 6° |
| 84° | 0,9784 | 9857 | 9932 | •0008 | •0085 | •0164 | •0244 | •0326 | •0409 | •0494 | •0580 | 5° |
| 85° | 1,0580 | 0669 | 0759 | 0850 | 0944 | 1040 | 1138 | 1238 | 1341 | 1446 | 1554 | 4° |
| 86° | 1,1554 | 1664 | 1777 | 1893 | 2012 | 2135 | 2261 | 2391 | 2525 | 2663 | 2806 | 3° |
| 87° | 1,2806 | 2954 | 3106 | 3264 | 3429 | 3599 | 3777 | 3962 | 4155 | 4357 | 4569 | 2° |
| 88° | 1,4569 | 4792 | 5027 | 5275 | 5539 | 5819 | 6119 | 6441 | 6789 | 7167 | 7581 | 1° |
| 89° | 1,7581 | 8038 | 8550 | 9130 | 9800 | 2,0591 | 2,1561 | 2,2810 | 2,4571 | 2,7581 | — | 0° |
| | + 1,0° + 60′ | + 0,9° + 54′ | + 0,8° + 48′ | + 0,7° + 42′ | + 0,6° + 36′ | + 0,5° + 30′ | + 0,4° + 24′ | + 0,3° + 18′ | + 0,2° + 12′ | + 0,1° + 6′ | + 0,0° + 0′ | φ |

## lg cot 45° bis lg cot 0°

**Beispiele:**

1. lg tan 0° 50′ = 8,1621 − 10 = 0,1621 − 2
   (ungenau wegen der sehr großen Differenz der benachbarten Tafelwerte;
   besserer Wert uber tan x ≈ x ist 0,1626 − 2, richtiger Wert nach 5stelliger Tafel 0,1627 − 2)
2. lg (− cot 139,55°) = lg cot 40,45° = 0,0693 (vgl. Formelteil 12.3)

## Kreisfunktionswerte

# sin 0° bis sin 45°

| φ | +0′<br>+0,0° | +6′<br>+0,1° | +12′<br>+0,2° | +18′<br>+0,3° | +24′<br>+0,4° | +30′<br>+0,5° | +36′<br>+0,6° | +42′<br>+0,7° | +48′<br>+0,8° | +54′<br>+0,9° | +60′<br>+1,0° | |
|---|---|---|---|---|---|---|---|---|---|---|---|---|
| 0° | 0,0000 | 0017 | 0035 | 0052 | 0070 | 0087 | 0105 | 0122 | 0140 | 0157 | 0175 | 89° |
| 1° | 0,0175 | 0192 | 0209 | 0227 | 0244 | 0262 | 0279 | 0297 | 0314 | 0332 | 0349 | 88° |
| 2° | 0,0349 | 0366 | 0384 | 0401 | 0419 | 0436 | 0454 | 0471 | 0488 | 0506 | 0523 | 87° |
| 3° | 0,0523 | 0541 | 0558 | 0576 | 0593 | 0610 | 0628 | 0645 | 0663 | 0680 | 0698 | 86° |
| 4° | 0,0698 | 0715 | 0732 | 0750 | 0767 | 0785 | 0802 | 0819 | 0837 | 0854 | 0872 | 85° |
| 5° | 0,0872 | 0889 | 0906 | 0924 | 0941 | 0958 | 0976 | 0993 | 1011 | 1028 | 1045 | 84° |
| 6° | 0,1045 | 1063 | 1080 | 1097 | 1115 | 1132 | 1149 | 1167 | 1184 | 1201 | 1219 | 83° |
| 7° | 0,1219 | 1236 | 1253 | 1271 | 1288 | 1305 | 1323 | 1340 | 1357 | 1374 | 1392 | 82° |
| 8° | 0,1392 | 1409 | 1426 | 1444 | 1461 | 1478 | 1495 | 1513 | 1530 | 1547 | 1564 | 81° |
| 9° | 0,1564 | 1582 | 1599 | 1616 | 1633 | 1650 | 1668 | 1685 | 1702 | 1719 | 1736 | 80° |
| 10° | 0,1736 | 1754 | 1771 | 1788 | 1805 | 1822 | 1840 | 1857 | 1874 | 1891 | 1908 | 79° |
| 11° | 0,1908 | 1925 | 1942 | 1959 | 1977 | 1994 | 2011 | 2028 | 2045 | 2062 | 2079 | 78° |
| 12° | 0,2079 | 2096 | 2113 | 2130 | 2147 | 2164 | 2181 | 2198 | 2215 | 2233 | 2250 | 77° |
| 13° | 0,2250 | 2267 | 2284 | 2300 | 2317 | 2334 | 2351 | 2368 | 2385 | 2402 | 2419 | 76° |
| 14° | 0,2419 | 2436 | 2453 | 2470 | 2487 | 2504 | 2521 | 2538 | 2554 | 2571 | 2588 | 75° |
| 15° | 0,2588 | 2605 | 2622 | 2639 | 2656 | 2672 | 2689 | 2706 | 2723 | 2740 | 2756 | 74° |
| 16° | 0,2756 | 2773 | 2790 | 2807 | 2823 | 2840 | 2857 | 2874 | 2890 | 2907 | 2924 | 73° |
| 17° | 0,2924 | 2940 | 2957 | 2974 | 2990 | 3007 | 3024 | 3040 | 3057 | 3074 | 3090 | 72° |
| 18° | 0,3090 | 3107 | 3123 | 3140 | 3156 | 3173 | 3190 | 3206 | 3223 | 3239 | 3256 | 71° |
| 19° | 0,3256 | 3272 | 3289 | 3305 | 3322 | 3338 | 3355 | 3371 | 3387 | 3404 | 3420 | 70° |
| 20° | 0,3420 | 3437 | 3453 | 3469 | 3486 | 3502 | 3518 | 3535 | 3551 | 3567 | 3584 | 69° |
| 21° | 0,3584 | 3600 | 3616 | 3633 | 3649 | 3665 | 3681 | 3697 | 3714 | 3730 | 3746 | 68° |
| 22° | 0,3746 | 3762 | 3778 | 3795 | 3811 | 3827 | 3843 | 3859 | 3875 | 3891 | 3907 | 67° |
| 23° | 0,3907 | 3923 | 3939 | 3955 | 3971 | 3987 | 4003 | 4019 | 4035 | 4051 | 4067 | 66° |
| 24° | 0,4067 | 4083 | 4099 | 4115 | 4131 | 4147 | 4163 | 4179 | 4195 | 4210 | 4226 | 65° |
| 25° | 0,4226 | 4242 | 4258 | 4274 | 4289 | 4305 | 4321 | 4337 | 4352 | 4368 | 4384 | 64° |
| 26° | 0,4384 | 4399 | 4415 | 4431 | 4446 | 4462 | 4478 | 4493 | 4509 | 4524 | 4540 | 63° |
| 27° | 0,4540 | 4555 | 4571 | 4586 | 4602 | 4617 | 4633 | 4648 | 4664 | 4679 | 4695 | 62° |
| 28° | 0,4695 | 4710 | 4726 | 4741 | 4756 | 4772 | 4787 | 4802 | 4818 | 4833 | 4848 | 61° |
| 29° | 0,4848 | 4863 | 4879 | 4894 | 4909 | 4924 | 4939 | 4955 | 4970 | 4985 | 5000 | 60° |
| 30° | 0,5000 | 5015 | 5030 | 5045 | 5060 | 5075 | 5090 | 5105 | 5120 | 5135 | 5150 | 59° |
| 31° | 0,5150 | 5165 | 5180 | 5195 | 5210 | 5225 | 5240 | 5255 | 5270 | 5284 | 5299 | 58° |
| 32° | 0,5299 | 5314 | 5329 | 5344 | 5358 | 5373 | 5388 | 5402 | 5417 | 5432 | 5446 | 57° |
| 33° | 0,5446 | 5461 | 5476 | 5490 | 5505 | 5519 | 5534 | 5548 | 5563 | 5577 | 5592 | 56° |
| 34° | 0,5592 | 5606 | 5621 | 5635 | 5650 | 5664 | 5678 | 5693 | 5707 | 5721 | 5736 | 55° |
| 35° | 0,5736 | 5750 | 5764 | 5779 | 5793 | 5807 | 5821 | 5835 | 5850 | 5864 | 5878 | 54° |
| 36° | 0,5878 | 5892 | 5906 | 5920 | 5934 | 5948 | 5962 | 5976 | 5990 | 6004 | 6018 | 53° |
| 37° | 0,6018 | 6032 | 6046 | 6060 | 6074 | 6088 | 6101 | 6115 | 6129 | 6143 | 6157 | 52° |
| 38° | 0,6157 | 6170 | 6184 | 6198 | 6211 | 6225 | 6239 | 6252 | 6266 | 6280 | 6293 | 51° |
| 39° | 0,6293 | 6307 | 6320 | 6334 | 6347 | 6361 | 6374 | 6388 | 6401 | 6414 | 6428 | 50° |
| 40° | 0,6428 | 6441 | 6455 | 6468 | 6481 | 6494 | 6508 | 6521 | 6534 | 6547 | 6561 | 49° |
| 41° | 0,6561 | 6574 | 6587 | 6600 | 6613 | 6626 | 6639 | 6652 | 6665 | 6678 | 6691 | 48° |
| 42° | 0,6691 | 6704 | 6717 | 6730 | 6743 | 6756 | 6769 | 6782 | 6794 | 6807 | 6820 | 47° |
| 43° | 0,6820 | 6833 | 6845 | 6858 | 6871 | 6884 | 6896 | 6909 | 6921 | 6934 | 6947 | 46° |
| 44° | 0,6947 | 6959 | 6972 | 6984 | 6997 | 7009 | 7022 | 7034 | 7046 | 7059 | 7071 | 45° |
| | +1,0°<br>+60′ | +0,9°<br>+54′ | +0,8°<br>+48′ | +0,7°<br>+42′ | +0,6°<br>+36′ | +0,5°<br>+30′ | +0,4°<br>+24′ | +0,3°<br>+18′ | +0,2°<br>+12′ | +0,1°<br>+6′ | +0,0°<br>+0′ | φ |

cos 90° bis cos 45°

**Erläuterungen:**

Von der zweiten Tafelspalte an ist wie bei der ersten Tafelspalte 0, ... zu ergänzen.
8 bedeutet: Ziffer 8 ist aufgerundet.

## sin 45° bis sin 90°

| φ | + 0′ + 0,0° | + 6′ + 0,1° | + 12′ + 0,2° | + 18′ + 0,3° | + 24′ + 0,4° | + 30′ + 0,5° | + 36′ + 0,6° | + 42′ + 0,7° | + 48′ + 0,8° | + 54′ + 0,9° | + 60′ + 1,0° | |
|---|---|---|---|---|---|---|---|---|---|---|---|---|
| 45° | 0,7071 | 7083 | 7096 | 7108 | 7120 | 7133 | 7145 | 7157 | 7169 | 7181 | 7193 | 44° |
| 46° | 0,7193 | 7206 | 7218 | 7230 | 7242 | 7254 | 7266 | 7278 | 7290 | 7302 | 7314 | 43° |
| 47° | 0,7314 | 7325 | 7337 | 7349 | 7361 | 7373 | 7385 | 7396 | 7408 | 7420 | 7431 | 42° |
| 48° | 0,7431 | 7443 | 7455 | 7466 | 7478 | 7490 | 7501 | 7513 | 7524 | 7536 | 7547 | 41° |
| 49° | 0,7547 | 7559 | 7570 | 7581 | 7593 | 7604 | 7615 | 7627 | 7638 | 7649 | 7660 | 40° |
| 50° | 0,7660 | 7672 | 7683 | 7694 | 7705 | 7716 | 7727 | 7738 | 7749 | 7760 | 7771 | 39° |
| 51° | 0,7771 | 7782 | 7793 | 7804 | 7815 | 7826 | 7837 | 7848 | 7859 | 7869 | 7880 | 38° |
| 52° | 0,7880 | 7891 | 7902 | 7912 | 7923 | 7934 | 7944 | 7955 | 7965 | 7976 | 7986 | 37° |
| 53° | 0,7986 | 7997 | 8007 | 8018 | 8028 | 8039 | 8049 | 8059 | 8070 | 8080 | 8090 | 36° |
| 54° | 0,8090 | 8100 | 8111 | 8121 | 8131 | 8141 | 8151 | 8161 | 8171 | 8181 | 8192 | 35° |
| 55° | 0,8192 | 8202 | 8211 | 8221 | 8231 | 8241 | 8251 | 8261 | 8271 | 8281 | 8290 | 34° |
| 56° | 0,8290 | 8300 | 8310 | 8320 | 8329 | 8339 | 8348 | 8358 | 8368 | 8377 | 8387 | 33° |
| 57° | 0,8387 | 8396 | 8406 | 8415 | 8425 | 8434 | 8443 | 8453 | 8462 | 8471 | 8480 | 32° |
| 58° | 0,8480 | 8490 | 8499 | 8508 | 8517 | 8526 | 8536 | 8545 | 8554 | 8563 | 8572 | 31° |
| 59° | 0,8572 | 8581 | 8590 | 8599 | 8607 | 8616 | 8625 | 8634 | 8643 | 8652 | 8660 | 30° |
| 60° | 0,8660 | 8669 | 8678 | 8686 | 8695 | 8704 | 8712 | 8721 | 8729 | 8738 | 8746 | 29° |
| 61° | 0,8746 | 8755 | 8763 | 8771 | 8780 | 8788 | 8796 | 8805 | 8813 | 8821 | 8829 | 28° |
| 62° | 0,8829 | 8838 | 8846 | 8854 | 8862 | 8870 | 8878 | 8886 | 8894 | 8902 | 8910 | 27° |
| 63° | 0,8910 | 8918 | 8926 | 8934 | 8942 | 8949 | 8957 | 8965 | 8973 | 8980 | 8988 | 26° |
| 64° | 0,8988 | 8996 | 9003 | 9011 | 9018 | 9026 | 9033 | 9041 | 9048 | 9056 | 9063 | 25° |
| 65° | 0,9063 | 9070 | 9078 | 9085 | 9092 | 9100 | 9107 | 9114 | 9121 | 9128 | 9135 | 24° |
| 66° | 0,9135 | 9143 | 9150 | 9157 | 9164 | 9171 | 9178 | 9184 | 9191 | 9198 | 9205 | 23° |
| 67° | 0,9205 | 9212 | 9219 | 9225 | 9232 | 9239 | 9245 | 9252 | 9259 | 9265 | 9272 | 22° |
| 68° | 0,9272 | 9278 | 9285 | 9291 | 9298 | 9304 | 9311 | 9317 | 9323 | 9330 | 9336 | 21° |
| 69° | 0,9336 | 9342 | 9348 | 9354 | 9361 | 9367 | 9373 | 9379 | 9385 | 9391 | 9397 | 20° |
| 70° | 0,9397 | 9403 | 9409 | 9415 | 9421 | 9426 | 9432 | 9438 | 9444 | 9449 | 9455 | 19° |
| 71° | 0,9455 | 9461 | 9466 | 9472 | 9478 | 9483 | 9489 | 9494 | 9500 | 9505 | 9511 | 18° |
| 72° | 0,9511 | 9516 | 9521 | 9527 | 9532 | 9537 | 9542 | 9548 | 9553 | 9558 | 9563 | 17° |
| 73° | 0,9563 | 9568 | 9573 | 9578 | 9583 | 9588 | 9593 | 9598 | 9603 | 9608 | 9613 | 16° |
| 74° | 0,9613 | 9617 | 9622 | 9627 | 9632 | 9636 | 9641 | 9646 | 9650 | 9655 | 9659 | 15° |
| 75° | 0,9659 | 9664 | 9668 | 9673 | 9677 | 9681 | 9686 | 9690 | 9694 | 9699 | 9703 | 14° |
| 76° | 0,9703 | 9707 | 9711 | 9715 | 9720 | 9724 | 9728 | 9732 | 9736 | 9740 | 9744 | 13° |
| 77° | 0,9744 | 9748 | 9751 | 9755 | 9759 | 9763 | 9767 | 9770 | 9774 | 9778 | 9781 | 12° |
| 78° | 0,9781 | 9785 | 9789 | 9792 | 9796 | 9799 | 9803 | 9806 | 9810 | 9813 | 9816 | 11° |
| 79° | 0,9816 | 9820 | 9823 | 9826 | 9829 | 9833 | 9836 | 9839 | 9842 | 9845 | 9848 | 10° |
| 80° | 0,9848 | 9851 | 9854 | 9857 | 9860 | 9863 | 9866 | 9869 | 9871 | 9874 | 9877 | 9° |
| 81° | 0,9877 | 9880 | 9882 | 9885 | 9888 | 9890 | 9893 | 9895 | 9898 | 9900 | 9903 | 8° |
| 82° | 0,9903 | 9905 | 9907 | 9910 | 9912 | 9914 | 9917 | 9919 | 9921 | 9923 | 9925 | 7° |
| 83° | 0,9925 | 9928 | 9930 | 9932 | 9934 | 9936 | 9938 | 9940 | 9942 | 9943 | 9945 | 6° |
| 84° | 0,9945 | 9947 | 9949 | 9951 | 9952 | 9954 | 9956 | 9957 | 9959 | 9960 | 9962 | 5° |
| 85° | 0,9962 | 9963 | 9965 | 9966 | 9968 | 9969 | 9971 | 9972 | 9973 | 9974 | 9976 | 4° |
| 86° | 0,9976 | 9977 | 9978 | 9979 | 9980 | 9981 | 9982 | 9983 | 9984 | 9985 | 9986 | 3° |
| 87° | 0,9986 | 9987 | 9988 | 9989 | 9990 | 9990 | 9991 | 9992 | 9993 | 9993 | 9994 | 2° |
| 88° | 0,9994 | 9995 | 9995 | 9996 | 9996 | 9997 | 9997 | 9997 | 9998 | 9998 | 9998 | 1° |
| 89° | 0,9998 | 9999 | 9999 | 9999 | 9999 | 1,0000 | 1,0000 | 1,0000 | 1,0000 | 1,0000 | 1,0000 | 0° |
| | + 1,0° + 60′ | + 0,9° + 54′ | + 0,8° + 48′ | + 0,7° + 42′ | + 0,6° + 36′ | + 0,5° + 30′ | + 0,4° + 24′ | + 0,3° + 18′ | + 0,2° + 12′ | + 0,1° + 6′ | + 0,0° + 0′ | φ |

cos 45° bis cos 0°

**Beispiele:**

1. sin 29° 43′ = 0,4957
2. cos 17,43° = 0,9541
3. cos 148° 47′ = − cos 31° 13′ = − 0,8552 (vgl. Formelteil 12.3)
4. arc sin 0,9160 ≙ 66° 21′ bzw. ≙ 66,34° (vgl. Formelteil 15.1)

## tan 0° bis tan 45°

| φ | + 0′<br>+ 0,0° | + 6′<br>+ 0,1° | + 12′<br>+ 0,2° | + 18′<br>+ 0,3° | + 24′<br>+ 0,4° | + 30′<br>+ 0,5° | + 36′<br>+ 0,6° | + 42′<br>+ 0,7° | + 48′<br>+ 0,8° | + 54′<br>+ 0,9° | + 60′<br>+ 1,0° | |
|---|---|---|---|---|---|---|---|---|---|---|---|---|
| 0° | 0,0000 | 0017 | 0035 | 0052 | 0070 | 0087 | 0105 | 0122 | 0140 | 0157 | 0175 | 89° |
| 1° | 0,0175 | 0192 | 0209 | 0227 | 0244 | 0262 | 0279 | 0297 | 0314 | 0332 | 0349 | 88° |
| 2° | 0,0349 | 0367 | 0384 | 0402 | 0419 | 0437 | 0454 | 0472 | 0489 | 0507 | 0524 | 87° |
| 3° | 0,0524 | 0542 | 0559 | 0577 | 0594 | 0612 | 0629 | 0647 | 0664 | 0682 | 0699 | 86° |
| 4° | 0,0699 | 0717 | 0734 | 0752 | 0769 | 0787 | 0805 | 0822 | 0840 | 0857 | 0875 | 85° |
| 5° | 0,0875 | 0892 | 0910 | 0928 | 0945 | 0963 | 0981 | 0998 | 1016 | 1033 | 1051 | 84° |
| 6° | 0,1051 | 1069 | 1086 | 1104 | 1122 | 1139 | 1157 | 1175 | 1192 | 1210 | 1228 | 83° |
| 7° | 0,1228 | 1246 | 1263 | 1281 | 1299 | 1317 | 1334 | 1352 | 1370 | 1388 | 1405 | 82° |
| 8° | 0,1405 | 1423 | 1441 | 1459 | 1477 | 1495 | 1512 | 1530 | 1548 | 1566 | 1584 | 81° |
| 9° | 0,1584 | 1602 | 1620 | 1638 | 1655 | 1673 | 1691 | 1709 | 1727 | 1745 | 1763 | 80° |
| 10° | 0,1763 | 1781 | 1799 | 1817 | 1835 | 1853 | 1871 | 1890 | 1908 | 1926 | 1944 | 79° |
| 11° | 0,1944 | 1962 | 1980 | 1998 | 2016 | 2035 | 2053 | 2071 | 2089 | 2107 | 2126 | 78° |
| 12° | 0,2126 | 2144 | 2162 | 2180 | 2199 | 2217 | 2235 | 2254 | 2272 | 2290 | 2309 | 77° |
| 13° | 0,2309 | 2327 | 2345 | 2364 | 2382 | 2401 | 2419 | 2438 | 2456 | 2475 | 2493 | 76° |
| 14° | 0,2493 | 2512 | 2530 | 2549 | 2568 | 2586 | 2605 | 2623 | 2642 | 2661 | 2679 | 75° |
| 15° | 0,2679 | 2698 | 2717 | 2736 | 2754 | 2773 | 2792 | 2811 | 2830 | 2849 | 2867 | 74° |
| 16° | 0,2867 | 2886 | 2905 | 2924 | 2943 | 2962 | 2981 | 3000 | 3019 | 3038 | 3057 | 73° |
| 17° | 0,3057 | 3076 | 3096 | 3115 | 3134 | 3153 | 3172 | 3191 | 3211 | 3230 | 3249 | 72° |
| 18° | 0,3249 | 3269 | 3288 | 3307 | 3327 | 3346 | 3365 | 3385 | 3404 | 3424 | 3443 | 71° |
| 19° | 0,3443 | 3463 | 3482 | 3502 | 3522 | 3541 | 3561 | 3581 | 3600 | 3620 | 3640 | 70° |
| 20° | 0,3640 | 3659 | 3679 | 3699 | 3719 | 3739 | 3759 | 3779 | 3799 | 3819 | 3839 | 69° |
| 21° | 0,3839 | 3859 | 3879 | 3899 | 3919 | 3939 | 3959 | 3979 | 4000 | 4020 | 4040 | 68° |
| 22° | 0,4040 | 4061 | 4081 | 4101 | 4122 | 4142 | 4163 | 4183 | 4204 | 4224 | 4245 | 67° |
| 23° | 0,4245 | 4265 | 4286 | 4307 | 4327 | 4348 | 4369 | 4390 | 4411 | 4431 | 4452 | 66° |
| 24° | 0,4452 | 4473 | 4494 | 4515 | 4536 | 4557 | 4578 | 4599 | 4621 | 4642 | 4663 | 65° |
| 25° | 0,4663 | 4684 | 4706 | 4727 | 4748 | 4770 | 4791 | 4813 | 4834 | 4856 | 4877 | 64° |
| 26° | 0,4877 | 4899 | 4921 | 4942 | 4964 | 4986 | 5008 | 5029 | 5051 | 5073 | 5095 | 63° |
| 27° | 0,5095 | 5117 | 5139 | 5161 | 5184 | 5206 | 5228 | 5250 | 5272 | 5295 | 5317 | 62° |
| 28° | 0,5317 | 5340 | 5362 | 5384 | 5407 | 5430 | 5452 | 5475 | 5498 | 5520 | 5543 | 61° |
| 29° | 0,5543 | 5566 | 5589 | 5612 | 5635 | 5658 | 5681 | 5704 | 5727 | 5750 | 5774 | 60° |
| 30° | 0,5774 | 5797 | 5820 | 5844 | 5867 | 5890 | 5914 | 5938 | 5961 | 5985 | 6009 | 59° |
| 31° | 0,6009 | 6032 | 6056 | 6080 | 6104 | 6128 | 6152 | 6176 | 6200 | 6224 | 6249 | 58° |
| 32° | 0,6249 | 6273 | 6297 | 6322 | 6346 | 6371 | 6395 | 6420 | 6445 | 6469 | 6494 | 57° |
| 33° | 0,6494 | 6519 | 6544 | 6569 | 6594 | 6619 | 6644 | 6669 | 6694 | 6720 | 6745 | 56° |
| 34° | 0,6745 | 6771 | 6796 | 6822 | 6847 | 6873 | 6899 | 6924 | 6950 | 6976 | 7002 | 55° |
| 35° | 0,7002 | 7028 | 7054 | 7080 | 7107 | 7133 | 7159 | 7186 | 7212 | 7239 | 7265 | 54° |
| 36° | 0,7265 | 7292 | 7319 | 7346 | 7373 | 7400 | 7427 | 7454 | 7481 | 7508 | 7536 | 53° |
| 37° | 0,7536 | 7563 | 7590 | 7618 | 7646 | 7673 | 7701 | 7729 | 7757 | 7785 | 7813 | 52° |
| 38° | 0,7813 | 7841 | 7869 | 7898 | 7926 | 7954 | 7983 | 8012 | 8040 | 8069 | 8098 | 51° |
| 39° | 0,8098 | 8127 | 8156 | 8185 | 8214 | 8243 | 8273 | 8302 | 8332 | 8361 | 8391 | 50° |
| 40° | 0,8391 | 8421 | 8451 | 8481 | 8511 | 8541 | 8571 | 8601 | 8632 | 8662 | 8693 | 49° |
| 41° | 0,8693 | 8724 | 8754 | 8785 | 8816 | 8847 | 8878 | 8910 | 8941 | 8972 | 9004 | 48° |
| 42° | 0,9004 | 9036 | 9067 | 9099 | 9131 | 9163 | 9195 | 9228 | 9260 | 9293 | 9325 | 47° |
| 43° | 0,9325 | 9358 | 9391 | 9424 | 9457 | 9490 | 9523 | 9556 | 9590 | 9623 | 9657 | 46° |
| 44° | 0,9657 | 9691 | 9725 | 9759 | 9793 | 9827 | 9861 | 9896 | 9930 | 9965 | 1,0000 | 45° |
| | + 1,0°<br>+ 60′ | + 0,9°<br>+ 54′ | + 0,8°<br>+ 48′ | + 0,7°<br>+ 42′ | + 0,6°<br>+ 36′ | + 0,5°<br>+ 30′ | + 0,4°<br>+ 24′ | + 0,3°<br>+ 18′ | + 0,2°<br>+ 12′ | + 0,1°<br>+ 6′ | + 0,0°<br>+ 0′ | φ |

cot 90° bis cot 45°

**Erläuterungen:**

Von der zweiten Tafelspalte an ist – nur auf dieser linken Seite – wie bei der ersten Tafelspalte 0, ... zu ergänzen.
9 bedeutet: Ziffer 9 ist aufgerundet.

## Kreisfunktionswerte (Fortsetzung)

# tan 45° bis tan 90°

| φ | + 0′<br>+ 0,0° | + 6′<br>+ 0,1° | + 12′<br>+ 0,2° | + 18′<br>+ 0,3° | + 24′<br>+ 0,4° | + 30′<br>+ 0,5° | + 36′<br>+ 0,6° | + 42′<br>+ 0,7° | + 48′<br>+ 0,8° | + 54′<br>+ 0,9° | + 60′<br>+ 1,0° | |
|---|---|---|---|---|---|---|---|---|---|---|---|---|
| 45° | 1,000 | 1,003 | 1,007 | 1,011 | 1,014 | 1,018 | 1,021 | 1,025 | 1,028 | 1,032 | 1,036 | 44° |
| 46° | 1,036 | 1,039 | 1,043 | 1,046 | 1,050 | 1,054 | 1,057 | 1,061 | 1,065 | 1,069 | 1,072 | 43° |
| 47° | 1,072 | 1,076 | 1,080 | 1,084 | 1,087 | 1,091 | 1,095 | 1,099 | 1,103 | 1,107 | 1,111 | 42° |
| 48° | 1,111 | 1,115 | 1,118 | 1,122 | 1,126 | 1,130 | 1,134 | 1,138 | 1,142 | 1,146 | 1,150 | 41° |
| 49° | 1,150 | 1,154 | 1,159 | 1,163 | 1,167 | 1,171 | 1,175 | 1,179 | 1,183 | 1,188 | 1,192 | 40° |
| 50° | 1,192 | 1,196 | 1,200 | 1,205 | 1,209 | 1,213 | 1,217 | 1,222 | 1,226 | 1,230 | 1,235 | 39° |
| 51° | 1,235 | 1,239 | 1,244 | 1,248 | 1,253 | 1,257 | 1,262 | 1,266 | 1,271 | 1,275 | 1,280 | 38° |
| 52° | 1,280 | 1,285 | 1,289 | 1,294 | 1,299 | 1,303 | 1,308 | 1,313 | 1,317 | 1,322 | 1,327 | 37° |
| 53° | 1,327 | 1,332 | 1,337 | 1,342 | 1,347 | 1,351 | 1,356 | 1,361 | 1,366 | 1,371 | 1,376 | 36° |
| 54° | 1,376 | 1,381 | 1,387 | 1,392 | 1,397 | 1,402 | 1,407 | 1,412 | 1,418 | 1,423 | 1,428 | 35° |
| 55° | 1,428 | 1,433 | 1,439 | 1,444 | 1,450 | 1,455 | 1,460 | 1,466 | 1,471 | 1,477 | 1,483 | 34° |
| 56° | 1,483 | 1,488 | 1,494 | 1,499 | 1,505 | 1,511 | 1,517 | 1,522 | 1,528 | 1,534 | 1,540 | 33° |
| 57° | 1,540 | 1,546 | 1,552 | 1,558 | 1,564 | 1,570 | 1,576 | 1,582 | 1,588 | 1,594 | 1,600 | 32° |
| 58° | 1,600 | 1,607 | 1,613 | 1,619 | 1,625 | 1,632 | 1,638 | 1,645 | 1,651 | 1,658 | 1,664 | 31° |
| 59° | 1,664 | 1,671 | 1,678 | 1,684 | 1,691 | 1,698 | 1,704 | 1,711 | 1,718 | 1,725 | 1,732 | 30° |
| 60° | 1,732 | 1,739 | 1,746 | 1,753 | 1,760 | 1,767 | 1,775 | 1,782 | 1,789 | 1,797 | 1,804 | 29° |
| 61° | 1,804 | 1,811 | 1,819 | 1,827 | 1,834 | 1,842 | 1,849 | 1,857 | 1,865 | 1,873 | 1,881 | 28° |
| 62° | 1,881 | 1,889 | 1,897 | 1,905 | 1,913 | 1,921 | 1,929 | 1,937 | 1,946 | 1,954 | 1,963 | 27° |
| 63° | 1,963 | 1,971 | 1,980 | 1,988 | 1,997 | 2,006 | 2,014 | 2,023 | 2,032 | 2,041 | 2,050 | 26° |
| 64° | 2,050 | 2,059 | 2,069 | 2,078 | 2,087 | 2,097 | 2,106 | 2,116 | 2,125 | 2,135 | 2,145 | 25° |
| 65° | 2,145 | 2,154 | 2,164 | 2,174 | 2,184 | 2,194 | 2,204 | 2,215 | 2,225 | 2,236 | 2,246 | 24° |
| 66° | 2,246 | 2,257 | 2,267 | 2,278 | 2,289 | 2,300 | 2,311 | 2,322 | 2,333 | 2,344 | 2,356 | 23° |
| 67° | 2,356 | 2,367 | 2,379 | 2,391 | 2,402 | 2,414 | 2,426 | 2,438 | 2,450 | 2,463 | 2,475 | 22° |
| 68° | 2,475 | 2,488 | 2,500 | 2,513 | 2,526 | 2,539 | 2,552 | 2,565 | 2,578 | 2,592 | 2,605 | 21° |
| 69° | 2,605 | 2,619 | 2,633 | 2,646 | 2,660 | 2,675 | 2,689 | 2,703 | 2,718 | 2,733 | 2,747 | 20° |
| 70° | 2,747 | 2,762 | 2,778 | 2,793 | 2,808 | 2,824 | 2,840 | 2,856 | 2,872 | 2,888 | 2,904 | 19° |
| 71° | 2,904 | 2,921 | 2,937 | 2,954 | 2,971 | 2,989 | 3,006 | 3,024 | 3,042 | 3,060 | 3,078 | 18° |
| 72° | 3,078 | 3,096 | 3,115 | 3,133 | 3,152 | 3,172 | 3,191 | 3,211 | 3,230 | 3,251 | 3,271 | 17° |
| 73° | 3,271 | 3,291 | 3,312 | 3,333 | 3,354 | 3,376 | 3,398 | 3,420 | 3,442 | 3,465 | 3,487 | 16° |
| 74° | 3,487 | 3,511 | 3,534 | 3,558 | 3,582 | 3,606 | 3,630 | 3,655 | 3,681 | 3,706 | 3,732 | 15° |
| 75° | 3,732 | 3,758 | 3,785 | 3,812 | 3,839 | 3,867 | 3,895 | 3,923 | 3,952 | 3,981 | 4,011 | 14° |
| 76° | 4,011 | 4,041 | 4,071 | 4,102 | 4,134 | 4,165 | 4,198 | 4,230 | 4,264 | 4,297 | 4,331 | 13° |
| 77° | 4,331 | 4,366 | 4,402 | 4,437 | 4,474 | 4,511 | 4,548 | 4,586 | 4,625 | 4,665 | 4,705 | 12° |
| 78° | 4,705 | 4,745 | 4,787 | 4,829 | 4,872 | 4,915 | 4,959 | 5,005 | 5,050 | 5,097 | 5,145 | 11° |
| 79° | 5,145 | 5,193 | 5,242 | 5,292 | 5,343 | 5,396 | 5,449 | 5,503 | 5,558 | 5,614 | 5,671 | 10° |
| 80° | 5,671 | 5,730 | 5,789 | 5,850 | 5,912 | 5,976 | 6,041 | 6,107 | 6,174 | 6,243 | 6,314 | 9° |
| 81° | 6,314 | 6,386 | 6,460 | 6,535 | 6,612 | 6,691 | 6,772 | 6,855 | 6,940 | 7,026 | 7,115 | 8° |
| 82° | 7,115 | 7,207 | 7,300 | 7,396 | 7,495 | 7,596 | 7,700 | 7,806 | 7,916 | 8,028 | 8,144 | 7° |
| 83° | 8,144 | 8,264 | 8,386 | 8,513 | 8,643 | 8,777 | 8,915 | 9,058 | 9,205 | 9,357 | 9,514 | 6° |
| 84° | 9,514 | 9,677 | 9,845 | 10,02 | 10,20 | 10,39 | 10,58 | 10,78 | 10,99 | 11,20 | 11,43 | 5° |
| 85° | 11,43 | 11,66 | 11,91 | 12,16 | 12,43 | 12,71 | 13,00 | 13,30 | 13,62 | 13,95 | 14,30 | 4° |
| 86° | 14,30 | 14,67 | 15,06 | 15,46 | 15,89 | 16,35 | 16,83 | 17,34 | 17,89 | 18,46 | 19,08 | 3° |
| 87° | 19,08 | 19,74 | 20,45 | 21,20 | 22,02 | 22,90 | 23,86 | 24,90 | 26,03 | 27,27 | 28,64 | 2° |
| 88° | 28,64 | 30,14 | 31,82 | 33,69 | 35,80 | 38,19 | 40,92 | 44,07 | 47,74 | 52,08 | 57,29 | 1° |
| 89° | 57,29 | 63,66 | 71,62 | 81,85 | 95,49 | 114,6 | 143,2 | 191,0 | 286,5 | 573,0 | – | 0° |
| | + 1,0°<br>+ 60′ | + 0,9°<br>+ 54′ | + 0,8°<br>+ 48′ | + 0,7°<br>+ 42′ | + 0,6°<br>+ 36′ | + 0,5°<br>+ 30′ | + 0,4°<br>+ 24′ | + 0,3°<br>+ 18′ | + 0,2°<br>+ 12′ | + 0,1°<br>+ 6′ | + 0,0°<br>+ 0′ | φ |

cot 45° bis cot 0°

**Beispiele:**

1. cot 55,23° = 0,6942
2. tan 55,03° = 1,430
3. tan 110° 11′ = − tan 69° 49′ = − 2,720 (vgl. Formelteil 12.3)
4. arc cot 2,000 ≙ 26° 34′ bzw. ≙ 26,57° (vgl. Formelteil 15.1)

# Bogenmaß in Gradmaß

$\frac{\varphi}{x} = \frac{360^\circ}{2\pi} \iff \varphi = \frac{180^\circ}{\pi} \cdot x$

Winkel $\varphi$ in Grad

| Bogen x | + 0,00 | + 0,01 | + 0,02 | + 0,03 | + 0,04 | + 0,05 | + 0,06 | + 0,07 | + 0,08 | + 0,09 |
|---|---|---|---|---|---|---|---|---|---|---|
| 0,0 | 0,00 | 0,57 | 1,15 | 1,72 | 2,29 | 2,86 | 3,44 | 4,01 | 4,58 | 5,16 |
| 0,1 | 5,73 | 6,30 | 6,88 | 7,45 | 8,02 | 8,59 | 9,17 | 9,74 | 10,31 | 10,89 |
| 0,2 | 11,46 | 12,03 | 12,61 | 13,18 | 13,75 | 14,32 | 14,90 | 15,47 | 16,04 | 16,62 |
| 0,3 | 17,19 | 17,76 | 18,33 | 18,91 | 19,48 | 20,05 | 20,63 | 21,20 | 21,77 | 22,35 |
| 0,4 | 22,92 | 23,49 | 24,06 | 24,64 | 25,21 | 25,78 | 26,36 | 26,93 | 27,50 | 28,07 |
| 0,5 | 28,65 | 29,22 | 29,79 | 30,37 | 30,94 | 31,51 | 32,09 | 32,66 | 33,23 | 33,80 |
| 0,6 | 34,38 | 34,95 | 35,52 | 36,10 | 36,67 | 37,24 | 37,82 | 38,39 | 38,96 | 39,53 |
| 0,7 | 40,11 | 40,68 | 41,25 | 41,83 | 42,40 | 42,97 | 43,54 | 44,12 | 44,69 | 45,26 |
| 0,8 | 45,84 | 46,41 | 46,98 | 47,56 | 48,13 | 48,70 | 49,27 | 49,85 | 50,42 | 50,99 |
| 0,9 | 51,57 | 52,14 | 52,71 | 53,29 | 53,86 | 54,43 | 55,00 | 55,58 | 56,15 | 56,72 |
| 1,0 | 57,30 | 57,87 | 58,44 | 59,01 | 59,59 | 60,16 | 60,73 | 61,31 | 61,88 | 62,45 |
| 1,1 | 63,03 | 63,60 | 64,17 | 64,74 | 65,32 | 65,89 | 66,46 | 67,04 | 67,61 | 68,18 |
| 1,2 | 68,75 | 69,33 | 69,90 | 70,47 | 71,05 | 71,62 | 72,19 | 72,77 | 73,34 | 73,91 |
| 1,3 | 74,48 | 75,06 | 75,63 | 76,20 | 76,78 | 77,35 | 77,92 | 78,50 | 79,07 | 79,64 |
| 1,4 | 80,21 | 80,79 | 81,36 | 81,93 | 82,51 | 83,08 | 83,65 | 84,22 | 84,80 | 85,37 |
| 1,5 | 85,94 | 86,52 | 87,09 | 87,66 | 88,24 | 88,81 | 89,38 | 89,95 | 90,53 | 91,10 |
| 1,6 | 91,67 | 92,25 | 92,82 | 93,39 | 93,97 | 94,54 | 95,11 | 95,68 | 96,26 | 96,83 |
| 1,7 | 97,40 | 97,98 | 98,55 | 99,12 | 99,69 | 100,27 | 100,84 | 101,41 | 101,99 | 102,56 |
| 1,8 | 103,13 | 103,71 | 104,28 | 104,85 | 105,42 | 106,00 | 106,57 | 107,14 | 107,72 | 108,29 |
| 1,9 | 108,86 | 109,43 | 110,01 | 110,58 | 111,15 | 111,73 | 112,30 | 112,87 | 113,45 | 114,02 |
| 2,0 | 114,59 | 115,16 | 115,74 | 116,31 | 116,88 | 117,46 | 118,03 | 118,60 | 119,18 | 119,75 |
| 2,1 | 120,32 | 120,89 | 121,47 | 122,04 | 122,61 | 123,19 | 123,76 | 124,33 | 124,90 | 125,48 |
| 2,2 | 126,05 | 126,62 | 127,20 | 127,77 | 128,34 | 128,92 | 129,49 | 130,06 | 130,63 | 131,21 |
| 2,3 | 131,78 | 132,35 | 132,93 | 133,50 | 134,07 | 134,65 | 135,22 | 135,79 | 136,36 | 136,94 |
| 2,4 | 137,51 | 138,08 | 138,66 | 139,23 | 139,80 | 140,37 | 140,95 | 141,52 | 142,09 | 142,67 |
| 2,5 | 143,24 | 143,81 | 144,39 | 144,96 | 145,53 | 146,10 | 146,68 | 147,25 | 147,82 | 148,40 |
| 2,6 | 148,97 | 149,54 | 150,11 | 150,69 | 151,26 | 151,83 | 152,41 | 152,98 | 153,55 | 154,13 |
| 2,7 | 154,70 | 155,27 | 155,84 | 156,42 | 156,99 | 157,56 | 158,14 | 158,71 | 159,28 | 159,86 |
| 2,8 | 160,43 | 161,00 | 161,57 | 162,15 | 162,72 | 163,29 | 163,87 | 164,44 | 165,01 | 165,58 |
| 2,9 | 166,16 | 166,73 | 167,30 | 167,88 | 168,45 | 169,02 | 169,60 | 170,17 | 170,74 | 171,31 |
| 3,0 | 171,89 | 172,46 | 173,03 | 173,61 | 174,18 | 174,75 | 175,33 | 175,90 | 176,47 | 177,04 |
| 3,1 | 177,62 | 178,19 | 178,76 | 179,34 | 179,91 | 180,48 | 181,05 | 181,63 | 182,20 | 182,77 |
| 3,2 | 183,35 | 183,92 | 184,49 | 185,07 | 185,64 | 186,21 | 186,78 | 187,36 | 187,93 | 188,50 |
| 3,3 | 189,08 | 189,65 | 190,22 | 190,79 | 191,37 | 191,94 | 192,51 | 193,09 | 193,66 | 194,23 |
| 3,4 | 194,81 | 195,38 | 195,95 | 196,52 | 197,10 | 197,67 | 198,24 | 198,82 | 199,39 | 199,96 |
| 3,5 | 200,54 | 201,11 | 201,68 | 202,25 | 202,83 | 203,40 | 203,97 | 204,55 | 205,12 | 205,69 |
| 3,6 | 206,26 | 206,84 | 207,41 | 207,98 | 208,56 | 209,13 | 209,70 | 210,28 | 210,85 | 211,42 |
| 3,7 | 211,99 | 212,57 | 213,14 | 213,71 | 214,29 | 214,86 | 215,43 | 216,01 | 216,58 | 217,15 |
| 3,8 | 217,72 | 218,30 | 218,87 | 219,44 | 220,02 | 220,59 | 221,16 | 221,73 | 222,31 | 222,88 |
| 3,9 | 223,45 | 224,03 | 224,60 | 225,17 | 225,75 | 226,32 | 226,89 | 227,46 | 228,04 | 228,61 |
| 4,0 | 229,18 | 229,76 | 230,33 | 230,90 | 231,47 | 232,05 | 232,62 | 233,19 | 233,77 | 234,34 |
| 4,1 | 234,91 | 235,49 | 236,06 | 236,63 | 237,20 | 237,78 | 238,35 | 238,92 | 239,50 | 240,07 |
| 4,2 | 240,64 | 241,22 | 241,79 | 242,36 | 242,93 | 243,51 | 244,08 | 244,65 | 245,23 | 245,80 |
| 4,3 | 246,37 | 246,94 | 247,52 | 248,09 | 248,66 | 249,24 | 249,81 | 250,38 | 250,96 | 251,53 |
| 4,4 | 252,10 | 252,67 | 253,25 | 253,82 | 254,39 | 254,97 | 255,54 | 256,11 | 256,69 | 257,26 |
| 4,5 | 257,83 | 258,40 | 258,98 | 259,55 | 260,12 | 260,70 | 261,27 | 261,84 | 262,41 | 262,99 |
| 4,6 | 263,56 | 264,13 | 264,71 | 265,28 | 265,85 | 266,43 | 267,00 | 267,57 | 268,14 | 268,72 |
| 4,7 | 269,29 | 269,86 | 270,44 | 271,01 | 271,58 | 272,15 | 272,73 | 273,30 | 273,87 | 274,45 |
| 4,8 | 275,02 | 275,59 | 276,17 | 276,74 | 277,31 | 277,88 | 278,46 | 279,03 | 279,60 | 280,18 |
| 4,9 | 280,75 | 281,32 | 281,90 | 282,47 | 283,04 | 283,61 | 284,19 | 284,76 | 285,33 | 285,91 |
| 5,0 | 286,48 | 287,05 | 287,62 | 288,20 | 288,77 | 289,34 | 289,92 | 290,49 | 291,06 | 291,64 |
| 5,1 | 292,21 | 292,78 | 293,35 | 293,93 | 294,50 | 295,07 | 295,65 | 296,22 | 296,79 | 297,37 |
| 5,2 | 297,94 | 298,51 | 299,08 | 299,66 | 300,23 | 300,80 | 301,38 | 301,95 | 302,52 | 303,09 |
| 5,3 | 303,67 | 304,24 | 304,81 | 305,39 | 305,96 | 306,53 | 307,11 | 307,68 | 308,25 | 308,82 |
| 5,4 | 309,40 | 309,97 | 310,54 | 311,12 | 311,69 | 312,26 | 312,83 | 313,41 | 313,98 | 314,55 |
| 5,5 | 315,13 | 315,70 | 316,27 | 316,85 | 317,42 | 317,99 | 318,56 | 319,14 | 319,71 | 320,28 |
| 5,6 | 320,86 | 321,43 | 322,00 | 322,58 | 323,15 | 323,72 | 324,29 | 324,87 | 325,44 | 326,01 |
| 5,7 | 326,59 | 327,16 | 327,73 | 328,30 | 328,88 | 329,45 | 330,02 | 330,60 | 331,17 | 331,74 |
| 5,8 | 332,32 | 332,89 | 333,46 | 334,03 | 334,61 | 335,18 | 335,75 | 336,33 | 336,90 | 337,47 |
| 5,9 | 338,05 | 338,62 | 339,19 | 339,76 | 340,34 | 340,91 | 341,48 | 342,06 | 342,63 | 343,20 |
| 6,0 | 343,77 | 344,35 | 344,92 | 345,49 | 346,07 | 346,64 | 347,21 | 347,79 | 348,36 | 348,93 |
| 6,1 | 349,50 | 350,08 | 350,65 | 351,22 | 351,80 | 352,37 | 352,94 | 353,51 | 354,09 | 354,66 |
| 6,2 | 355,23 | 355,81 | 356,38 | 356,95 | 357,53 | 358,10 | 358,67 | 359,24 | 359,82 | 360,39 |

**Beispiel:** Im Einheitskreis gehört zu einem Bogen der Lange 0,629 ein Mittelpunktswinkel von 36,04°.

$\underline{6}$ bedeutet: Ziffer 6 ist aufgerundet.

Die Einheit des Bogenmaßes heißt Radiant: 1 rad = 1.

# Grad, Minuten, Sekunden, Radiant

**Gradmaß in Bogenmaß** $\frac{x}{\varphi} = \frac{2\pi}{360^\circ} \Longleftrightarrow x = \frac{\pi}{180^\circ} \cdot \varphi$

| φ | x | φ | x | φ | x | φ | x | φ | x | φ | x |
|---|---|---|---|---|---|---|---|---|---|---|---|
| 1'' | 0,000 005 | 1' | 0,000 291 | 1° | 0,017 453 | 11° | 0,191 986 | 21° | 0,366 519 | 31° | 0,541 052 |
| 2'' | 0,000 010 | 2' | 0,000 582 | 2° | 0,034 907 | 12° | 0,209 440 | 22° | 0,383 972 | 32° | 0,558 505 |
| 3'' | 0,000 015 | 3' | 0,000 873 | 3° | 0,052 360 | 13° | 0,226 893 | 23° | 0,401 426 | 33° | 0,575 959 |
| 4'' | 0,000 019 | 4' | 0,001 164 | 4° | 0,069 813 | 14° | 0,244 346 | 24° | 0,418 879 | 34° | 0,593 412 |
| 5'' | 0,000 024 | 5' | 0,001 454 | 5° | 0,087 266 | 15° | 0,261 799 | 25° | 0,436 332 | 35° | 0,610 865 |
| 6'' | 0,000 029 | 6' | 0,001 745 | 6° | 0,104 720 | 16° | 0,279 253 | 26° | 0,453 786 | 36° | 0,628 319 |
| 7'' | 0,000 034 | 7' | 0,002 036 | 7° | 0,122 173 | 17° | 0,296 706 | 27° | 0,471 239 | 37° | 0,645 772 |
| 8'' | 0,000 039 | 8' | 0,002 327 | 8° | 0,139 626 | 18° | 0,314 159 | 28° | 0,488 692 | 38° | 0,663 225 |
| 9'' | 0,000 044 | 9' | 0,002 618 | 9° | 0,157 080 | 19° | 0,331 613 | 29° | 0,506 145 | 39° | 0,680 678 |
| 10'' | 0,000 048 | 10' | 0,002 909 | 10° | 0,174 533 | 20° | 0,349 066 | 30° | 0,523 599 | 40° | 0,698 132 |

| φ | x | φ | x | φ | x | φ | x | φ | x | φ | x |
|---|---|---|---|---|---|---|---|---|---|---|---|
| 41° | 0,715 585 | 51° | 0,890 118 | 61° | 1,064 651 | 71° | 1,239 184 | 81° | 1,413 717 | 91° | 1,588 250 |
| 42° | 0,733 038 | 52° | 0,907 571 | 62° | 1,082 104 | 72° | 1,256 637 | 82° | 1,431 170 | 92° | 1,605 703 |
| 43° | 0,750 492 | 53° | 0,925 025 | 63° | 1,099 557 | 73° | 1,274 090 | 83° | 1,448 623 | 93° | 1,623 156 |
| 44° | 0,767 945 | 54° | 0,942 478 | 64° | 1,117 011 | 74° | 1,291 544 | 84° | 1,466 077 | 94° | 1,640 609 |
| 45° | 0,785 398 | 55° | 0,959 931 | 65° | 1,134 464 | 75° | 1,308 997 | 85° | 1,483 530 | 95° | 1,658 063 |
| 46° | 0,802 851 | 56° | 0,977 384 | 66° | 1,151 917 | 76° | 1,326 450 | 86° | 1,500 983 | 96° | 1,675 516 |
| 47° | 0,820 305 | 57° | 0,994 838 | 67° | 1,169 371 | 77° | 1,343 904 | 87° | 1,518 436 | 97° | 1,692 969 |
| 48° | 0,837 758 | 58° | 1,012 291 | 68° | 1,186 824 | 78° | 1,361 357 | 88° | 1,535 890 | 98° | 1,710 423 |
| 49° | 0,855 211 | 59° | 1,029 744 | 69° | 1,204 277 | 79° | 1,378 810 | 89° | 1,553 343 | 99° | 1,727 876 |
| 50° | 0,872 665 | 60° | 1,047 198 | 70° | 1,221 730 | 80° | 1,396 263 | 90° | 1,570 796 | 100° | 1,745 329 |

**Beispiel:** 117° 27' 37'' ≙ 1,74533 + 0,29671 + 0,00582 + 0,00204 + 0,00015 + 0,00003 = 2,05008 ≈ 2,0501

**Minuten in Dezimalgrad** $1' = \frac{1^\circ}{60}$

| φ (') | φ (°) | φ (') | φ (°) | φ (') | φ (°) | φ (') | φ (°) | φ (') | φ (°) | φ (') | φ (°) |
|---|---|---|---|---|---|---|---|---|---|---|---|
| 1' | 0,016 67° | 11' | 0,183 33° | 21' | 0,350 00° | 31' | 0,516 67° | 41' | 0,683 33° | 51' | 0,850 00° |
| 2' | 0,033 33° | 12' | 0,200 00° | 22' | 0,366 67° | 32' | 0,533 33° | 42' | 0,700 00° | 52' | 0,866 67° |
| 3' | 0,050 00° | 13' | 0,216 67° | 23' | 0,383 33° | 33' | 0,550 00° | 43' | 0,716 67° | 53' | 0,883 33° |
| 4' | 0,066 67° | 14' | 0,233 33° | 24' | 0,400 00° | 34' | 0,566 67° | 44' | 0,733 33° | 54' | 0,900 00° |
| 5' | 0,083 33° | 15' | 0,250 00° | 25' | 0,416 67° | 35' | 0,583 33° | 45' | 0,750 00° | 55' | 0,916 67° |
| 6' | 0,100 00° | 16' | 0,266 67° | 26' | 0,433 33° | 36' | 0,600 00° | 46' | 0,766 67° | 56' | 0,933 33° |
| 7' | 0,116 67° | 17' | 0,283 33° | 27' | 0,450 00° | 37' | 0,616 67° | 47' | 0,783 33° | 57' | 0,950 00° |
| 8' | 0,133 33° | 18' | 0,300 00° | 28' | 0,466 67° | 38' | 0,633 33° | 48' | 0,800 00° | 58' | 0,966 67° |
| 9' | 0,150 00° | 19' | 0,316 67° | 29' | 0,483 33° | 39' | 0,650 00° | 49' | 0,816 67° | 59' | 0,983 33° |
| 10' | 0,166 67° | 20' | 0,333 33° | 30' | 0,500 00° | 40' | 0,666 67° | 50' | 0,833 33° | 60' | 1,000 00° |

**Sekunden in Dezimalgrad** $1'' = \frac{1^\circ}{3\,600}$

| φ ('') | φ (°) | φ ('') | φ (°) | φ ('') | φ (°) | φ ('') | φ (°) | φ ('') | φ (°) | φ ('') | φ (°) |
|---|---|---|---|---|---|---|---|---|---|---|---|
| 1'' | 0,000 28° | 11'' | 0,003 06° | 21'' | 0,005 83° | 31'' | 0,008 61° | 41'' | 0,011 39° | 51'' | 0,014 17° |
| 2'' | 0,000 56° | 12'' | 0,003 33° | 22'' | 0,006 11° | 32'' | 0,008 89° | 42'' | 0,011 67° | 52'' | 0,014 44° |
| 3'' | 0,000 83° | 13'' | 0,003 61° | 23'' | 0,006 39° | 33'' | 0,009 17° | 43'' | 0,011 94° | 53'' | 0,014 72° |
| 4'' | 0,001 11° | 14'' | 0,003 89° | 24'' | 0,006 67° | 34'' | 0,009 44° | 44'' | 0,012 22° | 54'' | 0,015 00° |
| 5'' | 0,001 39° | 15'' | 0,004 17° | 25'' | 0,006 94° | 35'' | 0,009 72° | 45'' | 0,012 50° | 55'' | 0,015 28° |
| 6'' | 0,001 67° | 16'' | 0,004 44° | 26'' | 0,007 22° | 36'' | 0,010 00° | 46'' | 0,012 78° | 56'' | 0,015 56° |
| 7'' | 0,001 94° | 17'' | 0,004 72° | 27'' | 0,007 50° | 37'' | 0,010 28° | 47'' | 0,013 06° | 57'' | 0,015 83° |
| 8'' | 0,002 22° | 18'' | 0,005 00° | 28'' | 0,007 78° | 38'' | 0,010 56° | 48'' | 0,013 33° | 58'' | 0,016 11° |
| 9'' | 0,002 50° | 19'' | 0,005 28° | 29'' | 0,008 06° | 39'' | 0,010 83° | 49'' | 0,013 61° | 59'' | 0,016 39° |
| 10'' | 0,002 78° | 20'' | 0,005 56° | 30'' | 0,008 33° | 40'' | 0,011 11° | 50'' | 0,013 89° | 60'' | 0,016 67° |

**Dezimalgrad in Minuten und Sekunden** $1^\circ = 60' = 3\,600''$

| φ (°) | φ (') | φ (°) | φ (') | φ ('') | φ (°) | φ ('') | φ (°) | φ ('') |
|---|---|---|---|---|---|---|---|---|
| 0,1° | 6' | 0,01° | | 36'' | 0,001° | 3,6'' | 0,000 1° | 0,4'' |
| 0,2° | 12' | 0,02° | 1' | 12'' | 0,002° | 7,2'' | 0,000 2° | 0,7'' |
| 0,3° | 18' | 0,03° | 1' | 48'' | 0,003° | 10,8'' | 0,000 3° | 1,1'' |
| 0,4° | 24' | 0,04° | 2' | 24'' | 0,004° | 14,4'' | 0,000 4° | 1,4'' |
| 0,5° | 30' | 0,05° | 3' | 0'' | 0,005° | 18,0'' | 0,000 5° | 1,8'' |
| 0,6° | 36' | 0,06° | 3' | 36'' | 0,006° | 21,6'' | 0,000 6° | 2,2'' |
| 0,7° | 42' | 0,07° | 4' | 12'' | 0,007° | 25,2'' | 0,000 7° | 2,5'' |
| 0,8° | 48' | 0,08° | 4' | 48'' | 0,008° | 28,8'' | 0,000 8° | 2,9'' |
| 0,9° | 54' | 0,09° | 5' | 24'' | 0,009° | 32,4'' | 0,000 9° | 3,2'' |

**Beispiel:**

$$0{,}5342^\circ = \begin{array}{l} 0{,}5^\circ \\ +\,0{,}03^\circ \\ +\,0{,}004^\circ \\ +\,0{,}0002^\circ \end{array} = \begin{array}{r} 30' \\ +\;1'\,48'' \\ +\;14{,}4'' \\ +\;0{,}7'' \end{array} \approx 32'\,3''$$

**Erläuterungen:**

≙ heißt: entspricht

≈ heißt: ungefähr gleich

7 bedeutet: Ziffer 7 ist aufgerundet.

# Quadrate

Quadrate von 1 bis 499 (genau)

| n | + 0 | + 1 | + 2 | + 3 | + 4 | + 5 | + 6 | + 7 | + 8 | + 9 |
|---|---|---|---|---|---|---|---|---|---|---|
| 0 | 0 | 1 | 4 | 9 | 16 | 25 | 36 | 49 | 64 | 81 |
| 10 | 100 | 121 | 144 | 169 | 196 | 225 | 256 | 289 | 324 | 361 |
| 20 | 400 | 441 | 484 | 529 | 576 | 625 | 676 | 729 | 784 | 841 |
| 30 | 900 | 961 | 1 024 | 1 089 | 1 156 | 1 225 | 1 296 | 1 369 | 1 444 | 1 521 |
| 40 | 1 600 | 1 681 | 1 764 | 1 849 | 1 936 | 2 025 | 2 116 | 2 209 | 2 304 | 2 401 |
| 50 | 2 500 | 2 601 | 2 704 | 2 809 | 2 916 | 3 025 | 3 136 | 3 249 | 3 364 | 3 481 |
| 60 | 3 600 | 3 721 | 3 844 | 3 969 | 4 096 | 4 225 | 4 356 | 4 489 | 4 624 | 4 761 |
| 70 | 4 900 | 5 041 | 5 184 | 5 329 | 5 476 | 5 625 | 5 776 | 5 929 | 6 084 | 6 241 |
| 80 | 6 400 | 6 561 | 6 724 | 6 889 | 7 056 | 7 225 | 7 396 | 7 569 | 7 744 | 7 921 |
| 90 | 8 100 | 8 281 | 8 464 | 8 649 | 8 836 | 9 025 | 9 216 | 9 409 | 9 604 | 9 801 |
| 100 | 10 000 | 10 201 | 10 404 | 10 609 | 10 816 | 11 025 | 11 236 | 11 449 | 11 664 | 11 881 |
| 110 | 12 100 | 12 321 | 12 544 | 12 769 | 12 996 | 13 225 | 13 456 | 13 689 | 13 924 | 14 161 |
| 120 | 14 400 | 14 641 | 14 884 | 15 129 | 15 376 | 15 625 | 15 876 | 16 129 | 16 384 | 16 641 |
| 130 | 16 900 | 17 161 | 17 424 | 17 689 | 17 956 | 18 225 | 18 496 | 18 769 | 19 044 | 19 321 |
| 140 | 19 600 | 19 881 | 20 164 | 20 449 | 20 736 | 21 025 | 21 316 | 21 609 | 21 904 | 22 201 |
| 150 | 22 500 | 22 801 | 23 104 | 23 409 | 23 716 | 24 025 | 24 336 | 24 649 | 24 964 | 25 281 |
| 160 | 25 600 | 25 921 | 26 244 | 26 569 | 26 896 | 27 225 | 27 556 | 27 889 | 28 224 | 28 561 |
| 170 | 28 900 | 29 241 | 29 584 | 29 929 | 30 276 | 30 625 | 30 976 | 31 329 | 31 684 | 32 041 |
| 180 | 32 400 | 32 761 | 33 124 | 33 489 | 33 856 | 34 225 | 34 596 | 34 969 | 35 344 | 35 721 |
| 190 | 36 100 | 36 481 | 36 864 | 37 249 | 37 636 | 38 025 | 38 416 | 38 809 | 39 204 | 39 601 |
| 200 | 40 000 | 40 401 | 40 804 | 41 209 | 41 616 | 42 025 | 42 436 | 42 849 | 43 264 | 43 681 |
| 210 | 44 100 | 44 521 | 44 944 | 45 369 | 45 796 | 46 225 | 46 656 | 47 089 | 47 524 | 47 961 |
| 220 | 48 400 | 48 841 | 49 284 | 49 729 | 50 176 | 50 625 | 51 076 | 51 529 | 51 984 | 52 441 |
| 230 | 52 900 | 53 361 | 53 824 | 54 289 | 54 756 | 55 225 | 55 696 | 56 169 | 56 644 | 57 121 |
| 240 | 57 600 | 58 081 | 58 564 | 59 049 | 59 536 | 60 025 | 60 516 | 61 009 | 61 504 | 62 001 |
| 250 | 62 500 | 63 001 | 63 504 | 64 009 | 64 516 | 65 025 | 65 536 | 66 049 | 66 564 | 67 081 |
| 260 | 67 600 | 68 121 | 68 644 | 69 169 | 69 696 | 70 225 | 70 756 | 71 289 | 71 824 | 72 361 |
| 270 | 72 900 | 73 441 | 73 984 | 74 529 | 75 076 | 75 625 | 76 176 | 76 729 | 77 284 | 77 841 |
| 280 | 78 400 | 78 961 | 79 524 | 80 089 | 80 656 | 81 225 | 81 796 | 82 369 | 82 944 | 83 521 |
| 290 | 84 100 | 84 681 | 85 264 | 85 849 | 86 436 | 87 025 | 87 616 | 88 209 | 88 804 | 89 401 |
| 300 | 90 000 | 90 601 | 91 204 | 91 809 | 92 416 | 93 025 | 93 636 | 94 249 | 94 864 | 95 481 |
| 310 | 96 100 | 96 721 | 97 344 | 97 969 | 98 596 | 99 225 | 99 856 | 100 489 | 101 124 | 101 761 |
| 320 | 102 400 | 103 041 | 103 684 | 104 329 | 104 976 | 105 625 | 106 276 | 106 929 | 107 584 | 108 241 |
| 330 | 108 900 | 109 561 | 110 224 | 110 889 | 111 556 | 112 225 | 112 896 | 113 569 | 114 244 | 114 921 |
| 340 | 115 600 | 116 281 | 116 964 | 117 649 | 118 336 | 119 025 | 119 716 | 120 409 | 121 104 | 121 801 |
| 350 | 122 500 | 123 201 | 123 904 | 124 609 | 125 316 | 126 025 | 126 736 | 127 449 | 128 164 | 128 881 |
| 360 | 129 600 | 130 321 | 131 044 | 131 769 | 132 496 | 133 225 | 133 956 | 134 689 | 135 424 | 136 161 |
| 370 | 136 900 | 137 641 | 138 384 | 139 129 | 139 876 | 140 625 | 141 376 | 142 129 | 142 884 | 143 641 |
| 380 | 144 400 | 145 161 | 145 924 | 146 689 | 147 456 | 148 225 | 148 996 | 149 769 | 150 544 | 151 321 |
| 390 | 152 100 | 152 881 | 153 664 | 154 449 | 155 236 | 156 025 | 156 816 | 157 609 | 158 404 | 159 201 |
| 400 | 160 000 | 160 801 | 161 604 | 162 409 | 163 216 | 164 025 | 164 836 | 165 649 | 166 464 | 167 281 |
| 410 | 168 100 | 168 921 | 169 744 | 170 569 | 171 396 | 172 225 | 173 056 | 173 889 | 174 724 | 175 561 |
| 420 | 176 400 | 177 241 | 178 084 | 178 929 | 179 776 | 180 625 | 181 476 | 182 329 | 183 184 | 184 041 |
| 430 | 184 900 | 185 761 | 186 624 | 187 489 | 188 356 | 189 225 | 190 096 | 190 969 | 191 844 | 192 721 |
| 440 | 193 600 | 194 481 | 195 364 | 196 249 | 197 136 | 198 025 | 198 916 | 199 809 | 200 704 | 201 601 |
| 450 | 202 500 | 203 401 | 204 304 | 205 209 | 206 116 | 207 025 | 207 936 | 208 849 | 209 764 | 210 681 |
| 460 | 211 600 | 212 521 | 213 444 | 214 369 | 215 296 | 216 225 | 217 156 | 218 089 | 219 024 | 219 961 |
| 470 | 220 900 | 221 841 | 222 784 | 223 729 | 224 676 | 225 625 | 226 576 | 227 529 | 228 484 | 229 441 |
| 480 | 230 400 | 231 361 | 232 324 | 233 289 | 234 256 | 235 225 | 236 196 | 237 169 | 238 144 | 239 121 |
| 490 | 240 100 | 241 081 | 242 064 | 243 049 | 244 036 | 245 025 | 246 016 | 247 009 | 248 004 | 249 001 |

## Quadrate (Fortsetzung)

Quadrate von 500 bis 999 (genau)

| n | +0 | +1 | +2 | +3 | +4 | +5 | +6 | +7 | +8 | +9 |
|---|---|---|---|---|---|---|---|---|---|---|
| **500** | 250 000 | 251 001 | 252 004 | 253 009 | 254 016 | 255 025 | 256 036 | 257 049 | 258 064 | 259 081 |
| 510 | 260 100 | 261 121 | 262 144 | 263 169 | 264 196 | 265 225 | 266 256 | 267 289 | 268 324 | 269 361 |
| 520 | 270 400 | 271 441 | 272 484 | 273 529 | 274 576 | 275 625 | 276 676 | 277 729 | 278 784 | 279 841 |
| 530 | 280 900 | 281 961 | 283 024 | 284 089 | 285 156 | 286 225 | 287 296 | 288 369 | 289 444 | 290 521 |
| 540 | 291 600 | 292 681 | 293 764 | 294 849 | 295 936 | 297 025 | 298 116 | 299 209 | 300 304 | 301 401 |
| 550 | 302 500 | 303 601 | 304 704 | 305 809 | 306 916 | 308 025 | 309 136 | 310 249 | 311 364 | 312 481 |
| 560 | 313 600 | 314 721 | 315 844 | 316 969 | 318 096 | 319 225 | 320 356 | 321 489 | 322 624 | 323 761 |
| 570 | 324 900 | 326 041 | 327 184 | 328 329 | 329 476 | 330 625 | 331 776 | 332 929 | 334 084 | 335 241 |
| 580 | 336 400 | 337 561 | 338 724 | 339 889 | 341 056 | 342 225 | 343 396 | 344 569 | 345 744 | 346 921 |
| 590 | 348 100 | 349 281 | 350 464 | 351 649 | 352 836 | 354 025 | 355 216 | 356 409 | 357 604 | 358 801 |
| **600** | 360 000 | 361 201 | 362 404 | 363 609 | 364 816 | 366 025 | 367 236 | 368 449 | 369 664 | 370 881 |
| 610 | 372 100 | 373 321 | 374 544 | 375 769 | 376 996 | 378 225 | 379 456 | 380 689 | 381 924 | 383 161 |
| 620 | 384 400 | 385 641 | 386 884 | 388 129 | 389 376 | 390 625 | 391 876 | 393 129 | 394 384 | 395 641 |
| 630 | 396 900 | 398 161 | 399 424 | 400 689 | 401 956 | 403 225 | 404 496 | 405 769 | 407 044 | 408 321 |
| 640 | 409 600 | 410 881 | 412 164 | 413 449 | 414 736 | 416 025 | 417 316 | 418 609 | 419 904 | 421 201 |
| 650 | 422 500 | 423 801 | 425 104 | 426 409 | 427 716 | 429 025 | 430 336 | 431 649 | 432 964 | 434 281 |
| 660 | 435 600 | 436 921 | 438 244 | 439 569 | 440 896 | 442 225 | 443 556 | 444 889 | 446 224 | 447 561 |
| 670 | 448 900 | 450 241 | 451 584 | 452 929 | 454 276 | 455 625 | 456 976 | 458 329 | 459 684 | 461 041 |
| 680 | 462 400 | 463 761 | 465 124 | 466 489 | 467 856 | 469 225 | 470 596 | 471 969 | 473 344 | 474 721 |
| 690 | 476 100 | 477 481 | 478 864 | 480 249 | 481 636 | 483 025 | 484 416 | 485 809 | 487 204 | 488 601 |
| **700** | 490 000 | 491 401 | 492 804 | 494 209 | 495 616 | 497 025 | 498 436 | 499 849 | 501 264 | 502 681 |
| 710 | 504 100 | 505 521 | 506 944 | 508 369 | 509 796 | 511 225 | 512 656 | 514 089 | 515 524 | 516 961 |
| 720 | 518 400 | 519 841 | 521 284 | 522 729 | 524 176 | 525 625 | 527 076 | 528 529 | 529 984 | 531 441 |
| 730 | 532 900 | 534 361 | 535 824 | 537 289 | 538 756 | 540 225 | 541 696 | 543 169 | 544 644 | 546 121 |
| 740 | 547 600 | 549 081 | 550 564 | 552 049 | 553 536 | 555 025 | 556 516 | 558 009 | 559 504 | 561 001 |
| 750 | 562 500 | 564 001 | 565 504 | 567 009 | 568 516 | 570 025 | 571 536 | 573 049 | 574 564 | 576 081 |
| 760 | 577 600 | 579 121 | 580 644 | 582 169 | 583 696 | 585 225 | 586 756 | 588 289 | 589 824 | 591 361 |
| 770 | 592 900 | 594 441 | 595 984 | 597 529 | 599 076 | 600 625 | 602 176 | 603 729 | 605 284 | 606 841 |
| 780 | 608 400 | 609 961 | 611 524 | 613 089 | 614 656 | 616 225 | 617 796 | 619 369 | 620 944 | 622 521 |
| 790 | 624 100 | 625 681 | 627 264 | 628 849 | 630 436 | 632 025 | 633 616 | 635 209 | 636 804 | 638 401 |
| **800** | 640 000 | 641 601 | 643 204 | 644 809 | 646 416 | 648 025 | 649 636 | 651 249 | 652 864 | 654 481 |
| 810 | 656 100 | 657 721 | 659 344 | 660 969 | 662 596 | 664 225 | 665 856 | 667 489 | 669 124 | 670 761 |
| 820 | 672 400 | 674 041 | 675 684 | 677 329 | 678 976 | 680 625 | 682 276 | 683 929 | 685 584 | 687 241 |
| 830 | 688 900 | 690 561 | 692 224 | 693 889 | 695 556 | 697 225 | 698 896 | 700 569 | 702 244 | 703 921 |
| 840 | 705 600 | 707 281 | 708 964 | 710 649 | 712 336 | 714 025 | 715 716 | 717 409 | 719 104 | 720 801 |
| 850 | 722 500 | 724 201 | 725 904 | 727 609 | 729 316 | 731 025 | 732 736 | 734 449 | 736 164 | 737 881 |
| 860 | 739 600 | 741 321 | 743 044 | 744 769 | 746 496 | 748 225 | 749 956 | 751 689 | 753 424 | 755 161 |
| 870 | 756 900 | 758 641 | 760 384 | 762 129 | 763 876 | 765 625 | 767 376 | 769 129 | 770 884 | 772 641 |
| 880 | 774 400 | 776 161 | 777 924 | 779 689 | 781 456 | 783 225 | 784 996 | 786 769 | 788 544 | 790 321 |
| 890 | 792 100 | 793 881 | 795 664 | 797 449 | 799 236 | 801 025 | 802 816 | 804 609 | 806 404 | 808 201 |
| **900** | 810 000 | 811 801 | 813 604 | 815 409 | 817 216 | 819 025 | 820 836 | 822 649 | 824 464 | 826 281 |
| 910 | 828 100 | 829 921 | 831 744 | 833 569 | 835 396 | 837 225 | 839 056 | 840 889 | 842 724 | 844 561 |
| 920 | 846 400 | 848 241 | 850 084 | 851 929 | 853 776 | 855 625 | 857 476 | 859 329 | 861 184 | 863 041 |
| 930 | 864 900 | 866 761 | 868 624 | 870 489 | 872 356 | 874 225 | 876 096 | 877 969 | 879 844 | 881 721 |
| 940 | 883 600 | 885 481 | 887 364 | 889 249 | 891 136 | 893 025 | 894 916 | 896 809 | 898 704 | 900 601 |
| 950 | 902 500 | 904 401 | 906 304 | 908 209 | 910 116 | 912 025 | 913 936 | 915 849 | 917 764 | 919 681 |
| 960 | 921 600 | 923 521 | 925 444 | 927 369 | 929 296 | 931 225 | 933 156 | 935 089 | 937 024 | 938 961 |
| 970 | 940 900 | 942 841 | 944 784 | 946 729 | 948 676 | 950 625 | 952 576 | 954 529 | 956 484 | 958 441 |
| 980 | 960 400 | 962 361 | 964 324 | 966 289 | 968 256 | 970 225 | 972 196 | 974 169 | 976 144 | 978 121 |
| 990 | 980 100 | 982 081 | 984 064 | 986 049 | 988 036 | 990 025 | 992 016 | 994 009 | 996 004 | 998 001 |

# Quadratwurzeln

## Quadratwurzeln aus 1 bis 499

| n | +0 | +1 | +2 | +3 | +4 | +5 | +6 | +7 | +8 | +9 |
|---|---|---|---|---|---|---|---|---|---|---|
| 0 | 0,0000 | 1,0000 | 1,4142 | 1,7321 | 2,0000 | 2,2361 | 2,4495 | 2,6458 | 2,8284 | 3,0000 |
| 10 | 3,1623 | 3,3166 | 3,4641 | 3,6056 | 3,7417 | 3,8730 | 4,0000 | 4,1231 | 4,2426 | 4,3589 |
| 20 | 4,4721 | 4,5826 | 4,6904 | 4,7958 | 4,8990 | 5,0000 | 5,0990 | 5,1962 | 5,2915 | 5,3852 |
| 30 | 5,4772 | 5,5678 | 5,6569 | 5,7446 | 5,8310 | 5,9161 | 6,0000 | 6,0828 | 6,1644 | 6,2450 |
| 40 | 6,3246 | 6,4031 | 6,4807 | 6,5574 | 6,6332 | 6,7082 | 6,7823 | 6,8557 | 6,9282 | 7,0000 |
| 50 | 7,0711 | 7,1414 | 7,2111 | 7,2801 | 7,3485 | 7,4162 | 7,4833 | 7,5498 | 7,6158 | 7,6811 |
| 60 | 7,7460 | 7,8102 | 7,8740 | 7,9373 | 8,0000 | 8,0623 | 8,1240 | 8,1854 | 8,2462 | 8,3066 |
| 70 | 8,3666 | 8,4261 | 8,4853 | 8,5440 | 8,6023 | 8,6603 | 8,7178 | 8,7750 | 8,8318 | 8,8882 |
| 80 | 8,9443 | 9,0000 | 9,0554 | 9,1104 | 9,1652 | 9,2195 | 9,2736 | 9,3274 | 9,3808 | 9,4340 |
| 90 | 9,4868 | 9,5394 | 9,5917 | 9,6437 | 9,6954 | 9,7468 | 9,7980 | 9,8489 | 9,8995 | 9,9499 |
| 100 | 10,0000 | 10,0499 | 10,0995 | 10,1489 | 10,1980 | 10,2470 | 10,2956 | 10,3441 | 10,3923 | 10,4403 |
| 110 | 10,4881 | 10,5357 | 10,5830 | 10,6301 | 10,6771 | 10,7238 | 10,7703 | 10,8167 | 10,8628 | 10,9087 |
| 120 | 10,9545 | 11,0000 | 11,0454 | 11,0905 | 11,1355 | 11,1803 | 11,2250 | 11,2694 | 11,3137 | 11,3578 |
| 130 | 11,4018 | 11,4455 | 11,4891 | 11,5326 | 11,5758 | 11,6190 | 11,6619 | 11,7047 | 11,7473 | 11,7898 |
| 140 | 11,8322 | 11,8743 | 11,9164 | 11,9583 | 12,0000 | 12,0416 | 12,0830 | 12,1244 | 12,1655 | 12,2066 |
| 150 | 12,2474 | 12,2882 | 12,3288 | 12,3693 | 12,4097 | 12,4499 | 12,4900 | 12,5300 | 12,5698 | 12,6095 |
| 160 | 12,6491 | 12,6886 | 12,7279 | 12,7671 | 12,8062 | 12,8452 | 12,8841 | 12,9228 | 12,9615 | 13,0000 |
| 170 | 13,0384 | 13,0767 | 13,1149 | 13,1529 | 13,1909 | 13,2288 | 13,2665 | 13,3041 | 13,3417 | 13,3791 |
| 180 | 13,4164 | 13,4536 | 13,4907 | 13,5277 | 13,5647 | 13,6015 | 13,6382 | 13,6748 | 13,7113 | 13,7477 |
| 190 | 13,7840 | 13,8203 | 13,8564 | 13,8924 | 13,9284 | 13,9642 | 14,0000 | 14,0357 | 14,0712 | 14,1067 |
| 200 | 14,1421 | 14,1774 | 14,2127 | 14,2478 | 14,2829 | 14,3178 | 14,3527 | 14,3875 | 14,4222 | 14,4568 |
| 210 | 14,4914 | 14,5258 | 14,5602 | 14,5945 | 14,6287 | 14,6629 | 14,6969 | 14,7309 | 14,7648 | 14,7986 |
| 220 | 14,8324 | 14,8661 | 14,8997 | 14,9332 | 14,9666 | 15,0000 | 15,0333 | 15,0665 | 15,0997 | 15,1327 |
| 230 | 15,1658 | 15,1987 | 15,2315 | 15,2643 | 15,2971 | 15,3297 | 15,3623 | 15,3948 | 15,4272 | 15,4596 |
| 240 | 15,4919 | 15,5242 | 15,5563 | 15,5885 | 15,6205 | 15,6525 | 15,6844 | 15,7162 | 15,7480 | 15,7797 |
| 250 | 15,8114 | 15,8430 | 15,8745 | 15,9060 | 15,9374 | 15,9687 | 16,0000 | 16,0312 | 16,0624 | 16,0935 |
| 260 | 16,1245 | 16,1555 | 16,1864 | 16,2173 | 16,2481 | 16,2788 | 16,3095 | 16,3401 | 16,3707 | 16,4012 |
| 270 | 16,4317 | 16,4621 | 16,4924 | 16,5227 | 16,5529 | 16,5831 | 16,6132 | 16,6433 | 16,6733 | 16,7033 |
| 280 | 16,7332 | 16,7631 | 16,7929 | 16,8226 | 16,8523 | 16,8819 | 16,9115 | 16,9411 | 16,9706 | 17,0000 |
| 290 | 17,0294 | 17,0587 | 17,0880 | 17,1172 | 17,1464 | 17,1756 | 17,2047 | 17,2337 | 17,2627 | 17,2916 |
| 300 | 17,3205 | 17,3494 | 17,3781 | 17,4069 | 17,4356 | 17,4642 | 17,4929 | 17,5214 | 17,5499 | 17,5784 |
| 310 | 17,6068 | 17,6352 | 17,6635 | 17,6918 | 17,7200 | 17,7482 | 17,7764 | 17,8045 | 17,8326 | 17,8606 |
| 320 | 17,8885 | 17,9165 | 17,9444 | 17,9722 | 18,0000 | 18,0278 | 18,0555 | 18,0831 | 18,1108 | 18,1384 |
| 330 | 18,1659 | 18,1934 | 18,2209 | 18,2483 | 18,2757 | 18,3030 | 18,3303 | 18,3576 | 18,3848 | 18,4120 |
| 340 | 18,4391 | 18,4662 | 18,4932 | 18,5203 | 18,5472 | 18,5742 | 18,6011 | 18,6279 | 18,6548 | 18,6815 |
| 350 | 18,7083 | 18,7350 | 18,7617 | 18,7883 | 18,8149 | 18,8414 | 18,8680 | 18,8944 | 18,9209 | 18,9473 |
| 360 | 18,9737 | 19,0000 | 19,0263 | 19,0526 | 19,0788 | 19,1050 | 19,1311 | 19,1572 | 19,1833 | 19,2094 |
| 370 | 19,2354 | 19,2614 | 19,2873 | 19,3132 | 19,3391 | 19,3649 | 19,3907 | 19,4165 | 19,4422 | 19,4679 |
| 380 | 19,4936 | 19,5192 | 19,5448 | 19,5704 | 19,5959 | 19,6214 | 19,6469 | 19,6723 | 19,6977 | 19,7231 |
| 390 | 19,7484 | 19,7737 | 19,7990 | 19,8242 | 19,8494 | 19,8746 | 19,8997 | 19,9249 | 19,9499 | 19,9750 |
| 400 | 20,0000 | 20,0250 | 20,0499 | 20,0749 | 20,0998 | 20,1246 | 20,1494 | 20,1742 | 20,1990 | 20,2237 |
| 410 | 20,2485 | 20,2731 | 20,2978 | 20,3224 | 20,3470 | 20,3715 | 20,3961 | 20,4206 | 20,4450 | 20,4695 |
| 420 | 20,4939 | 20,5183 | 20,5426 | 20,5670 | 20,5913 | 20,6155 | 20,6398 | 20,6640 | 20,6882 | 20,7123 |
| 430 | 20,7364 | 20,7605 | 20,7846 | 20,8087 | 20,8327 | 20,8567 | 20,8806 | 20,9045 | 20,9284 | 20,9523 |
| 440 | 20,9762 | 21,0000 | 21,0238 | 21,0476 | 21,0713 | 21,0950 | 21,1187 | 21,1424 | 21,1660 | 21,1896 |
| 450 | 21,2132 | 21,2368 | 21,2603 | 21,2838 | 21,3073 | 21,3307 | 21,3542 | 21,3776 | 21,4009 | 21,4243 |
| 460 | 21,4476 | 21,4709 | 21,4942 | 21,5174 | 21,5407 | 21,5639 | 21,5870 | 21,6102 | 21,6333 | 21,6564 |
| 470 | 21,6795 | 21,7025 | 21,7256 | 21,7486 | 21,7715 | 21,7945 | 21,8174 | 21,8403 | 21,8632 | 21,8861 |
| 480 | 21,9089 | 21,9317 | 21,9545 | 21,9773 | 22,0000 | 22,0227 | 22,0454 | 22,0681 | 22,0907 | 22,1133 |
| 490 | 22,1359 | 22,1585 | 22,1811 | 22,2036 | 22,2261 | 22,2486 | 22,2711 | 22,2935 | 22,3159 | 22,3383 |

**Erläuterungen:**

$\underline{4}$ bedeutet: Ziffer 4 ist aufgerundet.

Multipliziert man n mit $100^k$ ($k \in \mathbb{Z}$), so erhalt man als Wurzel das $10^k$-fache des Tafelwerts $\sqrt{n}$.

## Quadratwurzeln (Fortsetzung)

Quadratwurzeln aus 500 bis 999

| n | +0 | +1 | +2 | +3 | +4 | +5 | +6 | +7 | +8 | +9 |
|---|---|---|---|---|---|---|---|---|---|---|
| 500 | 22,3607 | 22,3830 | 22,4054 | 22,4277 | 22,4499 | 22,4722 | 22,4944 | 22,5167 | 22,5389 | 22,5610 |
| 510 | 22,5832 | 22,6053 | 22,6274 | 22,6495 | 22,6716 | 22,6936 | 22,7156 | 22,7376 | 22,7596 | 22,7816 |
| 520 | 22,8035 | 22,8254 | 22,8473 | 22,8692 | 22,8910 | 22,9129 | 22,9347 | 22,9565 | 22,9783 | 23,0000 |
| 530 | 23,0217 | 23,0434 | 23,0651 | 23,0868 | 23,1084 | 23,1301 | 23,1517 | 23,1733 | 23,1948 | 23,2164 |
| 540 | 23,2379 | 23,2594 | 23,2809 | 23,3024 | 23,3238 | 23,3452 | 23,3666 | 23,3880 | 23,4094 | 23,4307 |
| 550 | 23,4521 | 23,4734 | 23,4947 | 23,5160 | 23,5372 | 23,5584 | 23,5797 | 23,6008 | 23,6220 | 23,6432 |
| 560 | 23,6643 | 23,6854 | 23,7065 | 23,7276 | 23,7487 | 23,7697 | 23,7908 | 23,8118 | 23,8328 | 23,8537 |
| 570 | 23,8747 | 23,8956 | 23,9165 | 23,9374 | 23,9583 | 23,9792 | 24,0000 | 24,0208 | 24,0416 | 24,0624 |
| 580 | 24,0832 | 24,1039 | 24,1247 | 24,1454 | 24,1661 | 24,1868 | 24,2074 | 24,2281 | 24,2487 | 24,2693 |
| 590 | 24,2899 | 24,3105 | 24,3311 | 24,3516 | 24,3721 | 24,3926 | 24,4131 | 24,4336 | 24,4540 | 24,4745 |
| 600 | 24,4949 | 24,5153 | 24,5357 | 24,5561 | 24,5764 | 24,5967 | 24,6171 | 24,6374 | 24,6577 | 24,6779 |
| 610 | 24,6982 | 24,7184 | 24,7386 | 24,7588 | 24,7790 | 24,7992 | 24,8193 | 24,8395 | 24,8596 | 24,8797 |
| 620 | 24,8998 | 24,9199 | 24,9399 | 24,9600 | 24,9800 | 25,0000 | 25,0200 | 25,0400 | 25,0599 | 25,0799 |
| 630 | 25,0998 | 25,1197 | 25,1396 | 25,1595 | 25,1794 | 25,1992 | 25,2190 | 25,2389 | 25,2587 | 25,2784 |
| 640 | 25,2982 | 25,3180 | 25,3377 | 25,3574 | 25,3772 | 25,3969 | 25,4165 | 25,4362 | 25,4558 | 25,4755 |
| 650 | 25,4951 | 25,5147 | 25,5343 | 25,5539 | 25,5734 | 25,5930 | 25,6125 | 25,6320 | 25,6515 | 25,6710 |
| 660 | 25,6905 | 25,7099 | 25,7294 | 25,7488 | 25,7682 | 25,7876 | 25,8070 | 25,8263 | 25,8457 | 25,8650 |
| 670 | 25,8844 | 25,9037 | 25,9230 | 25,9422 | 25,9615 | 25,9808 | 26,0000 | 26,0192 | 26,0384 | 26,0576 |
| 680 | 26,0768 | 26,0960 | 26,1151 | 26,1343 | 26,1534 | 26,1725 | 26,1916 | 26,2107 | 26,2298 | 26,2488 |
| 690 | 26,2679 | 26,2869 | 26,3059 | 26,3249 | 26,3439 | 26,3629 | 26,3818 | 26,4008 | 26,4197 | 26,4386 |
| 700 | 26,4575 | 26,4764 | 26,4953 | 26,5141 | 26,5330 | 26,5518 | 26,5707 | 26,5895 | 26,6083 | 26,6271 |
| 710 | 26,6458 | 26,6646 | 26,6833 | 26,7021 | 26,7208 | 26,7395 | 26,7582 | 26,7769 | 26,7955 | 26,8142 |
| 720 | 26,8328 | 26,8514 | 26,8701 | 26,8887 | 26,9072 | 26,9258 | 26,9444 | 26,9629 | 26,9815 | 27,0000 |
| 730 | 27,0185 | 27,0370 | 27,0555 | 27,0740 | 27,0924 | 27,1109 | 27,1293 | 27,1477 | 27,1662 | 27,1846 |
| 740 | 27,2029 | 27,2213 | 27,2397 | 27,2580 | 27,2764 | 27,2947 | 27,3130 | 27,3313 | 27,3496 | 27,3679 |
| 750 | 27,3861 | 27,4044 | 27,4226 | 27,4408 | 27,4591 | 27,4773 | 27,4955 | 27,5136 | 27,5318 | 27,5500 |
| 760 | 27,5681 | 27,5862 | 27,6043 | 27,6225 | 27,6405 | 27,6586 | 27,6767 | 27,6948 | 27,7128 | 27,7308 |
| 770 | 27,7489 | 27,7669 | 27,7849 | 27,8029 | 27,8209 | 27,8388 | 27,8568 | 27,8747 | 27,8927 | 27,9106 |
| 780 | 27,9285 | 27,9464 | 27,9643 | 27,9821 | 28,0000 | 28,0179 | 28,0357 | 28,0535 | 28,0713 | 28,0891 |
| 790 | 28,1069 | 28,1247 | 28,1425 | 28,1603 | 28,1780 | 28,1957 | 28,2135 | 28,2312 | 28,2489 | 28,2666 |
| 800 | 28,2843 | 28,3019 | 28,3196 | 28,3373 | 28,3549 | 28,3725 | 28,3901 | 28,4077 | 28,4253 | 28,4429 |
| 810 | 28,4605 | 28,4781 | 28,4956 | 28,5132 | 28,5307 | 28,5482 | 28,5657 | 28,5832 | 28,6007 | 28,6182 |
| 820 | 28,6356 | 28,6531 | 28,6705 | 28,6880 | 28,7054 | 28,7228 | 28,7402 | 28,7576 | 28,7750 | 28,7924 |
| 830 | 28,8097 | 28,8271 | 28,8444 | 28,8617 | 28,8791 | 28,8964 | 28,9137 | 28,9310 | 28,9482 | 28,9655 |
| 840 | 28,9828 | 29,0000 | 29,0172 | 29,0345 | 29,0517 | 29,0689 | 29,0861 | 29,1033 | 29,1204 | 29,1376 |
| 850 | 29,1548 | 29,1719 | 29,1890 | 29,2062 | 29,2233 | 29,2404 | 29,2575 | 29,2746 | 29,2916 | 29,3087 |
| 860 | 29,3258 | 29,3428 | 29,3598 | 29,3769 | 29,3939 | 29,4109 | 29,4279 | 29,4449 | 29,4618 | 29,4788 |
| 870 | 29,4958 | 29,5127 | 29,5296 | 29,5466 | 29,5635 | 29,5804 | 29,5973 | 29,6142 | 29,6311 | 29,6479 |
| 880 | 29,6648 | 29,6816 | 29,6985 | 29,7153 | 29,7321 | 29,7489 | 29,7658 | 29,7825 | 29,7993 | 29,8161 |
| 890 | 29,8329 | 29,8496 | 29,8664 | 29,8831 | 29,8998 | 29,9166 | 29,9333 | 29,9500 | 29,9666 | 29,9833 |
| 900 | 30,0000 | 30,0167 | 30,0333 | 30,0500 | 30,0666 | 30,0832 | 30,0998 | 30,1164 | 30,1330 | 30,1496 |
| 910 | 30,1662 | 30,1828 | 30,1993 | 30,2159 | 30,2324 | 30,2490 | 30,2655 | 30,2820 | 30,2985 | 30,3150 |
| 920 | 30,3315 | 30,3480 | 30,3645 | 30,3809 | 30,3974 | 30,4138 | 30,4302 | 30,4467 | 30,4631 | 30,4795 |
| 930 | 30,4959 | 30,5123 | 30,5287 | 30,5450 | 30,5614 | 30,5778 | 30,5941 | 30,6105 | 30,6268 | 30,6431 |
| 940 | 30,6594 | 30,6757 | 30,6920 | 30,7083 | 30,7246 | 30,7409 | 30,7571 | 30,7734 | 30,7896 | 30,8058 |
| 950 | 30,8221 | 30,8383 | 30,8545 | 30,8707 | 30,8869 | 30,9031 | 30,9192 | 30,9354 | 30,9516 | 30,9677 |
| 960 | 30,9839 | 31,0000 | 31,0161 | 31,0322 | 31,0483 | 31,0644 | 31,0805 | 31,0966 | 31,1127 | 31,1288 |
| 970 | 31,1448 | 31,1609 | 31,1769 | 31,1929 | 31,2090 | 31,2250 | 31,2410 | 31,2570 | 31,2730 | 31,2890 |
| 980 | 31,3050 | 31,3209 | 31,3369 | 31,3528 | 31,3688 | 31,3847 | 31,4006 | 31,4166 | 31,4325 | 31,4484 |
| 990 | 31,4643 | 31,4802 | 31,4960 | 31,5119 | 31,5278 | 31,5436 | 31,5595 | 31,5753 | 31,5911 | 31,6070 |

**Beispiele:**

1. $10{,}1488 < \sqrt{103} < 10{,}1489$ und $0 < 10{,}1489 - \sqrt{103} < \sqrt{103} - 10{,}1488$
2. $23{,}45^2 \approx 549{,}9$
3. $\sqrt{0{,}0986} = \frac{1}{100}\sqrt{986} = 0{,}314\,006\ldots$ (k = − 2)
4. $\sqrt{5{,}162} = \frac{1}{10}\sqrt{516{,}2} \approx 2{,}2720$ (k = − 1)
5. $\sqrt{200\,000} = 100\sqrt{20} = 447{,}21\ldots$ (k = 2)

# Kuben (Kubikwurzeln)

## Kuben von 1,00 bis 5,99 ($\sqrt[3]{1}$ bis $\sqrt[3]{215}$)

| x | + 0,00 | + 0,01 | + 0,02 | + 0,03 | + 0,04 | + 0,05 | + 0,06 | + 0,07 | + 0,08 | + 0,09 |
|---|---|---|---|---|---|---|---|---|---|---|
| 1,0 | 1,0000 | 1,0303 | 1,0612 | 1,0927 | 1,1249 | 1,1576 | 1,1910 | 1,2250 | 1,2597 | 1,2950 |
| 1,1 | 1,3310 | 1,3676 | 1,4049 | 1,4429 | 1,4815 | 1,5209 | 1,5609 | 1,6016 | 1,6430 | 1,6852 |
| 1,2 | 1,7280 | 1,7716 | 1,8158 | 1,8609 | 1,9066 | 1,9531 | 2,0004 | 2,0484 | 2,0972 | 2,1467 |
| 1,3 | 2,1970 | 2,2481 | 2,3000 | 2,3526 | 2,4061 | 2,4604 | 2,5155 | 2,5714 | 2,6281 | 2,6856 |
| 1,4 | 2,7440 | 2,8032 | 2,8633 | 2,9242 | 2,9860 | 3,0486 | 3,1121 | 3,1765 | 3,2418 | 3,3079 |
| 1,5 | 3,3750 | 3,4430 | 3,5118 | 3,5816 | 3,6523 | 3,7239 | 3,7964 | 3,8699 | 3,9443 | 4,0197 |
| 1,6 | 4,0960 | 4,1733 | 4,2515 | 4,3307 | 4,4109 | 4,4921 | 4,5743 | 4,6575 | 4,7416 | 4,8268 |
| 1,7 | 4,9130 | 5,0002 | 5,0884 | 5,1777 | 5,2680 | 5,3594 | 5,4518 | 5,5452 | 5,6398 | 5,7353 |
| 1,8 | 5,8320 | 5,9297 | 6,0286 | 6,1285 | 6,2295 | 6,3316 | 6,4349 | 6,5392 | 6,6447 | 6,7513 |
| 1,9 | 6,8590 | 6,9679 | 7,0779 | 7,1891 | 7,3014 | 7,4149 | 7,5295 | 7,6454 | 7,7624 | 7,8806 |
| 2,0 | 8,0000 | 8,1206 | 8,2424 | 8,3654 | 8,4897 | 8,6151 | 8,7418 | 8,8697 | 8,9989 | 9,1293 |
| 2,1 | 9,2610 | 9,3939 | 9,5281 | 9,6636 | 9,8003 | 9,9384 | 10,078 | 10,218 | 10,360 | 10,503 |
| 2,2 | 10,648 | 10,794 | 10,941 | 11,090 | 11,239 | 11,391 | 11,543 | 11,697 | 11,852 | 12,009 |
| 2,3 | 12,167 | 12,326 | 12,487 | 12,649 | 12,813 | 12,978 | 13,144 | 13,312 | 13,481 | 13,652 |
| 2,4 | 13,824 | 13,998 | 14,172 | 14,349 | 14,527 | 14,706 | 14,887 | 15,069 | 15,253 | 15 438 |
| 2,5 | 15,625 | 15,813 | 16,003 | 16,194 | 16,387 | 16,581 | 16,777 | 16,975 | 17,174 | 17,374 |
| 2,6 | 17,576 | 17,780 | 17,985 | 18,191 | 18,400 | 18,610 | 18,821 | 19,034 | 19,249 | 19,465 |
| 2,7 | 19,683 | 19,903 | 20,124 | 20,346 | 20,571 | 20,797 | 21,025 | 21,254 | 21,485 | 21,718 |
| 2,8 | 21,952 | 22,188 | 22,426 | 22,665 | 22,906 | 23,149 | 23,394 | 23,640 | 23,888 | 24,138 |
| 2,9 | 24,389 | 24,642 | 24,897 | 25,154 | 25,412 | 25,672 | 25,934 | 26,198 | 26,464 | 26,731 |
| 3,0 | 27,000 | 27,271 | 27,544 | 27,818 | 28,094 | 28,373 | 28,653 | 28,934 | 29,218 | 29,504 |
| 3,1 | 29,791 | 30,080 | 30,371 | 30,664 | 30,959 | 31,256 | 31,554 | 31,855 | 32,157 | 32,462 |
| 3,2 | 32,768 | 33,076 | 33,386 | 33,698 | 34,012 | 34,328 | 34,646 | 34,966 | 35,288 | 35,611 |
| 3,3 | 35,937 | 36,265 | 36,594 | 36,926 | 37,260 | 37,595 | 37,933 | 38,273 | 38,614 | 38,958 |
| 3,4 | 39,304 | 39,652 | 40,002 | 40,354 | 40,708 | 41,064 | 41,422 | 41,782 | 42,144 | 42,509 |
| 3,5 | 42,875 | 43,244 | 43,614 | 43,987 | 44,362 | 44,739 | 45,118 | 45,499 | 45,883 | 46,268 |
| 3,6 | 46,656 | 47,046 | 47,438 | 47,832 | 48,229 | 48,627 | 49,028 | 49,431 | 49,836 | 50,243 |
| 3,7 | 50,653 | 51,065 | 51,479 | 51,895 | 52,314 | 52,734 | 53,157 | 53,583 | 54,010 | 54,440 |
| 3,8 | 54,872 | 55,306 | 55,743 | 56,182 | 56,623 | 57,067 | 57,512 | 57,961 | 58,411 | 58,864 |
| 3,9 | 59,319 | 59,776 | 60,236 | 60,698 | 61,163 | 61,630 | 62,099 | 62,571 | 63,045 | 63,521 |
| 4,0 | 64,000 | 64,481 | 64,965 | 65,451 | 65,939 | 66,430 | 66,923 | 67,419 | 67,917 | 68,418 |
| 4,1 | 68,921 | 69,427 | 69,935 | 70,445 | 70,958 | 71,473 | 71,991 | 72,512 | 73,035 | 73,560 |
| 4,2 | 74,088 | 74,618 | 75,151 | 75,687 | 76,225 | 76,766 | 77,309 | 77,854 | 78,403 | 78,954 |
| 4,3 | 79,507 | 80,063 | 80,622 | 81,183 | 81,747 | 82,313 | 82,882 | 83,453 | 84,028 | 84,605 |
| 4,4 | 85,184 | 85,766 | 86,351 | 86,938 | 87,528 | 88,121 | 88,717 | 89,315 | 89,915 | 90,519 |
| 4,5 | 91,125 | 91,734 | 92,345 | 92,960 | 93,577 | 94,196 | 94,819 | 95,444 | 96,072 | 96,703 |
| 4,6 | 97,336 | 97,972 | 98,611 | 99,253 | 99,897 | 100,54 | 101,19 | 101,85 | 102,50 | 103,16 |
| 4,7 | 103,82 | 104,49 | 105,15 | 105,82 | 106,50 | 107,17 | 107,85 | 108,53 | 109,22 | 109,90 |
| 4,8 | 110,59 | 111,28 | 111,98 | 112,68 | 113,38 | 114,08 | 114,79 | 115,50 | 116,21 | 116,93 |
| 4,9 | 117,65 | 118,37 | 119,10 | 119,82 | 120,55 | 121,29 | 122,02 | 122,76 | 123,51 | 124,25 |
| 5,0 | 125,00 | 125,75 | 126,51 | 127,26 | 128,02 | 128,79 | 129,55 | 130,32 | 131,10 | 131,87 |
| 5,1 | 132,65 | 133,43 | 134,22 | 135,01 | 135,80 | 136,59 | 137,39 | 138,19 | 138,99 | 139,80 |
| 5,2 | 140,61 | 141,42 | 142,24 | 143,06 | 143,88 | 144,70 | 145,53 | 146,36 | 147,20 | 148,04 |
| 5,3 | 148,88 | 149,72 | 150,57 | 151,42 | 152,27 | 153,13 | 153,99 | 154,85 | 155,72 | 156,59 |
| 5,4 | 157,46 | 158,34 | 159,22 | 160,10 | 160,99 | 161,88 | 162,77 | 163,67 | 164,57 | 165,47 |
| 5,5 | 166,38 | 167,28 | 168,20 | 169,11 | 170,03 | 170,95 | 171,88 | 172,81 | 173,74 | 174,68 |
| 5,6 | 175,62 | 176,56 | 177,50 | 178,45 | 179,41 | 180,36 | 181,32 | 182,28 | 183,25 | 184,22 |
| 5,7 | 185,19 | 186,17 | 187,15 | 188,13 | 189,12 | 190,11 | 191,10 | 192,10 | 193,10 | 194,10 |
| 5,8 | 195,11 | 196,12 | 197,14 | 198,16 | 199,18 | 200,20 | 201,23 | 202,26 | 203,30 | 204,34 |
| 5,9 | 205,38 | 206,43 | 207,47 | 208,53 | 209,58 | 210,64 | 211,71 | 212,78 | 213,85 | 214,92 |

**Erläuterung:**

$\underline{8}$ bedeutet: Ziffer 8 ist aufgerundet.

## Kuben (Fortsetzung)

Kuben von 6,00 bis 9,99 ($\sqrt[3]{216}$ bis $\sqrt[3]{997}$)

| x | + 0,00 | + 0,01 | + 0,02 | + 0,03 | + 0,04 | + 0,05 | + 0,06 | + 0,07 | + 0,08 | + 0,09 |
|---|---|---|---|---|---|---|---|---|---|---|
| 6,0 | 216,00 | 217,08 | 218,17 | 219,26 | 220,35 | 221,45 | 222,55 | 223,65 | 224,76 | 225,87 |
| 6,1 | 226,98 | 228,10 | 229,22 | 230,35 | 231,48 | 232,61 | 233,74 | 234,89 | 236,03 | 237,18 |
| 6,2 | 238,33 | 239,48 | 240,64 | 241,80 | 242,97 | 244,14 | 245,31 | 246,49 | 247,67 | 248,86 |
| 6,3 | 250,05 | 251,24 | 252,44 | 253,64 | 254,84 | 256,05 | 257,26 | 258,47 | 259,69 | 260,92 |
| 6,4 | 262,14 | 263,37 | 264,61 | 265,85 | 267,09 | 268,34 | 269,59 | 270,84 | 272,10 | 273,36 |
| 6,5 | 274,63 | 275,89 | 277,17 | 278,45 | 279,73 | 281,01 | 282,30 | 283,59 | 284,89 | 286,19 |
| 6,6 | 287,50 | 288,80 | 290,12 | 291,43 | 292,75 | 294,08 | 295,41 | 296,74 | 298,08 | 299,42 |
| 6,7 | 300,76 | 302,11 | 303,46 | 304,82 | 306,18 | 307,55 | 308,92 | 310,29 | 311,67 | 313,05 |
| 6,8 | 314,43 | 315,82 | 317,21 | 318,61 | 320,01 | 321,42 | 322,83 | 324,24 | 325,66 | 327,08 |
| 6,9 | 328,51 | 329,94 | 331,37 | 332,81 | 334,26 | 335,70 | 337,15 | 338,61 | 340,07 | 341,53 |
| 7,0 | 343,00 | 344,47 | 345,95 | 347,43 | 348,91 | 350,40 | 351,90 | 353,39 | 354,89 | 356,40 |
| 7,1 | 357,91 | 359,43 | 360,94 | 362,47 | 363,99 | 365,53 | 367,06 | 368,60 | 370,15 | 371,69 |
| 7,2 | 373,25 | 374,81 | 376,37 | 377,93 | 379,50 | 381,08 | 382,66 | 384,24 | 385,83 | 387,42 |
| 7,3 | 389,02 | 390,62 | 392,22 | 393,83 | 395,45 | 397,07 | 398,69 | 400,32 | 401,95 | 403,58 |
| 7,4 | 405,22 | 406,87 | 408,52 | 410,17 | 411,83 | 413,49 | 415,16 | 416,83 | 418,51 | 420,19 |
| 7,5 | 421,88 | 423,56 | 425,26 | 426,96 | 428,66 | 430,37 | 432,08 | 433,80 | 435,52 | 437,25 |
| 7,6 | 438,98 | 440,71 | 442,45 | 444,19 | 445,94 | 447,70 | 449,46 | 451,22 | 452,98 | 454,76 |
| 7,7 | 456,53 | 458,31 | 460,10 | 461,89 | 463,68 | 465,48 | 467,29 | 469,10 | 470,91 | 472,73 |
| 7,8 | 474,55 | 476,38 | 478,21 | 480,05 | 481,89 | 483,74 | 485,59 | 487,44 | 489,30 | 491,17 |
| 7,9 | 493,04 | 494,91 | 496,79 | 498,68 | 500,57 | 502,46 | 504,36 | 506,26 | 508,17 | 510,08 |
| 8,0 | 512,00 | 513,92 | 515,85 | 517,78 | 519,72 | 521,66 | 523,61 | 525,56 | 527,51 | 529,48 |
| 8,1 | 531,44 | 533,41 | 535,39 | 537,37 | 539,35 | 541,34 | 543,34 | 545,34 | 547,34 | 549,35 |
| 8,2 | 551,37 | 553,39 | 555,41 | 557,44 | 559,48 | 561,52 | 563,56 | 565,61 | 567,66 | 569,72 |
| 8,3 | 571,79 | 573,86 | 575,93 | 578,01 | 580,09 | 582,18 | 584,28 | 586,38 | 588,48 | 590,59 |
| 8,4 | 592,70 | 594,82 | 596,95 | 599,08 | 601,21 | 603,35 | 605,50 | 607,65 | 609,80 | 611,96 |
| 8,5 | 614,13 | 616,30 | 618,47 | 620,65 | 622,84 | 625,03 | 627,22 | 629,42 | 631,63 | 633,84 |
| 8,6 | 636,06 | 638,28 | 640,50 | 642,74 | 644,97 | 647,21 | 649,46 | 651,71 | 653,97 | 656,23 |
| 8,7 | 658,50 | 660,78 | 663,05 | 665,34 | 667,63 | 669,92 | 672,22 | 674,53 | 676,84 | 679,15 |
| 8,8 | 681,47 | 683,80 | 686,13 | 688,47 | 690,81 | 693,15 | 695,51 | 697,86 | 700,23 | 702,60 |
| 8,9 | 704,97 | 707,35 | 709,73 | 712,12 | 714,52 | 716,92 | 719,32 | 721,73 | 724,15 | 726,57 |
| 9,0 | 729,00 | 731,43 | 733,87 | 736,31 | 738,76 | 741,22 | 743,68 | 746,14 | 748,61 | 751,09 |
| 9,1 | 753,57 | 756,06 | 758,55 | 761,05 | 763,55 | 766,06 | 768,58 | 771,10 | 773,62 | 776,15 |
| 9,2 | 778,69 | 781,23 | 783,78 | 786,33 | 788,89 | 791,45 | 794,02 | 796,60 | 799,18 | 801,77 |
| 9,3 | 804,36 | 806,95 | 809,56 | 812,17 | 814,78 | 817,40 | 820,03 | 822,66 | 825,29 | 827,94 |
| 9,4 | 830,58 | 833,24 | 835,90 | 838,56 | 841,23 | 843,91 | 846,59 | 849,28 | 851,97 | 854,67 |
| 9,5 | 857,38 | 860,09 | 862,80 | 865,52 | 868,25 | 870,98 | 873,72 | 876,47 | 879,22 | 881,97 |
| 9,6 | 884,74 | 887,50 | 890,28 | 893,06 | 895,84 | 898,63 | 901,43 | 904,23 | 907,04 | 909,85 |
| 9,7 | 912,67 | 915,50 | 918,33 | 921,17 | 924,01 | 926,86 | 929,71 | 932,57 | 935,44 | 938,31 |
| 9,8 | 941,19 | 944,08 | 946,97 | 949,86 | 952,76 | 955,67 | 958,59 | 961,50 | 964,43 | 967,36 |
| 9,9 | 970,30 | 973,24 | 976,19 | 979,15 | 982,11 | 985,07 | 988,05 | 991,03 | 994,01 | 997,00 |

$x^3$, $\frac{1}{x}$

**Beispiele:**

1. $601{,}1^3 = 217\,190\,000$ (= steht fur ≈ – ungefahr gleich –, wenn Zweifel ausgeschlossen)
2. $\sqrt[3]{0{,}1111} = \frac{1}{10} \cdot \sqrt[3]{111{,}1} = 0{,}4807$
3. $\sqrt[3]{1\,250\,000} = 100 \cdot \sqrt[3]{1{,}2500} = 107{,}7$

## **Kehrwerte** (reziproke Werte)

Kehrwerte von 1,00 bis 5,99

| × | + 0,00 | + 0,01 | + 0,02 | + 0,03 | + 0,04 | + 0,05 | + 0,06 | + 0,07 | + 0,08 | + 0,09 |
|---|---|---|---|---|---|---|---|---|---|---|
| **1,0** | 1,000 00 | 0,990 10 | 0,980 39 | 0,970 87 | 0,961 54 | 0,952 38 | 0,943 40 | 0,934 58 | 0,925 93 | 0,917 43 |
| **1,1** | 0,909 09 | 0,900 90 | 0,892 86 | 0,884 96 | 0,877 19 | 0,869 57 | 0,862 07 | 0,854 70 | 0,847 46 | 0,840 34 |
| **1,2** | 0,833 33 | 0,826 45 | 0,819 67 | 0,813 01 | 0,806 45 | 0,800 00 | 0,793 65 | 0,787 40 | 0,781 25 | 0,775 19 |
| **1,3** | 0,769 23 | 0,763 36 | 0,757 58 | 0,751 88 | 0,746 27 | 0,740 74 | 0,735 29 | 0,729 93 | 0,724 64 | 0,719 42 |
| **1,4** | 0,714 29 | 0,709 22 | 0,704 23 | 0,699 30 | 0,694 44 | 0,689 66 | 0,684 93 | 0,680 27 | 0,675 68 | 0,671 14 |
| **1,5** | 0,666 67 | 0,662 25 | 0,657 89 | 0,653 59 | 0,649 35 | 0,645 16 | 0,641 03 | 0,636 94 | 0,632 91 | 0,628 93 |
| **1,6** | 0,625 00 | 0,621 12 | 0,617 28 | 0,613 50 | 0,609 76 | 0,606 06 | 0,602 41 | 0,598 80 | 0,595 24 | 0,591 72 |
| **1,7** | 0,588 24 | 0,584 80 | 0,581 40 | 0,578 03 | 0,574 71 | 0,571 43 | 0,568 18 | 0,564 97 | 0,561 80 | 0,558 66 |
| **1,8** | 0,555 56 | 0,552 49 | 0,549 45 | 0,546 45 | 0,543 48 | 0,540 54 | 0,537 63 | 0,534 76 | 0,531 91 | 0,529 10 |
| **1,9** | 0,526 32 | 0,523 56 | 0,520 83 | 0,518 13 | 0,515 46 | 0,512 82 | 0,510 20 | 0,507 61 | 0,505 05 | 0,502 51 |
| **2,0** | 0,500 00 | 0,497 51 | 0,495 05 | 0,492 61 | 0,490 20 | 0,487 80 | 0,485 44 | 0,483 09 | 0,480 77 | 0,478 47 |
| **2,1** | 0,476 19 | 0,473 93 | 0,471 70 | 0,469 48 | 0,467 29 | 0,465 12 | 0,462 96 | 0,460 83 | 0,458 72 | 0,456 62 |
| **2,2** | 0,454 55 | 0,452 49 | 0,450 45 | 0,448 43 | 0,446 43 | 0,444 44 | 0,442 48 | 0,440 53 | 0,438 60 | 0,436 68 |
| **2,3** | 0,434 78 | 0,432 90 | 0,431 03 | 0,429 18 | 0,427 35 | 0,425 53 | 0,423 73 | 0,421 94 | 0,420 17 | 0,418 41 |
| **2,4** | 0,416 67 | 0,414 94 | 0,413 22 | 0,411 52 | 0,409 84 | 0,408 16 | 0,406 50 | 0,404 86 | 0,403 23 | 0,401 61 |
| **2,5** | 0,400 00 | 0,398 41 | 0,396 83 | 0,395 26 | 0,393 70 | 0,392 16 | 0,390 63 | 0,389 11 | 0,387 60 | 0,386 10 |
| **2,6** | 0,384 62 | 0,383 14 | 0,381 68 | 0,380 23 | 0,378 79 | 0,377 36 | 0,375 94 | 0,374 53 | 0,373 13 | 0,371 75 |
| **2,7** | 0,370 37 | 0,369 00 | 0,367 65 | 0,366 30 | 0,364 96 | 0,363 64 | 0,362 32 | 0,361 01 | 0,359 71 | 0,358 42 |
| **2,8** | 0,357 14 | 0,355 87 | 0,354 61 | 0,353 36 | 0,352 11 | 0,350 88 | 0,349 65 | 0,348 43 | 0,347 22 | 0,346 02 |
| **2,9** | 0,344 83 | 0,343 64 | 0,342 47 | 0,341 30 | 0,340 14 | 0,338 98 | 0,337 84 | 0,336 70 | 0,335 57 | 0,334 45 |
| **3,0** | 0,333 33 | 0,332 23 | 0,331 13 | 0,330 03 | 0,328 95 | 0,327 87 | 0,326 80 | 0,325 73 | 0,324 68 | 0,323 62 |
| **3,1** | 0,322 58 | 0,321 54 | 0,320 51 | 0,319 49 | 0,318 47 | 0,317 46 | 0,316 46 | 0,315 46 | 0,314 47 | 0,313 48 |
| **3,2** | 0,312 50 | 0,311 53 | 0,310 56 | 0,309 60 | 0,308 64 | 0,307 69 | 0,306 75 | 0,305 81 | 0,304 88 | 0,303 95 |
| **3,3** | 0,303 03 | 0,302 11 | 0,301 20 | 0,300 30 | 0,299 40 | 0,298 51 | 0,297 62 | 0,296 74 | 0,295 86 | 0,294 99 |
| **3,4** | 0,294 12 | 0,293 26 | 0,292 40 | 0,291 55 | 0,290 70 | 0,289 86 | 0,289 02 | 0,288 18 | 0,287 36 | 0,286 53 |
| **3,5** | 0,285 71 | 0,284 90 | 0,284 09 | 0,283 29 | 0,282 49 | 0,281 69 | 0,280 90 | 0,280 11 | 0,279 33 | 0,278 55 |
| **3,6** | 0,277 78 | 0,277 01 | 0,276 24 | 0,275 48 | 0,274 73 | 0,273 97 | 0,273 22 | 0,272 48 | 0,271 74 | 0,271 00 |
| **3,7** | 0,270 27 | 0,269 54 | 0,268 82 | 0,268 10 | 0,267 38 | 0,266 67 | 0,265 96 | 0,265 25 | 0,264 55 | 0,263 85 |
| **3,8** | 0,263 16 | 0,262 47 | 0,261 78 | 0,261 10 | 0,260 42 | 0,259 74 | 0,259 07 | 0,258 40 | 0,257 73 | 0,257 07 |
| **3,9** | 0,256 41 | 0,255 75 | 0,255 10 | 0,254 45 | 0,253 81 | 0,253 16 | 0,252 53 | 0,251 89 | 0,251 26 | 0,250 63 |
| **4,0** | 0,250 00 | 0,249 38 | 0,248 76 | 0,248 14 | 0,247 52 | 0,246 91 | 0,246 31 | 0,245 70 | 0,245 10 | 0,244 50 |
| **4,1** | 0,243 90 | 0,243 31 | 0,242 72 | 0,242 13 | 0,241 55 | 0,240 96 | 0,240 38 | 0,239 81 | 0,239 23 | 0,238 66 |
| **4,2** | 0,238 10 | 0,237 53 | 0,236 97 | 0,236 41 | 0,235 85 | 0,235 29 | 0,234 74 | 0,234 19 | 0,233 64 | 0,233 10 |
| **4,3** | 0,232 56 | 0,232 02 | 0,231 48 | 0,230 95 | 0,230 41 | 0,229 89 | 0,229 36 | 0,228 83 | 0,228 31 | 0,227 79 |
| **4,4** | 0,227 27 | 0,226 76 | 0,226 24 | 0,225 73 | 0,225 23 | 0,224 72 | 0,224 22 | 0,223 71 | 0,223 21 | 0,222 72 |
| **4,5** | 0,222 22 | 0,221 73 | 0,221 24 | 0,220 75 | 0,220 26 | 0,219 78 | 0,219 30 | 0,218 82 | 0,218 34 | 0,217 86 |
| **4,6** | 0,217 39 | 0,216 92 | 0,216 45 | 0,215 98 | 0,215 52 | 0,215 05 | 0,214 59 | 0,214 13 | 0,213 68 | 0,213 22 |
| **4,7** | 0,212 77 | 0,212 31 | 0,211 86 | 0,211 42 | 0,210 97 | 0,210 53 | 0,210 08 | 0,209 64 | 0,209 21 | 0,208 77 |
| **4,8** | 0,208 33 | 0,207 90 | 0,207 47 | 0,207 04 | 0,206 61 | 0,206 19 | 0,205 76 | 0,205 34 | 0,204 92 | 0,204 50 |
| **4,9** | 0,204 08 | 0,203 67 | 0,203 25 | 0,202 84 | 0,202 43 | 0,202 02 | 0,201 61 | 0,201 21 | 0,200 80 | 0,200 40 |
| **5,0** | 0,200 00 | 0,199 60 | 0,199 20 | 0,198 81 | 0,198 41 | 0,198 02 | 0,197 63 | 0,197 24 | 0,196 85 | 0,196 46 |
| **5,1** | 0,196 08 | 0,195 69 | 0,195 31 | 0,194 93 | 0,194 55 | 0,194 17 | 0,193 80 | 0,193 42 | 0,193 05 | 0,192 68 |
| **5,2** | 0,192 31 | 0,191 94 | 0,191 57 | 0,191 20 | 0,190 84 | 0,190 48 | 0,190 11 | 0,189 75 | 0,189 39 | 0,189 04 |
| **5,3** | 0,188 68 | 0,188 32 | 0,187 97 | 0,187 62 | 0,187 27 | 0,186 92 | 0,186 57 | 0,186 22 | 0,185 87 | 0,185 53 |
| **5,4** | 0,185 19 | 0,184 84 | 0,184 50 | 0,184 16 | 0,183 82 | 0,183 49 | 0,183 15 | 0,182 82 | 0,182 48 | 0,182 15 |

**Erläuterung:**

6 bedeutet: Ziffer 6 ist aufgerundet.

## Kehrwerte (Fortsetzung)

### Kehrwerte von 6,00 bis 9,99

| x | + 0,00 | + 0,01 | + 0,02 | + 0,03 | + 0,04 | + 0,05 | + 0,06 | + 0,07 | + 0,08 | + 0,09 |
|---|---|---|---|---|---|---|---|---|---|---|
| 5,5 | 0,181 82 | 0,181 49 | 0,181 16 | 0,180 83 | 0,180 51 | 0,180 18 | 0,179 86 | 0,179 53 | 0,179 21 | 0,178 89 |
| 5,6 | 0,178 57 | 0,178 25 | 0,177 94 | 0,177 62 | 0,177 30 | 0,176 99 | 0,176 68 | 0,176 37 | 0,176 06 | 0,175 75 |
| 5,7 | 0,175 44 | 0,175 13 | 0,174 83 | 0,174 52 | 0,174 22 | 0,173 91 | 0,173 61 | 0,173 31 | 0,173 01 | 0,172 71 |
| 5,8 | 0,172 41 | 0,172 12 | 0,171 82 | 0,171 53 | 0,171 23 | 0,170 94 | 0,170 65 | 0,170 36 | 0,170 07 | 0,169 78 |
| 5,9 | 0,169 49 | 0,169 20 | 0,168 92 | 0,168 63 | 0,168 35 | 0,168 07 | 0,167 79 | 0,167 50 | 0,167 22 | 0,166 94 |
| 6,0 | 0,166 67 | 0,166 39 | 0,166 11 | 0,165 84 | 0,165 56 | 0,165 29 | 0,165 02 | 0,164 74 | 0,164 47 | 0,164 20 |
| 6,1 | 0,163 93 | 0,163 67 | 0,163 40 | 0,163 13 | 0,162 87 | 0,162 60 | 0,162 34 | 0,162 07 | 0,161 81 | 0,161 55 |
| 6,2 | 0,161 29 | 0,161 03 | 0,160 77 | 0,160 51 | 0,160 26 | 0,160 00 | 0,159 74 | 0,159 49 | 0,159 24 | 0,158 98 |
| 6,3 | 0,158 73 | 0,158 48 | 0,158 23 | 0,157 98 | 0,157 73 | 0,157 48 | 0,157 23 | 0,156 99 | 0,156 74 | 0,156 49 |
| 6,4 | 0,156 25 | 0,156 01 | 0,155 76 | 0,155 52 | 0,155 28 | 0,155 04 | 0,154 80 | 0,154 56 | 0,154 32 | 0,154 08 |
| 6,5 | 0,153 85 | 0,153 61 | 0,153 37 | 0,153 14 | 0,152 91 | 0,152 67 | 0,152 44 | 0,152 21 | 0,151 98 | 0,151 75 |
| 6,6 | 0,151 52 | 0,151 29 | 0,151 06 | 0,150 83 | 0,150 60 | 0,150 38 | 0,150 15 | 0,149 93 | 0,149 70 | 0,149 48 |
| 6,7 | 0,149 25 | 0,149 03 | 0,148 81 | 0,148 59 | 0,148 37 | 0,148 15 | 0,147 93 | 0,147 71 | 0,147 49 | 0,147 28 |
| 6,8 | 0,147 06 | 0,146 84 | 0,146 63 | 0,146 41 | 0,146 20 | 0,145 99 | 0,145 77 | 0,145 56 | 0,145 35 | 0,145 14 |
| 6,9 | 0,144 93 | 0,144 72 | 0,144 51 | 0,144 30 | 0,144 09 | 0,143 88 | 0,143 68 | 0,143 47 | 0,143 27 | 0,143 06 |
| 7,0 | 0,142 86 | 0,142 65 | 0,142 45 | 0,142 25 | 0,142 05 | 0,141 84 | 0,141 64 | 0,141 44 | 0,141 24 | 0,141 04 |
| 7,1 | 0,140 85 | 0,140 65 | 0,140 45 | 0,140 25 | 0,140 06 | 0,139 86 | 0,139 66 | 0,139 47 | 0,139 28 | 0,139 08 |
| 7,2 | 0,138 89 | 0,138 70 | 0,138 50 | 0,138 31 | 0,138 12 | 0,137 93 | 0,137 74 | 0,137 55 | 0,137 36 | 0,137 17 |
| 7,3 | 0,136 99 | 0,136 80 | 0,136 61 | 0,136 43 | 0,136 24 | 0,136 05 | 0,135 87 | 0,135 69 | 0,135 50 | 0,135 32 |
| 7,4 | 0,135 14 | 0,134 95 | 0,134 77 | 0,134 59 | 0,134 41 | 0,134 23 | 0,134 05 | 0,133 87 | 0,133 69 | 0,133 51 |
| 7,5 | 0,133 33 | 0,133 16 | 0,132 98 | 0,132 80 | 0,132 63 | 0,132 45 | 0,132 28 | 0,132 10 | 0,131 93 | 0,131 75 |
| 7,6 | 0,131 58 | 0,131 41 | 0,131 23 | 0,131 06 | 0,130 89 | 0,130 72 | 0,130 55 | 0,130 38 | 0,130 21 | 0,130 04 |
| 7,7 | 0,129 87 | 0,129 70 | 0,129 53 | 0,129 37 | 0,129 20 | 0,129 03 | 0,128 87 | 0,128 70 | 0,128 53 | 0,128 37 |
| 7,8 | 0,128 21 | 0,128 04 | 0,127 88 | 0,127 71 | 0,127 55 | 0,127 39 | 0,127 23 | 0,127 06 | 0,126 90 | 0,126 74 |
| 7,9 | 0,126 58 | 0,126 42 | 0,126 26 | 0,126 10 | 0,125 94 | 0,125 79 | 0,125 63 | 0,125 47 | 0,125 31 | 0,125 16 |
| 8,0 | 0,125 00 | 0,124 84 | 0,124 69 | 0,124 53 | 0,124 38 | 0,124 22 | 0,124 07 | 0,123 92 | 0,123 76 | 0,123 61 |
| 8,1 | 0,123 46 | 0,123 30 | 0,123 15 | 0,123 00 | 0,122 85 | 0,122 70 | 0,122 55 | 0,122 40 | 0,122 25 | 0,122 10 |
| 8,2 | 0,121 95 | 0,121 80 | 0,121 65 | 0,121 51 | 0,121 36 | 0,121 21 | 0,121 07 | 0,120 92 | 0,120 77 | 0,120 63 |
| 8,3 | 0,120 48 | 0,120 34 | 0,120 19 | 0,120 05 | 0,119 90 | 0,119 76 | 0,119 62 | 0,119 47 | 0,119 33 | 0,119 19 |
| 8,4 | 0,119 05 | 0,118 91 | 0,118 76 | 0,118 62 | 0,118 48 | 0,118 34 | 0,118 20 | 0,118 06 | 0,117 92 | 0,117 79 |
| 8,5 | 0,117 65 | 0,117 51 | 0,117 37 | 0,117 23 | 0,117 10 | 0,116 96 | 0,116 82 | 0,116 69 | 0,116 55 | 0,116 41 |
| 8,6 | 0,116 28 | 0,116 14 | 0,116 01 | 0,115 87 | 0,115 74 | 0,115 61 | 0,115 47 | 0,115 34 | 0,115 21 | 0,115 07 |
| 8,7 | 0,114 94 | 0,114 81 | 0,114 68 | 0,114 55 | 0,114 42 | 0,114 29 | 0,114 16 | 0,114 03 | 0,113 90 | 0,113 77 |
| 8,8 | 0,113 64 | 0,113 51 | 0,113 38 | 0,113 25 | 0,113 12 | 0,112 99 | 0,112 87 | 0,112 74 | 0,112 61 | 0,112 49 |
| 8,9 | 0,112 36 | 0,112 23 | 0,112 11 | 0,111 98 | 0,111 86 | 0,111 73 | 0,111 61 | 0,111 48 | 0,111 36 | 0,111 23 |
| 9,0 | 0,111 11 | 0,110 99 | 0,110 86 | 0,110 74 | 0,110 62 | 0,110 50 | 0,110 38 | 0,110 25 | 0,110 13 | 0,110 01 |
| 9,1 | 0,109 89 | 0,109 77 | 0,109 65 | 0,109 53 | 0,109 41 | 0,109 29 | 0,109 17 | 0,109 05 | 0,108 93 | 0,108 81 |
| 9,2 | 0,108 70 | 0,108 58 | 0,108 46 | 0,108 34 | 0,108 23 | 0,108 11 | 0,107 99 | 0,107 87 | 0,107 76 | 0,107 64 |
| 9,3 | 0,107 53 | 0,107 41 | 0,107 30 | 0,107 18 | 0,107 07 | 0,106 95 | 0,106 84 | 0,106 72 | 0,106 61 | 0,106 50 |
| 9,4 | 0,106 38 | 0,106 27 | 0,106 16 | 0,106 04 | 0,105 93 | 0,105 82 | 0,105 71 | 0,105 60 | 0,105 49 | 0,105 37 |
| 9,5 | 0,105 26 | 0,105 15 | 0,105 04 | 0,104 93 | 0,104 82 | 0,104 71 | 0,104 60 | 0,104 49 | 0,104 38 | 0,104 28 |
| 9,6 | 0,104 17 | 0,104 06 | 0,103 95 | 0,103 84 | 0,103 73 | 0,103 63 | 0,103 52 | 0,103 41 | 0,103 31 | 0,103 20 |
| 9,7 | 0,103 09 | 0,102 99 | 0,102 88 | 0,102 77 | 0,102 67 | 0,102 56 | 0,102 46 | 0,102 35 | 0,102 25 | 0,102 15 |
| 9,8 | 0,102 04 | 0,101 94 | 0,101 83 | 0,101 73 | 0,101 63 | 0,101 52 | 0,101 42 | 0,101 32 | 0,101 21 | 0,101 11 |
| 9,9 | 0,101 01 | 0,100 91 | 0,100 81 | 0,100 70 | 0,100 60 | 0,100 50 | 0,100 40 | 0,100 30 | 0,100 20 | 0,100 10 |

**Beispiele:**

1. $\frac{1}{8\,805} \approx 0{,}000\,113\,57$ (statt 0,000 113 58, da beide benachbarte Tafelwerte um einen Bruchteil einer halben Einheit der letzten Stelle zu verkleinern sind)

2. $\frac{1}{0{,}6293} \approx 1{,}5891$ (statt 1,5890, da beide benachbarte Tafelwerte um einen Bruchteil einer halben Einheit der letzten Stelle zu vergrößern sind)

3. $\frac{1}{5{,}317} \approx 0{,}188\,08$ (statt 0,188 07; eine Entscheidung wie bei Beispielen 1. oder 2. ist nicht möglich, somit wird der *geraden* letzten Ziffer 8 der Vorzug gegeben)

4. $0{,}142\,85 < \frac{1}{7} < 0{,}142\,86$ und $0 < 0{,}142\,86 - \frac{1}{7} < \frac{1}{7} - 0{,}142\,85$ (Probe: $\frac{1}{7} = \overline{0{,}142\,857}\ldots$)

## e-Funktionswerte

(Hyperbelfunktionen, Gaußsche Normalverteilung, Wahrscheinlichkeitsintegral)

| x | $e^x$ | $e^{-x}$ | sinh x | cosh x | tanh x | coth x | $e^{-x^2}$ | $\varphi(x)$ | J (x) |
|---|---|---|---|---|---|---|---|---|---|
| 0,00 | 1,000 | 1,0000 | 0,0000 | 1,000 | 0,0000 | – | 1,0000 | 0,3989 | 0,0000 |
| 0,05 | 1,051 | 0,9512 | 0,0500 | 1,001 | 0,04996 | 20,02 | 0,9975 | 0,3984 | 0,0399 |
| 0,10 | 1,105 | 0,9048 | 0,1002 | 1,005 | 0,09967 | 10,03 | 0,9900 | 0,3970 | 0,0797 |
| 0,15 | 1,162 | 0,8607 | 0,1506 | 1,011 | 0,1489 | 6,717 | 0,9778 | 0,3945 | 0,1192 |
| 0,20 | 1,221 | 0,8187 | 0,2013 | 1,020 | 0,1974 | 5,066 | 0,9608 | 0,3910 | 0,1585 |
| 0,25 | 1,284 | 0,7788 | 0,2526 | 1,031 | 0,2449 | 4,083 | 0,9394 | 0,3867 | 0,1974 |
| 0,30 | 1,350 | 0,7408 | 0,3045 | 1,045 | 0,2913 | 3,433 | 0,9139 | 0,3814 | 0,2358 |
| 0,35 | 1,419 | 0,7047 | 0,3572 | 1,062 | 0,3364 | 2,973 | 0,8847 | 0,3752 | 0,2737 |
| 0,40 | 1,492 | 0,6703 | 0,4108 | 1,081 | 0,3799 | 2,632 | 0,8521 | 0,3683 | 0,3108 |
| 0,45 | 1,568 | 0,6376 | 0,4653 | 1,103 | 0,4219 | 2,370 | 0,8167 | 0,3605 | 0,3473 |
| 0,50 | 1,649 | 0,6065 | 0,5211 | 1,128 | 0,4621 | 2,164 | 0,7788 | 0,3521 | 0,3829 |
| 0,55 | 1,733 | 0,5769 | 0,5782 | 1,155 | 0,5005 | 1,998 | 0,7390 | 0,3429 | 0,4177 |
| 0,60 | 1,822 | 0,5488 | 0,6367 | 1,185 | 0,5370 | 1,862 | 0,6977 | 0,3332 | 0,4515 |
| 0,65 | 1,916 | 0,5220 | 0,6967 | 1,219 | 0,5717 | 1,749 | 0,6554 | 0,3230 | 0,4843 |
| 0,70 | 2,014 | 0,4966 | 0,7586 | 1,255 | 0,6044 | 1,655 | 0,6126 | 0,3123 | 0,5161 |
| 0,75 | 2,117 | 0,4724 | 0,8223 | 1,295 | 0,6351 | 1,574 | 0,5698 | 0,3011 | 0,5467 |
| 0,80 | 2,226 | 0,4493 | 0,8881 | 1,337 | 0,6640 | 1,506 | 0,5273 | 0,2897 | 0,5763 |
| 0,85 | 2,340 | 0,4274 | 0,9561 | 1,384 | 0,6911 | 1,447 | 0,4855 | 0,2780 | 0,6047 |
| 0,90 | 2,460 | 0,4066 | 1,027 | 1,433 | 0,7163 | 1,396 | 0,4449 | 0,2661 | 0,6319 |
| 0,95 | 2,586 | 0,3867 | 1,099 | 1,486 | 0,7398 | 1,352 | 0,4056 | 0,2541 | 0,6579 |
| 1,00 | 2,718 | 0,3679 | 1,175 | 1,543 | 0,7616 | 1,313 | 0,3679 | 0,2420 | 0,6827 |
| 1,05 | 2,858 | 0,3499 | 1,254 | 1,604 | 0,7818 | 1,279 | 0,3320 | 0,2299 | 0,7063 |
| 1,10 | 3,004 | 0,3329 | 1,336 | 1,669 | 0,8005 | 1,249 | 0,2982 | 0,2179 | 0,7287 |
| 1,15 | 3,158 | 0,3166 | 1,421 | 1,737 | 0,8178 | 1,223 | 0,2665 | 0,2059 | 0,7499 |
| 1,20 | 3,320 | 0,3012 | 1,509 | 1,811 | 0,8337 | 1,200 | 0,2369 | 0,1942 | 0,7699 |
| 1,25 | 3,490 | 0,2865 | 1,602 | 1,888 | 0,8483 | 1,179 | 0,2096 | 0,1826 | 0,7887 |
| 1,30 | 3,669 | 0,2725 | 1,698 | 1,971 | 0,8617 | 1,160 | 0,1845 | 0,1714 | 0,8064 |
| 1,35 | 3,857 | 0,2592 | 1,799 | 2,058 | 0,8741 | 1,144 | 0,1616 | 0,1604 | 0,8230 |
| 1,40 | 4,055 | 0,2466 | 1,904 | 2,151 | 0,8854 | 1,129 | 0,1409 | 0,1497 | 0,8385 |
| 1,45 | 4,263 | 0,2346 | 2,014 | 2,249 | 0,8957 | 1,116 | 0,1222 | 0,1394 | 0,8529 |
| 1,50 | 4,482 | 0,2231 | 2,129 | 2,352 | 0,9051 | 1,105 | 0,1054 | 0,1295 | 0,8664 |
| 1,55 | 4,711 | 0,2122 | 2,250 | 2,462 | 0,9138 | 1,094 | 0,09049 | 0,1200 | 0,8789 |
| 1,60 | 4,953 | 0,2019 | 2,376 | 2,577 | 0,9217 | 1,085 | 0,07730 | 0,1109 | 0,8904 |
| 1,65 | 5,207 | 0,1920 | 2,507 | 2,700 | 0,9289 | 1,077 | 0,06571 | 0,1023 | 0,9011 |
| 1,70 | 5,474 | 0,1827 | 2,646 | 2,828 | 0,9354 | 1,069 | 0,05558 | 0,09405 | 0,9109 |
| 1,75 | 5,755 | 0,1738 | 2,790 | 2,964 | 0,9414 | 1,062 | 0,04677 | 0,08628 | 0,9199 |
| 1,80 | 6,050 | 0,1653 | 2,942 | 3,107 | 0,9468 | 1,056 | 0,03916 | 0,07895 | 0,9281 |
| 1,85 | 6,360 | 0,1572 | 3,101 | 3,259 | 0,9517 | 1,051 | 0,03263 | 0,07206 | 0,9357 |
| 1,90 | 6,686 | 0,1496 | 3,268 | 3,418 | 0,9562 | 1,046 | 0,02705 | 0,06562 | 0,9426 |
| 1,95 | 7,029 | 0,1423 | 3,443 | 3,585 | 0,9603 | 1,041 | 0,02231 | 0,05959 | 0,9488 |
| 2,00 | 7,389 | 0,1353 | 3,627 | 3,762 | 0,9640 | 1,037 | 0,01832 | 0,05399 | 0,9545 |
| 2,05 | 7,768 | 0,1287 | 3,820 | 3,948 | 0,9674 | 1,034 | 0,01496 | 0,04879 | 0,9596 |
| 2,10 | 8,166 | 0,1225 | 4,022 | 4,144 | 0,9705 | 1,030 | 0,01216 | 0,04398 | 0,9643 |
| 2,15 | 8,585 | 0,1165 | 4,234 | 4,351 | 0,9732 | 1,028 | 0,009828 | 0,03955 | 0,9684 |
| 2,20 | 9,025 | 0,1108 | 4,457 | 4,568 | 0,9757 | 1,025 | 0,007907 | 0,03547 | 0,9722 |
| 2,25 | 9,488 | 0,1054 | 4,691 | 4,797 | 0,9780 | 1,022 | 0,006330 | 0,03174 | 0,9756 |
| 2,30 | 9,974 | 0,1003 | 4,937 | 5,037 | 0,9801 | 1,020 | 0,005042 | 0,02833 | 0,9786 |
| 2,35 | 10,49 | 0,09537 | 5,195 | 5,290 | 0,9820 | 1,018 | 0,003996 | 0,02522 | 0,9812 |
| 2,40 | 11,02 | 0,09072 | 5,466 | 5,557 | 0,9837 | 1,017 | 0,003151 | 0,02239 | 0,9836 |
| 2,45 | 11,59 | 0,08629 | 5,751 | 5,837 | 0,9852 | 1,015 | 0,002473 | 0,01984 | 0,9857 |

**Erläuterungen:**

3 bedeutet: Ziffer 3 ist aufgerundet.

## e-Funktionswerte (Fortsetzung)

| x | $e^x$ | $e^{-x}$ | sinh x | cosh x | tanh x | coth x | $e^{-x^2}$ | φ (x) | J (x) |
|---|---|---|---|---|---|---|---|---|---|
| **2,50** | 12,18 | 0,08208 | 6,050 | 6,132 | 0,9866 | 1,014 | 0,001930 | 0,01753 | 0,9876 |
| **2,55** | 12,81 | 0,07808 | 6,365 | 6,443 | 0,9879 | 1,012 | 0,001500 | 0,01545 | 0,9892 |
| **2,60** | 13,46 | 0,07427 | 6,695 | 6,769 | 0,9890 | 1,011 | 0,001159 | 0,01358 | 0,9907 |
| **2,65** | 14,15 | 0,07065 | 7,042 | 7,112 | 0,9901 | 1,010 | 0,0008916 | 0,01191 | 0,9920 |
| **2,70** | 14,88 | 0,06721 | 7,406 | 7,473 | 0,9910 | 1,009 | 0,0006823 | 0,01042 | 0,9931 |
| **2,75** | 15,64 | 0,06393 | 7,789 | 7,853 | 0,9919 | 1,008 | 0,0005196 | 0,009094 | 0,9940 |
| **2,80** | 16,44 | 0,06081 | 8,192 | 8,253 | 0,9926 | 1,007 | 0,0003937 | 0,007915 | 0,9949 |
| **2,85** | 17,29 | 0,05784 | 8,615 | 8,673 | 0,9933 | 1,007 | 0,0002968 | 0,006873 | 0,9956 |
| **2,90** | 18,17 | 0,05502 | 9,060 | 9,115 | 0,9940 | 1,006 | 0,0002226 | 0,005953 | 0,9963 |
| **2,95** | 19,11 | 0,05234 | 9,527 | 9,579 | 0,9945 | 1,005 | 0,0001662 | 0,005143 | 0,9968 |
| **3,00** | 20,09 | 0,04979 | 10,02 | 10,07 | 0,9951 | 1,005 | 0,0001234 | 0,004432 | 0,9973 |
| **3,05** | 21,12 | 0,04736 | 10,53 | 10,58 | 0,9955 | 1,004 | 0,00009120 | 0,003810 | 0,9977 |
| **3,10** | 22,20 | 0,04505 | 11,08 | 11,12 | 0,9959 | 1,004 | 0,00006705 | 0,003267 | 0,9981 |
| **3,15** | 23,34 | 0,04285 | 11,65 | 11,69 | 0,9963 | 1,004 | 0,00004906 | 0,002794 | 0,9984 |
| **3,20** | 24,53 | 0,04076 | 12,25 | 12,29 | 0,9967 | 1,003 | 0,00003571 | 0,002384 | 0,9986 |
| **3,25** | 25,79 | 0,03877 | 12,88 | 12,91 | 0,9970 | 1,003 | 0,00002587 | 0,002029 | 0,9988 |
| **3,30** | 27,11 | 0,03688 | 13,54 | 13,57 | 0,9973 | 1,003 | 0,00001864 | 0,001723 | 0,9990 |
| **3,35** | 28,50 | 0,03508 | 14,23 | 14,27 | 0,9975 | 1,002 | 0,00001337 | 0,001459 | 0,9992 |
| **3,40** | 29,96 | 0,03337 | 14,97 | 15,00 | 0,9978 | 1,002 | 0,00000954 | 0,001232 | 0,9993 |
| **3,45** | 31,50 | 0,03175 | 15,73 | 15,77 | 0,9980 | 1,002 | 0,00000677 | 0,001038 | 0,9994 |
| **3,50** | 33,12 | 0,03020 | 16,54 | 16,57 | 0,9982 | 1,002 | 0,00000479 | 0,0008727 | 0,9995 |
| **3,55** | 34,81 | 0,02872 | 17,39 | 17,42 | 0,9984 | 1,002 | 0,00000336 | 0,0007317 | 0,9996 |
| **3,60** | 36,60 | 0,02732 | 18,29 | 18,31 | 0,9985 | 1,001 | 0,00000235 | 0,0006119 | 0,9997 |
| **3,65** | 38,47 | 0,02599 | 19,22 | 19,25 | 0,9986 | 1,001 | 0,00000164 | 0,0005105 | 0,9997 |
| **3,70** | 40,45 | 0,02472 | 20,21 | 20,24 | 0,9988 | 1,001 | 0,00000113 | 0,0004248 | 0,9998 |
| **3,75** | 42,52 | 0,02352 | 21,25 | 21,27 | 0,9989 | 1,001 | 0,00000078 | 0,0003526 | 0,9998 |
| **3,80** | 44,70 | 0,02237 | 22,34 | 22,36 | 0,9990 | 1,001 | 0,00000054 | 0,0002919 | 0,9999 |
| **3,85** | 46,99 | 0,02128 | 23,49 | 23,51 | 0,9991 | 1,001 | 0,00000037 | 0,0002411 | 0,9999 |
| **3,90** | 49,40 | 0,02024 | 24,69 | 24,71 | 0,9992 | 1,001 | 0,00000025 | 0,0001987 | 0,9999 |
| **3,95** | 51,94 | 0,01925 | 25,96 | 25,98 | 0,9993 | 1,001 | 0,00000017 | 0,0001633 | 0,9999 |
| **4,0** | 54,60 | 0,01832 | 27,29 | 27,31 | 0,9993 | 1,001 | 0,00000011 | 0,0001338 | 0,9999 |
| **4,1** | 60,34 | 0,01657 | 30,16 | 30,18 | 0,9995 | 1,001 | 0,00000005 | 0,00008926 | 1,000 |
| **4,2** | 66,69 | 0,01500 | 33,34 | 33,35 | 0,9996 | 1,000 | 0,00000002 | 0,00005894 | 1,000 |
| **4,3** | 73,70 | 0,01357 | 36,84 | 36,86 | 0,9996 | 1,000 | 0,00000000 | 0,00003854 | 1,000 |
| **4,4** | 81,45 | 0,01228 | 40,72 | 40,73 | 0,9997 | 1,000 | 0,00000000 | 0,00002494 | 1,000 |
| **4,5** | 90,02 | 0,01111 | 45,00 | 45,01 | 0,9998 | 1,000 | 0,00000000 | 0,00001598 | 1,000 |
| **4,6** | 99,48 | 0,01005 | 49,74 | 49,75 | 0,9998 | 1,000 | 0,00000000 | 0,00001014 | 1,000 |
| **4,7** | 109,9 | 0,009095 | 54,97 | 54,98 | 0,9998 | 1,000 | 0,00000000 | 0,00000637 | 1,000 |
| **4,8** | 121,5 | 0,008230 | 60,75 | 60,76 | 0,9999 | 1,000 | 0,00000000 | 0,00000396 | 1,000 |
| **4,9** | 134,3 | 0,007447 | 67,14 | 67,15 | 0,9999 | 1,000 | 0,00000000 | 0,00000244 | 1,000 |
| **5,0** | 148,4 | 0,006738 | 74,20 | 74,21 | 0,9999 | 1,000 | 0,00000000 | 0,00000149 | 1,000 |
| **5,5** | 244,7 | 0,004087 | 122,3 | 122,3 | | | | | |
| **6,0** | 403,4 | 0,002479 | 201,7 | 201,7 | | | | | |
| **6,5** | 665,1 | 0,001503 | 332,6 | 332,6 | | | | | |
| **7,0** | 1097 | 0,0009119 | 548,3 | 548,3 | | | | | |
| **7,5** | 1808 | 0,0005531 | 904,0 | 904,0 | | | | | |
| **8,0** | 2981 | 0,0003355 | 1490 | 1490 | | | | | |
| **8,5** | 4915 | 0,0002035 | 2457 | 2457 | | | | | |
| **9,0** | 8103 | 0,0001234 | 4052 | 4052 | | | | | |
| **9,5** | 13360 | 0,00007485 | 6680 | 6680 | | | | | |
| **10,0** | 22026 | 0,00004540 | 11013 | 11013 | | | | | |

**Definitionen:**

$$\sinh x = \frac{e^x - e^{-x}}{2}$$

$$\cosh x = \frac{e^x + e^{-x}}{2}$$

$$\tanh x = \frac{e^x - e^{-x}}{e^x + e^{-x}}$$

$$\coth x = \frac{e^x + e^{-x}}{e^x - e^{-x}}$$



**Gaußsche Normalverteilung** $\varphi(x) = \frac{1}{\sqrt{2\pi}} \cdot e^{\frac{-x^2}{2}}$ **Wahrscheinlichkeitsintegral** $J(x) = \frac{1}{\sqrt{2\pi}} \cdot \int_{-x}^{+x} e^{\frac{-t^2}{2}} dt$

**Siehe auch S. 34–35.**

# Natürliche Logarithmen

## Natürlicher Logarithmus von 0,01 bis 3,99

| x | + 0,00 | + 0,01 | + 0,02 | + 0,03 | + 0,04 | + 0,05 | + 0,06 | + 0,07 | + 0,08 | + 0,09 |
|---|---|---|---|---|---|---|---|---|---|---|
| 0,0 | – | −4,6052 | −3,9120 | −3,5066 | −3,2189 | −2,9957 | −2,8134 | −2,6593 | −2,5257 | −2,4079 |
| 0,1 | −2,3026 | −2,2073 | −2,1203 | −2,0402 | −1,9661 | −1,8971 | −1,8326 | −1,7720 | −1,7148 | −1,6607 |
| 0,2 | −1,6094 | −1,5606 | −1,5141 | −1,4697 | −1,4271 | −1,3863 | −1,3471 | −1,3093 | −1,2730 | −1,2379 |
| 0,3 | −1,2040 | −1,1712 | −1,1394 | −1,1087 | −1,0788 | −1,0498 | −1,0217 | −0,9943 | −0,9676 | −0,9416 |
| 0,4 | −0,9163 | −0,8916 | −0,8675 | −0,8440 | −0,8210 | −0,7985 | −0,7765 | −0,7550 | −0,7340 | −0,7133 |
| 0,5 | −0,6931 | −0,6733 | −0,6539 | −0,6349 | −0,6162 | −0,5978 | −0,5798 | −0,5621 | −0,5447 | −0,5276 |
| 0,6 | −0,5108 | −0,4943 | −0,4780 | −0,4620 | −0,4463 | −0,4308 | −0,4155 | −0,4005 | −0,3857 | −0,3711 |
| 0,7 | −0,3567 | −0,3425 | −0,3285 | −0,3147 | −0,3011 | −0,2877 | −0,2744 | −0,2614 | −0,2485 | −0,2357 |
| 0,8 | −0,2231 | −0,2107 | −0,1985 | −0,1863 | −0,1744 | −0,1625 | −0,1508 | −0,1393 | −0,1278 | −0,1165 |
| 0,9 | −0,1054 | −0,0943 | −0,0834 | −0,0726 | −0,0619 | −0,0513 | −0,0408 | −0,0305 | −0,0202 | −0,0101 |
| 1,0 | 0,0000 | 0,0100 | 0,0198 | 0,0296 | 0,0392 | 0,0488 | 0,0583 | 0,0677 | 0,0770 | 0,0862 |
| 1,1 | 0,0953 | 0,1044 | 0,1133 | 0,1222 | 0,1310 | 0,1398 | 0,1484 | 0,1570 | 0,1655 | 0,1740 |
| 1,2 | 0,1823 | 0,1906 | 0,1989 | 0,2070 | 0,2151 | 0,2231 | 0,2311 | 0,2390 | 0,2469 | 0,2546 |
| 1,3 | 0,2624 | 0,2700 | 0,2776 | 0,2852 | 0,2927 | 0,3001 | 0,3075 | 0,3148 | 0,3221 | 0,3293 |
| 1,4 | 0,3365 | 0,3436 | 0,3507 | 0,3577 | 0,3646 | 0,3716 | 0,3784 | 0,3853 | 0,3920 | 0,3988 |
| 1,5 | 0,4055 | 0,4121 | 0,4187 | 0,4253 | 0,4318 | 0,4383 | 0,4447 | 0,4511 | 0,4574 | 0,4637 |
| 1,6 | 0,4700 | 0,4762 | 0,4824 | 0,4886 | 0,4947 | 0,5008 | 0,5068 | 0,5128 | 0,5188 | 0,5247 |
| 1,7 | 0,5306 | 0,5365 | 0,5423 | 0,5481 | 0,5539 | 0,5596 | 0,5653 | 0,5710 | 0,5766 | 0,5822 |
| 1,8 | 0,5878 | 0,5933 | 0,5988 | 0,6043 | 0,6098 | 0,6152 | 0,6206 | 0,6259 | 0,6313 | 0,6366 |
| 1,9 | 0,6419 | 0,6471 | 0,6523 | 0,6575 | 0,6627 | 0,6678 | 0,6729 | 0,6780 | 0,6831 | 0,6881 |
| 2,0 | 0,6931 | 0,6981 | 0,7031 | 0,7080 | 0,7129 | 0,7178 | 0,7227 | 0,7275 | 0,7324 | 0,7372 |
| 2,1 | 0,7419 | 0,7467 | 0,7514 | 0,7561 | 0,7608 | 0,7655 | 0,7701 | 0,7747 | 0,7793 | 0,7839 |
| 2,2 | 0,7885 | 0,7930 | 0,7975 | 0,8020 | 0,8065 | 0,8109 | 0,8154 | 0,8198 | 0,8242 | 0,8286 |
| 2,3 | 0,8329 | 0,8372 | 0,8416 | 0,8459 | 0,8502 | 0,8544 | 0,8587 | 0,8629 | 0,8671 | 0,8713 |
| 2,4 | 0,8755 | 0,8796 | 0,8838 | 0,8879 | 0,8920 | 0,8961 | 0,9002 | 0,9042 | 0,9083 | 0,9123 |
| 2,5 | 0,9163 | 0,9203 | 0,9243 | 0,9282 | 0,9322 | 0,9361 | 0,9400 | 0,9439 | 0,9478 | 0,9517 |
| 2,6 | 0,9555 | 0,9594 | 0,9632 | 0,9670 | 0,9708 | 0,9746 | 0,9783 | 0,9821 | 0,9858 | 0,9895 |
| 2,7 | 0,9933 | 0,9969 | 1,0006 | 1,0043 | 1,0080 | 1,0116 | 1,0152 | 1,0188 | 1,0225 | 1,0260 |
| 2,8 | 1,0296 | 1,0332 | 1,0367 | 1,0403 | 1,0438 | 1,0473 | 1,0508 | 1,0543 | 1,0578 | 1,0613 |
| 2,9 | 1,0647 | 1,0682 | 1,0716 | 1,0750 | 1,0784 | 1,0818 | 1,0852 | 1,0886 | 1,0919 | 1,0953 |
| 3,0 | 1,0986 | 1,1019 | 1,1053 | 1,1086 | 1,1119 | 1,1151 | 1,1184 | 1,1217 | 1,1249 | 1,1282 |
| 3,1 | 1,1314 | 1,1346 | 1,1378 | 1,1410 | 1,1442 | 1,1474 | 1,1506 | 1,1537 | 1,1569 | 1,1600 |
| 3,2 | 1,1632 | 1,1663 | 1,1694 | 1,1725 | 1,1756 | 1,1787 | 1,1817 | 1,1848 | 1,1878 | 1,1909 |
| 3,3 | 1,1939 | 1,1969 | 1,2000 | 1,2030 | 1,2060 | 1,2090 | 1,2119 | 1,2149 | 1,2179 | 1,2208 |
| 3,4 | 1,2238 | 1,2267 | 1,2296 | 1,2326 | 1,2355 | 1,2384 | 1,2413 | 1,2442 | 1,2470 | 1,2499 |
| 3,5 | 1,2528 | 1,2556 | 1,2585 | 1,2613 | 1,2641 | 1,2669 | 1,2698 | 1,2726 | 1,2754 | 1,2782 |
| 3,6 | 1,2809 | 1,2837 | 1,2865 | 1,2892 | 1,2920 | 1,2947 | 1,2975 | 1,3002 | 1,3029 | 1,3056 |
| 3,7 | 1,3083 | 1,3110 | 1,3137 | 1,3164 | 1,3191 | 1,3218 | 1,3244 | 1,3271 | 1,3297 | 1,3324 |
| 3,8 | 1,3350 | 1,3376 | 1,3403 | 1,3429 | 1,3455 | 1,3481 | 1,3507 | 1,3533 | 1,3558 | 1,3584 |
| 3,9 | 1,3610 | 1,3635 | 1,3661 | 1,3686 | 1,3712 | 1,3737 | 1,3762 | 1,3788 | 1,3813 | 1,3838 |

**Erläuterung:**

$\underline{4}$ bedeutet: Ziffer 4 ist aufgerundet.

**Umrechnungen:**

$\ln x = 2{,}302\,585 \cdot \lg x$ $\qquad$ $\lg x = 0{,}434\,294 \cdot \ln x$

**Beispiele:**

1. $\ln 100 = \ln 10^2 = 2 \cdot \ln 10 = 2 \cdot 2{,}3026 = 4{,}6052$
2. $\ln 0{,}0384 = \ln 3{,}84 - \ln 100 = 1{,}3455 - 4{,}6052 = -3{,}2597$
3. $\ln 0{,}0384 = 2{,}3026 \cdot \lg 0{,}0384 = 2{,}3026 \cdot (0{,}5843 - 2)$
   $= 2{,}3026 \cdot (-1{,}4157) = -3{,}2598$

Übereinstimmendes Ergebnis von 2. und 3.: $-3{,}26\underline{0}$

## Natürliche Logarithmen (Fortsetzung)

Natürlicher Logarithmus von 4,0 bis 99

| x | +0,0 | +0,1 | +0,2 | +0,3 | +0,4 | +0,5 | +0,6 | +0,7 | +0,8 | +0,9 |
|---|---|---|---|---|---|---|---|---|---|---|
| 4 | 1,3863 | 1,4110 | 1,4351 | 1,4586 | 1,4816 | 1,5041 | 1,5261 | 1,5476 | 1,5686 | 1,5892 |
| 5 | 1,6094 | 1,6292 | 1,6487 | 1,6677 | 1,6864 | 1,7047 | 1,7228 | 1,7405 | 1,7579 | 1,7750 |
| 6 | 1,7918 | 1,8083 | 1,8245 | 1,8405 | 1,8563 | 1,8718 | 1,8871 | 1,9021 | 1,9169 | 1,9315 |
| 7 | 1,9459 | 1,9601 | 1,9741 | 1,9879 | 2,0015 | 2,0149 | 2,0281 | 2,0412 | 2,0541 | 2,0669 |
| 8 | 2,0794 | 2,0919 | 2,1041 | 2,1163 | 2,1282 | 2,1401 | 2,1518 | 2,1633 | 2,1748 | 2,1861 |
| 9 | 2,1972 | 2,2083 | 2,2192 | 2,2300 | 2,2407 | 2,2513 | 2,2618 | 2,2721 | 2,2824 | 2,2925 |
| 10 | 2,3026 | 2,3125 | 2,3224 | 2,3321 | 2,3418 | 2,3514 | 2,3609 | 2,3702 | 2,3795 | 2,3888 |
| 11 | 2,3979 | 2,4069 | 2,4159 | 2,4248 | 2,4336 | 2,4423 | 2,4510 | 2,4596 | 2,4681 | 2,4765 |
| 12 | 2,4849 | 2,4932 | 2,5014 | 2,5096 | 2,5177 | 2,5257 | 2,5337 | 2,5416 | 2,5494 | 2,5572 |
| 13 | 2,5649 | 2,5726 | 2,5802 | 2,5878 | 2,5953 | 2,6027 | 2,6101 | 2,6174 | 2,6247 | 2,6319 |
| 14 | 2,6391 | 2,6462 | 2,6532 | 2,6603 | 2,6672 | 2,6741 | 2,6810 | 2,6878 | 2,6946 | 2,7014 |
| 15 | 2,7081 | 2,7147 | 2,7213 | 2,7279 | 2,7344 | 2,7408 | 2,7473 | 2,7537 | 2,7600 | 2,7663 |
| 16 | 2,7726 | 2,7788 | 2,7850 | 2,7912 | 2,7973 | 2,8034 | 2,8094 | 2,8154 | 2,8214 | 2,8273 |
| 17 | 2,8332 | 2,8391 | 2,8449 | 2,8507 | 2,8565 | 2,8622 | 2,8679 | 2,8736 | 2,8792 | 2,8848 |
| 18 | 2,8904 | 2,8959 | 2,9014 | 2,9069 | 2,9124 | 2,9178 | 2,9232 | 2,9285 | 2,9339 | 2,9392 |
| 19 | 2,9444 | 2,9497 | 2,9549 | 2,9601 | 2,9653 | 2,9704 | 2,9755 | 2,9806 | 2,9857 | 2,9907 |
| 20 | 2,9957 | 3,0007 | 3,0057 | 3,0106 | 3,0155 | 3,0204 | 3,0253 | 3,0301 | 3,0350 | 3,0397 |
| 21 | 3,0445 | 3,0493 | 3,0540 | 3,0587 | 3,0634 | 3,0681 | 3,0727 | 3,0773 | 3,0819 | 3,0865 |
| 22 | 3,0910 | 3,0956 | 3,1001 | 3,1046 | 3,1091 | 3,1135 | 3,1179 | 3,1224 | 3,1268 | 3,1311 |
| 23 | 3,1355 | 3,1398 | 3,1442 | 3,1485 | 3,1527 | 3,1570 | 3,1612 | 3,1655 | 3,1697 | 3,1739 |
| 24 | 3,1781 | 3,1822 | 3,1864 | 3,1905 | 3,1946 | 3,1987 | 3,2027 | 3,2068 | 3,2108 | 3,2149 |
| 25 | 3,2189 | 3,2229 | 3,2268 | 3,2308 | 3,2347 | 3,2387 | 3,2426 | 3,2465 | 3,2504 | 3,2542 |
| 26 | 3,2581 | 3,2619 | 3,2658 | 3,2696 | 3,2734 | 3,2771 | 3,2809 | 3,2847 | 3,2884 | 3,2921 |
| 27 | 3,2958 | 3,2995 | 3,3032 | 3,3069 | 3,3105 | 3,3142 | 3,3178 | 3,3214 | 3,3250 | 3,3286 |
| 28 | 3,3322 | 3,3358 | 3,3393 | 3,3429 | 3,3464 | 3,3499 | 3,3534 | 3,3569 | 3,3604 | 3,3638 |
| 29 | 3,3673 | 3,3707 | 3,3742 | 3,3776 | 3,3810 | 3,3844 | 3,3878 | 3,3911 | 3,3945 | 3,3979 |
| 30 | 3,4012 | 3,4045 | 3,4078 | 3,4111 | 3,4144 | 3,4177 | 3,4210 | 3,4243 | 3,4275 | 3,4308 |
| 31 | 3,4340 | 3,4372 | 3,4404 | 3,4436 | 3,4468 | 3,4500 | 3,4532 | 3,4563 | 3,4595 | 3,4626 |
| 32 | 3,4657 | 3,4689 | 3,4720 | 3,4751 | 3,4782 | 3,4812 | 3,4843 | 3,4874 | 3,4904 | 3,4935 |
| 33 | 3,4965 | 3,4995 | 3,5025 | 3,5056 | 3,5086 | 3,5115 | 3,5145 | 3,5175 | 3,5205 | 3,5234 |
| 34 | 3,5264 | 3,5293 | 3,5322 | 3,5351 | 3,5381 | 3,5410 | 3,5439 | 3,5467 | 3,5496 | 3,5525 |
| 35 | 3,5553 | 3,5582 | 3,5610 | 3,5639 | 3,5667 | 3,5695 | 3,5723 | 3,5752 | 3,5779 | 3,5807 |
| 36 | 3,5835 | 3,5863 | 3,5891 | 3,5918 | 3,5946 | 3,5973 | 3,6000 | 3,6028 | 3,6055 | 3,6082 |
| 37 | 3,6109 | 3,6136 | 3,6163 | 3,6190 | 3,6217 | 3,6243 | 3,6270 | 3,6297 | 3,6323 | 3,6350 |
| 38 | 3,6376 | 3,6402 | 3,6428 | 3,6454 | 3,6481 | 3,6507 | 3,6533 | 3,6558 | 3,6584 | 3,6610 |
| 39 | 3,6636 | 3,6661 | 3,6687 | 3,6712 | 3,6738 | 3,6763 | 3,6788 | 3,6814 | 3,6839 | 3,6864 |
| 40 | 3,6889 | 3,6914 | 3,6939 | 3,6964 | 3,6988 | 3,7013 | 3,7038 | 3,7062 | 3,7087 | 3,7111 |
| 41 | 3,7136 | 3,7160 | 3,7184 | 3,7209 | 3,7233 | 3,7257 | 3,7281 | 3,7305 | 3,7329 | 3,7353 |
| 42 | 3,7377 | 3,7400 | 3,7424 | 3,7448 | 3,7471 | 3,7495 | 3,7519 | 3,7542 | 3,7565 | 3,7589 |
| 43 | 3,7612 | 3,7635 | 3,7658 | 3,7682 | 3,7705 | 3,7728 | 3,7751 | 3,7773 | 3,7796 | 3,7819 |
| 44 | 3,7842 | 3,7865 | 3,7887 | 3,7910 | 3,7932 | 3,7955 | 3,7977 | 3,8000 | 3,8022 | 3,8044 |
| 45 | 3,8067 | 3,8089 | 3,8111 | 3,8133 | 3,8155 | 3,8177 | 3,8199 | 3,8221 | 3,8243 | 3,8265 |
| 46 | 3,8286 | 3,8308 | 3,8330 | 3,8351 | 3,8373 | 3,8395 | 3,8416 | 3,8437 | 3,8459 | 3,8480 |
| 47 | 3,8501 | 3,8523 | 3,8544 | 3,8565 | 3,8586 | 3,8607 | 3,8628 | 3,8649 | 3,8670 | 3,8691 |
| 48 | 3,8712 | 3,8733 | 3,8754 | 3,8774 | 3,8795 | 3,8816 | 3,8836 | 3,8857 | 3,8877 | 3,8898 |
| 49 | 3,8918 | 3,8939 | 3,8959 | 3,8979 | 3,9000 | 3,9020 | 3,9040 | 3,9060 | 3,9080 | 3,9100 |

| x | +0 | +1 | +2 | +3 | +4 | +5 | +6 | +7 | +8 | +9 |
|---|---|---|---|---|---|---|---|---|---|---|
| 50 | 3,9120 | 3,9318 | 3,9512 | 3,9703 | 3,9890 | 4,0073 | 4,0254 | 4,0431 | 4,0604 | 4,0775 |
| 60 | 4,0943 | 4,1109 | 4,1271 | 4,1431 | 4,1589 | 4,1744 | 4,1897 | 4,2047 | 4,2195 | 4,2341 |
| 70 | 4,2485 | 4,2627 | 4,2767 | 4,2905 | 4,3041 | 4,3175 | 4,3307 | 4,3438 | 4,3567 | 4,3694 |
| 80 | 4,3820 | 4,3944 | 4,4067 | 4,4188 | 4,4308 | 4,4427 | 4,4543 | 4,4659 | 4,4773 | 4,4886 |
| 90 | 4,4998 | 4,5109 | 4,5218 | 4,5326 | 4,5433 | 4,5539 | 4,5643 | 4,5747 | 4,5850 | 4,5951 |

# Finanzmathematische Funktionswerte

**Zinsfuß p % (4 % bzw. 8 % bzw. 20 %); Anzahl der Jahre: n**

| n | $q^n$ (4 %) | $q^n$ (8 %) | $q^{-n}$ (4 %) | $q^{-n}$ (8 %) | $b^n$ (4 %) | $b^n$ (8 %) | $b^n$ (20 %) | $s_n$ (4 %) | $s_n$ (8 %) |
|---|---|---|---|---|---|---|---|---|---|
| 1 | 1,04000 | 1,08000 | 0,96154 | 0,92593 | 0,96000 | 0,92000 | 0,80000 | 1,00000 | 1,00000 |
| 2 | 1,08160 | 1,16640 | 0,92456 | 0,85734 | 0,92160 | 0,84640 | 0,64000 | 2,04000 | 2,08000 |
| 3 | 1,12486 | 1,25971 | 0,88900 | 0,79383 | 0,88474 | 0,77869 | 0,51200 | 3,12160 | 3,24640 |
| 4 | 1,16986 | 1,36049 | 0,85480 | 0,73503 | 0,84935 | 0,71639 | 0,40960 | 4,24646 | 4,50611 |
| 5 | 1,21665 | 1,46933 | 0,82193 | 0,68058 | 0,81537 | 0,65908 | 0,32768 | 5,41632 | 5,86660 |
| 6 | 1,26532 | 1,58687 | 0,79031 | 0,63017 | 0,78276 | 0,60636 | 0,26214 | 6,63298 | 7,33593 |
| 7 | 1,31593 | 1,71382 | 0,75992 | 0,58349 | 0,75145 | 0,55785 | 0,20972 | 7,89829 | 8,92280 |
| 8 | 1,36857 | 1,85093 | 0,73069 | 0,54027 | 0,72139 | 0,51322 | 0,16777 | 9,21423 | 10,6366 |
| 9 | 1,42331 | 1,99900 | 0,70259 | 0,50025 | 0,69253 | 0,47216 | 0,13422 | 10,5828 | 12,4876 |
| 10 | 1,48024 | 2,15892 | 0,67556 | 0,46319 | 0,66483 | 0,43439 | 0,10737 | 12,0061 | 14,4866 |
| 11 | 1,53945 | 2,33164 | 0,64958 | 0,42888 | 0,63824 | 0,39964 | 0,08590 | 13,4864 | 16,6455 |
| 12 | 1,60103 | 2,51817 | 0,62460 | 0,39711 | 0,61271 | 0,36767 | 0,06872 | 15,0258 | 18,9771 |
| 13 | 1,66507 | 2,71962 | 0,60057 | 0,36770 | 0,58820 | 0,33825 | 0,05498 | 16,6268 | 21,4953 |
| 14 | 1,73168 | 2,93719 | 0,57748 | 0,34046 | 0,56467 | 0,31119 | 0,04398 | 18,2919 | 24,2149 |
| 15 | 1,80094 | 3,17217 | 0,55526 | 0,31524 | 0,54209 | 0,28630 | 0,03518 | 20,0236 | 27,1521 |
| 16 | 1,87298 | 3,42594 | 0,53391 | 0,29189 | 0,52040 | 0,26339 | 0,02815 | 21,8245 | 30,3243 |
| 17 | 1,94790 | 3,70002 | 0,51337 | 0,27027 | 0,49959 | 0,24232 | 0,02252 | 23,6975 | 33,7502 |
| 18 | 2,02582 | 3,99602 | 0,49363 | 0,25025 | 0,47960 | 0,22294 | 0,01801 | 25,6454 | 37,4502 |
| 19 | 2,10685 | 4,31570 | 0,47464 | 0,23171 | 0,46042 | 0,20510 | 0,01441 | 27,6712 | 41,4463 |
| 20 | 2,19112 | 4,66096 | 0,45639 | 0,21455 | 0,44200 | 0,18869 | 0,01153 | 29,7781 | 45,7620 |
| 21 | 2,27877 | 5,03383 | 0,43883 | 0,19866 | 0,42432 | 0,17360 | 0,00922 | 31,9692 | 50,4229 |
| 22 | 2,36992 | 5,43654 | 0,42196 | 0,18394 | 0,40735 | 0,15971 | 0,00738 | 34,2480 | 55,4568 |
| 23 | 2,46472 | 5,87146 | 0,40573 | 0,17032 | 0,39106 | 0,14693 | 0,00590 | 36,6179 | 60,8933 |
| 24 | 2,56330 | 6,34118 | 0,39012 | 0,15770 | 0,37541 | 0,13518 | 0,00472 | 39,0826 | 66,7648 |
| 25 | 2,66584 | 6,84848 | 0,37512 | 0,14602 | 0,36040 | 0,12436 | 0,00378 | 41,6459 | 73,1059 |
| 26 | 2,77247 | 7,39635 | 0,36069 | 0,13520 | 0,34598 | 0,11442 | 0,00302 | 44,3117 | 79,9544 |
| 27 | 2,88337 | 7,98806 | 0,34682 | 0,12519 | 0,33214 | 0,10526 | 0,00242 | 47,0842 | 87,3508 |
| 28 | 2,99870 | 8,62711 | 0,33348 | 0,11591 | 0,31886 | 0,09684 | 0,00193 | 49,9676 | 95,3388 |
| 29 | 3,11865 | 9,31727 | 0,32065 | 0,10733 | 0,30610 | 0,08909 | 0,00155 | 52,9663 | 103,966 |
| 30 | 3,24340 | 10,0627 | 0,30832 | 0,09938 | 0,29386 | 0,08197 | 0,00124 | 56,0849 | 113,283 |
| 31 | 3,37313 | 10,8677 | 0,29646 | 0,09202 | 0,28210 | 0,07541 | 0,00099 | 59,3283 | 123,346 |
| 32 | 3,50806 | 11,7371 | 0,28506 | 0,08520 | 0,27082 | 0,06938 | 0,00079 | 62,7015 | 134,214 |
| 33 | 3,64838 | 12,6760 | 0,27409 | 0,07889 | 0,25999 | 0,06383 | 0,00063 | 66,2095 | 145,951 |
| 34 | 3,79432 | 13,6901 | 0,26355 | 0,07305 | 0,24959 | 0,05872 | 0,00051 | 69,8579 | 158,627 |
| 35 | 3,94609 | 14,7853 | 0,25342 | 0,06763 | 0,23960 | 0,05402 | 0,00041 | 73,6522 | 172,317 |
| 36 | 4,10393 | 15,9682 | 0,24367 | 0,06262 | 0,23002 | 0,04970 | 0,00032 | 77,5983 | 187,102 |
| 37 | 4,26809 | 17,2456 | 0,23430 | 0,05799 | 0,22082 | 0,04572 | 0,00026 | 81,7022 | 203,070 |
| 38 | 4,43881 | 18,6253 | 0,22529 | 0,05369 | 0,21199 | 0,04207 | 0,00021 | 85,9703 | 220,316 |
| 39 | 4,61637 | 20,1153 | 0,21662 | 0,04971 | 0,20351 | 0,03870 | 0,00017 | 90,4091 | 238,941 |
| 40 | 4,80102 | 21,7245 | 0,20829 | 0,04603 | 0,19537 | 0,03561 | 0,00013 | 95,0255 | 259,057 |
| 41 | 4,99306 | 23,4625 | 0,20028 | 0,04262 | 0,18755 | 0,03276 | 0,00011 | 99,8265 | 280,781 |
| 42 | 5,19278 | 25,3395 | 0,19257 | 0,03946 | 0,18005 | 0,03014 | 0,00009 | 104,820 | 304,244 |
| 43 | 5,40050 | 27,3666 | 0,18517 | 0,03654 | 0,17285 | 0,02773 | 0,00007 | 110,012 | 329,583 |
| 44 | 5,61652 | 29,5560 | 0,17805 | 0,03383 | 0,16593 | 0,02551 | 0,00005 | 115,413 | 356,950 |
| 45 | 5,84118 | 31,9204 | 0,17120 | 0,03133 | 0,15930 | 0,02347 | 0,00004 | 121,029 | 386,506 |
| 46 | 6,07482 | 34,4741 | 0,16461 | 0,02901 | 0,15292 | 0,02159 | 0,00003 | 126,871 | 418,426 |
| 47 | 6,31782 | 37,2320 | 0,15828 | 0,02686 | 0,14681 | 0,01986 | 0,00003 | 132,945 | 452,900 |
| 48 | 6,57053 | 40,2106 | 0,15219 | 0,02487 | 0,14094 | 0,01827 | 0,00002 | 139,263 | 490,132 |
| 49 | 6,83335 | 43,4274 | 0,14634 | 0,02303 | 0,13530 | 0,01681 | 0,00002 | 145,834 | 530,343 |
| 50 | 7,10668 | 46,9016 | 0,14071 | 0,02132 | 0,12989 | 0,01547 | 0,00001 | 152,667 | 573,770 |

**Beispiele:**

1. Welchen Endwert hat eine vorschüssig fällige Rente von 5000 DM jährlich nach 20 Jahren bei dem Zinsfuß 4 %?
   Als nachschüssige Rente erhält man nach Spalte $s_n$ 4 %, Zeile 20, den Betrag 29,7781 · 5000 DM = 148 890,5 DM.
   Bei vorschüssiger Rente erhält man das q-fache dieses Betrags, also 148 890,5 · 1,04 DM ≈ 154 850 DM.
2. Welche jährliche Rate ist erforderlich, um eine Schuld von 21600 DM durch 12 vorschüssige Zahlungen bei 8 % Zinsfuß zu tilgen?
   Für die ein Jahr zurückgerechnete (diskontierte) Schuld 21600 DM · $\frac{1}{1{,}08}$ (siehe auch Spalte $q^{-n}$ 8 %, Zeile 1) = 20 000 DM sind die beabsichtigten Zahlungen nachschüssig. Nach Spalte $\alpha_n$ 8 %, Zeile 12, ergibt sich 0,1327 · 20 000 DM = 2 654 DM als Tilgungsrate.

| n | $a_n$ (4 %) | $a_n$ (8 %) | $\alpha_n$ (4 %) | $\alpha_n$ (8 %) |
|---|---|---|---|---|
| 1 | 0,96154 | 0,92593 | 1,04000 | 1,08000 |
| 2 | 1,88609 | 1,78326 | 0,53020 | 0,56077 |
| 3 | 2,77509 | 2,57710 | 0,36035 | 0,38803 |
| 4 | 3,62990 | 3,31213 | 0,27549 | 0,30192 |
| 5 | 4,45182 | 3,99271 | 0,22463 | 0,25046 |
| 6 | 5,24214 | 4,62288 | 0,19076 | 0,21632 |
| 7 | 6,00205 | 5,20637 | 0,16661 | 0,19207 |
| 8 | 6,73274 | 5,74664 | 0,14853 | 0,17401 |
| 9 | 7,43533 | 6,24689 | 0,13449 | 0,16008 |
| 10 | 8,11090 | 6,71008 | 0,12329 | 0,14903 |
| 11 | 8,76048 | 7,13896 | 0,11415 | 0,14008 |
| 12 | 9,38507 | 7,53608 | 0,10655 | 0,13270 |
| 13 | 9,98565 | 7,90378 | 0,10014 | 0,12652 |
| 14 | 10,5631 | 8,24424 | 0,09467 | 0,12130 |
| 15 | 11,1184 | 8,55948 | 0,08994 | 0,11683 |
| 16 | 11,6523 | 8,85137 | 0,08582 | 0,11298 |
| 17 | 12,1657 | 9,12164 | 0,08220 | 0,10963 |
| 18 | 12,6593 | 9,37189 | 0,07899 | 0,10670 |
| 19 | 13,1339 | 9,60360 | 0,07614 | 0,10413 |
| 20 | 13,5903 | 9,81815 | 0,07358 | 0,10185 |
| 21 | 14,0292 | 10,0168 | 0,07128 | 0,09983 |
| 22 | 14,4511 | 10,2007 | 0,06920 | 0,09803 |
| 23 | 14,8568 | 10,3711 | 0,06731 | 0,09642 |
| 24 | 15,2470 | 10,5288 | 0,06559 | 0,09498 |
| 25 | 15,6221 | 10,6748 | 0,06401 | 0,09368 |
| 26 | 15,9828 | 10,8100 | 0,06257 | 0,09251 |
| 27 | 16,3296 | 10,9352 | 0,06124 | 0,09145 |
| 28 | 16,6631 | 11,0511 | 0,06001 | 0,09049 |
| 29 | 16,9837 | 11,1584 | 0,05888 | 0,08962 |
| 30 | 17,2920 | 11,2578 | 0,05783 | 0,08883 |
| 31 | 17,5885 | 11,3498 | 0,05686 | 0,08811 |
| 32 | 17,8736 | 11,4350 | 0,05595 | 0,08745 |
| 33 | 18,1476 | 11,5139 | 0,05510 | 0,08685 |
| 34 | 18,4112 | 11,5869 | 0,05431 | 0,08630 |
| 35 | 18,6646 | 11,6546 | 0,05358 | 0,08580 |
| 36 | 18,9083 | 11,7172 | 0,05289 | 0,08534 |
| 37 | 19,1426 | 11,7752 | 0,05224 | 0,08492 |
| 38 | 19,3679 | 11,8289 | 0,05163 | 0,08454 |
| 39 | 19,5845 | 11,8786 | 0,05106 | 0,08419 |
| 40 | 19,7928 | 11,9246 | 0,05052 | 0,08386 |
| 41 | 19,9931 | 11,9672 | 0,05002 | 0,08356 |
| 42 | 20,1856 | 12,0067 | 0,04954 | 0,08329 |
| 43 | 20,3708 | 12,0432 | 0,04909 | 0,08303 |
| 44 | 20,5488 | 12,0771 | 0,04866 | 0,08280 |
| 45 | 20,7200 | 12,1084 | 0,04826 | 0,08259 |
| 46 | 20,8847 | 12,1374 | 0,04788 | 0,08239 |
| 47 | 21,0429 | 12,1643 | 0,04752 | 0,08221 |
| 48 | 21,1951 | 12,1891 | 0,04718 | 0,08204 |
| 49 | 21,3415 | 12,2122 | 0,04686 | 0,08189 |
| 50 | 21,4822 | 12,2335 | 0,04655 | 0,08174 |

$$q^n = \left(1 + \frac{p}{100}\right)^n$$ Zinsfaktoren oder Kapitalendwertfaktoren

(das Anfangskapital 1 ist nach n Jahren auf den Wert $q^n$ angewachsen)

$$q^{-n} = \left(1 + \frac{p}{100}\right)^{-n}$$ Diskontierungsfaktoren oder Abzinsungsfaktoren

(das Kapital 1 hatte vor n Jahren den Wert $q^{-n}$)

$$b^n = \left(1 - \frac{p}{100}\right)^n$$ Abschreibungsfaktoren

(ein Gegenstand mit dem Anschaffungswert 1 sinkt nach n Jahren auf den Wert $b^n$ ab)

$$s_n = \frac{q^n - 1}{q - 1}$$ Rentenendwertfaktoren

(eine jährlich nachschüssig fällige Rente des Betrags 1 hat nach n Jahren den Gesamtwert $s_n$)

$$a_n = \frac{q^n - 1}{q^n (q - 1)}$$ Rentenbarwertfaktoren

(eine n-mal jährlich nachschüssig fällige Rente des Betrags 1 hat im Zeitpunkt 0 den Barwert $a_n$)

$$\alpha_n = \frac{q^n (q - 1)}{q^n - 1}$$ Tilgungsfaktoren

(eine Schuld 1 wird durch eine jährlich nachschüssig fällige Rate $\alpha_n$ in n Jahren getilgt)

**Siebenstellige Mantissen der Zehnerlogarithmen einiger Zinsfaktoren**

| $q = 1 + \frac{p}{100}$ | + 0,0000 | + 0,0025 | + 0,0050 | + 0,0075 |
|---|---|---|---|---|
| 1,00 | 000 0000 | 001 0844 | 002 1661 | 003 2451 |
| 1,01 | 004 3214 | 005 3950 | 006 4660 | 007 5344 |
| 1,02 | 008 6002 | 009 6633 | 010 7239 | 011 7818 |
| 1,03 | 012 8372 | 013 8901 | 014 9403 | 015 9881 |
| 1,04 | 017 0333 | 018 0761 | 019 1163 | 020 1540 |
| 1,05 | 021 1893 | 022 2221 | 023 2525 | 024 2804 |
| 1,06 | 025 3059 | 026 3289 | 027 3496 | 028 3679 |
| 1,07 | 029 3838 | 030 3973 | 031 4085 | 032 4173 |
| 1,08 | 033 4238 | 034 4279 | 035 4297 | 036 4293 |
| 1,09 | 037 4265 | 038 4214 | 039 4141 | 040 4045 |
| 1,10 | 041 3927 | 042 3786 | 043 3623 | 044 3437 |

# Sterbetafel 1960/62

Männliche Bevölkerung Zinsfuß 4 %

| x | $l_x$ | $D_x$ | $N_x$ | $d_x$ | $C_x$ | $M_x$ | x | $l_x$ | $D_x$ | $N_x$ | $d_x$ | $C_x$ | $M_x$ |
|---|---|---|---|---|---|---|---|---|---|---|---|---|---|
| 0 | 100000 | 100000 | 2299961 | 3533 | 3397 | 11540 | 50 | 87230 | 12274 | 182074 | 645 | 87,3 | 5271 |
| 1 | 96467 | 92757 | 2199961 | 223 | 206 | 8142 | 51 | 86585 | 11715 | 169800 | 714 | 92,9 | 5184 |
| 2 | 96244 | 88983 | 2107204 | 135 | 120 | 7936 | 52 | 85871 | 11172 | 158085 | 793 | 99,2 | 5091 |
| 3 | 96109 | 85441 | 2018221 | 96 | 82,1 | 7816 | 53 | 85078 | 10643 | 146913 | 881 | 106 | 4992 |
| 4 | 96013 | 82072 | 1932780 | 84 | 69,0 | 7734 | 54 | 84197 | 10127 | 136271 | 976 | 113 | 4886 |
| 5 | 95929 | 78847 | 1850708 | 77 | 60,9 | 7665 | 55 | 83221 | 9625 | 126143 | 1079 | 120 | 4773 |
| 6 | 95852 | 75753 | 1771861 | 70 | 53,2 | 7604 | 56 | 82142 | 9135 | 116518 | 1190 | 127 | 4653 |
| 7 | 95782 | 72786 | 1696108 | 61 | 44,6 | 7551 | 57 | 80952 | 8656 | 107383 | 1308 | 134 | 4526 |
| 8 | 95721 | 69942 | 1623322 | 54 | 37,9 | 7507 | 58 | 79644 | 8189 | 98727 | 1432 | 142 | 4391 |
| 9 | 95667 | 67214 | 1553379 | 47 | 31,8 | 7469 | 59 | 78212 | 7732 | 90538 | 1560 | 148 | 4250 |
| 10 | 95620 | 64597 | 1486165 | 43 | 27,9 | 7437 | 60 | 76652 | 7287 | 82806 | 1689 | 154 | 4101 |
| 11 | 95577 | 62085 | 1421567 | 41 | 25,6 | 7409 | 61 | 74963 | 6852 | 75520 | 1819 | 160 | 3947 |
| 12 | 95536 | 59672 | 1359482 | 43 | 25,8 | 7383 | 62 | 73144 | 6429 | 68668 | 1946 | 164 | 3787 |
| 13 | 95493 | 57351 | 1299811 | 48 | 27,7 | 7357 | 63 | 71198 | 6017 | 62239 | 2070 | 168 | 3623 |
| 14 | 95445 | 55117 | 1242460 | 57 | 31,7 | 7330 | 64 | 69128 | 5617 | 56222 | 2187 | 171 | 3454 |
| 15 | 95388 | 52966 | 1187343 | 72 | 38,4 | 7298 | 65 | 66941 | 5230 | 50605 | 2298 | 173 | 3284 |
| 16 | 95316 | 50890 | 1134378 | 91 | 46,7 | 7260 | 66 | 64643 | 4856 | 45375 | 2403 | 174 | 3111 |
| 17 | 95225 | 48886 | 1083488 | 113 | 55,8 | 7213 | 67 | 62240 | 4496 | 40518 | 2501 | 174 | 2937 |
| 18 | 95112 | 46950 | 1034602 | 139 | 66,0 | 7157 | 68 | 59739 | 4149 | 36022 | 2594 | 173 | 2764 |
| 19 | 94973 | 45078 | 987652 | 161 | 73,5 | 7091 | 69 | 57145 | 3817 | 31873 | 2684 | 172 | 2590 |
| 20 | 94812 | 43271 | 942573 | 175 | 76,8 | 7018 | 70 | 54461 | 3497 | 28056 | 2770 | 171 | 2418 |
| 21 | 94637 | 41530 | 899303 | 180 | 76,0 | 6941 | 71 | 51691 | 3192 | 24559 | 2856 | 170 | 2247 |
| 22 | 94457 | 39857 | 857773 | 177 | 71,8 | 6865 | 72 | 48835 | 2900 | 21367 | 2941 | 168 | 2077 |
| 23 | 94280 | 38252 | 817916 | 170 | 66,3 | 6793 | 73 | 45894 | 2620 | 18467 | 3021 | 166 | 1909 |
| 24 | 94110 | 36714 | 779664 | 162 | 60,8 | 6727 | 74 | 42873 | 2354 | 15847 | 3089 | 163 | 1744 |
| 25 | 93948 | 35241 | 742950 | 159 | 57,3 | 6666 | 75 | 39784 | 2100 | 13494 | 3137 | 159 | 1581 |
| 26 | 93789 | 33829 | 707708 | 156 | 54,1 | 6609 | 76 | 36647 | 1860 | 11394 | 3160 | 154 | 1421 |
| 27 | 93633 | 32473 | 673880 | 155 | 51,7 | 6555 | 77 | 33487 | 1634 | 9534 | 3153 | 148 | 1267 |
| 28 | 93478 | 31173 | 641406 | 155 | 49,7 | 6503 | 78 | 30334 | 1423 | 7900 | 3119 | 141 | 1119 |
| 29 | 93323 | 29924 | 610233 | 157 | 48,4 | 6453 | 79 | 27215 | 1228 | 6476 | 3059 | 133 | 978 |
| 30 | 93166 | 28725 | 580309 | 158 | 46,8 | 6405 | 80 | 24156 | 1048 | 5248 | 2970 | 124 | 846 |
| 31 | 93008 | 27573 | 551584 | 162 | 46,2 | 6358 | 81 | 21186 | 884 | 4200 | 2849 | 114 | 722 |
| 32 | 92846 | 26466 | 524011 | 167 | 45,8 | 6312 | 82 | 18337 | 736 | 3316 | 2693 | 104 | 608 |
| 33 | 92679 | 25403 | 497545 | 174 | 45,9 | 6266 | 83 | 15644 | 603 | 2581 | 2502 | 92,8 | 504 |
| 34 | 92505 | 24380 | 472142 | 183 | 46,4 | 6220 | 84 | 13142 | 487 | 1978 | 2281 | 81,3 | 411 |
| 35 | 92322 | 23396 | 447762 | 193 | 47,0 | 6174 | 85 | 10861 | 387 | 1490 | 2042 | 70,0 | 330 |
| 36 | 92129 | 22449 | 424366 | 205 | 48,0 | 6127 | 86 | 8819 | 302 | 1103 | 1793 | 59,1 | 260 |
| 37 | 91924 | 21538 | 401917 | 219 | 49,3 | 6079 | 87 | 7026 | 232 | 800 | 1547 | 49,0 | 200 |
| 38 | 91705 | 20660 | 380380 | 235 | 50,9 | 6029 | 88 | 5479 | 174 | 569 | 1308 | 39,9 | 151 |
| 39 | 91470 | 19814 | 359720 | 252 | 52,5 | 5978 | 89 | 4171 | 127 | 395 | 1079 | 31,6 | 112 |
| 40 | 91218 | 19000 | 339906 | 269 | 53,9 | 5926 | 90 | 3092 | 90,6 | 268 | 863 | 24,3 | 79,9 |
| 41 | 90949 | 18215 | 320906 | 287 | 55,3 | 5872 | 91 | 2229 | 62,8 | 177 | 664 | 18,0 | 55,6 |
| 42 | 90662 | 17459 | 302691 | 308 | 57,0 | 5817 | 92 | 1565 | 42,4 | 115 | 495 | 12,9 | 37,6 |
| 43 | 90354 | 16731 | 285232 | 333 | 59,3 | 5760 | 93 | 1070 | 27,9 | 72,2 | 357 | 8,94 | 24,7 |
| 44 | 90021 | 16028 | 268501 | 362 | 62,0 | 5701 | 94 | 713 | 17,9 | 44,3 | 250 | 6,02 | 15,7 |
| 45 | 89659 | 15349 | 252473 | 397 | 65,4 | 5639 | 95 | 463 | 11,2 | 26,4 | 170 | 3,94 | 9,72 |
| 46 | 89262 | 14694 | 237124 | 437 | 69,2 | 5573 | 96 | 293 | 6,79 | 15,3 | 112 | 2,49 | 5,78 |
| 47 | 88825 | 14059 | 222430 | 481 | 73,2 | 5504 | 97 | 181 | 4,03 | 8,48 | 71 | 1,52 | 3,29 |
| 48 | 88344 | 13445 | 208370 | 530 | 77,6 | 5431 | 98 | 110 | 2,36 | 4,45 | 45 | 0,927 | 1,77 |
| 49 | 87814 | 12851 | 194925 | 584 | 82,2 | 5353 | 99 | 65 | 1,34 | 2,09 | 27 | 0,535 | 0,839 |
| 50 | 87230 | 12274 | 182074 | 645 | 87,3 | 5271 | 100 | 38 | 0,752 | 0,752 | 16 | 0,305 | 0,305 |

x Jahre $\quad l_x$ Lebende

q = 1,04 $\quad D_x = l_x\, q^{-x}$

$$N_x = \sum_{k=x}^{100} D_k \qquad d_x = l_x - l_{x+1} \qquad C_x = d_x\, q^{-(x+1)} \qquad M_x = \sum_{k=x}^{100} C_k$$

# Zufallszahlen

| 99957 | 28094 | 02276 | 49258 | 71131 | 03900 | 36034 | 75040 | 18672 | 88719 |
|---|---|---|---|---|---|---|---|---|---|
| 55184 | 86197 | 06102 | 85783 | 57817 | 71533 | 66614 | 33603 | 24041 | 28383 |
| 64790 | 13784 | 94404 | 95888 | 46786 | 00708 | 47261 | 38622 | 88225 | 71404 |
| 32194 | 24327 | 88554 | 92375 | 74680 | 59446 | 02606 | 86391 | 43499 | 47212 |
| 20293 | 48925 | 12495 | 54058 | 52553 | 65722 | 87572 | 57516 | 46262 | 15935 |
| 24730 | 01888 | 55410 | 48164 | 27772 | 03541 | 27485 | 98521 | 04485 | 03839 |
| 45400 | 31395 | 14157 | 80396 | 63354 | 64362 | 19108 | 85780 | 46996 | 71403 |
| 88223 | 83107 | 49373 | 69301 | 18798 | 88316 | 84113 | 19672 | 40075 | 46119 |
| 26813 | 05998 | 12241 | 79710 | 79953 | 12650 | 98631 | 34459 | 30057 | 25763 |
| 99618 | 24421 | 92859 | 05616 | 59072 | 63808 | 46191 | 42505 | 59394 | 90355 |
| 79675 | 50205 | 05232 | 74344 | 92260 | 13057 | 20090 | 14813 | 77023 | 48849 |
| 81260 | 57478 | 25207 | 70873 | 51066 | 99901 | 19349 | 63371 | 84998 | 28346 |
| 56656 | 65922 | 34168 | 19737 | 01337 | 32917 | 49945 | 55133 | 11941 | 78723 |
| 64169 | 67175 | 67538 | 64111 | 87966 | 15339 | 87677 | 50128 | 15187 | 03736 |
| 63261 | 73513 | 30322 | 26459 | 63373 | 39811 | 14857 | 78746 | 57220 | 87967 |
| 09773 | 58672 | 94759 | 10837 | 41449 | 72167 | 77010 | 90122 | 36627 | 91633 |
| 98827 | 19957 | 73244 | 02084 | 44473 | 26257 | 15426 | 17188 | 53521 | 53573 |
| 04578 | 06472 | 63516 | 40803 | 00091 | 30436 | 62909 | 93392 | 86118 | 42382 |
| 54811 | 62444 | 83524 | 01895 | 74811 | 19670 | 04146 | 94680 | 24875 | 77294 |
| 18455 | 04206 | 50014 | 59598 | 53707 | 45819 | 46809 | 96740 | 05356 | 91481 |
| 18673 | 20472 | 14258 | 58154 | 16465 | 51171 | 65405 | 76768 | 25549 | 95375 |
| 97562 | 14008 | 16720 | 44727 | 30031 | 52818 | 42817 | 17972 | 50151 | 15718 |
| 13209 | 66005 | 43083 | 84701 | 76748 | 84929 | 50477 | 51362 | 40468 | 98854 |
| 95216 | 68144 | 03075 | 63491 | 62305 | 38348 | 47848 | 74129 | 79030 | 73384 |
| 56749 | 86172 | 74516 | 28797 | 71921 | 04224 | 00419 | 23530 | 34862 | 74390 |
| 69440 | 56728 | 50698 | 00977 | 90410 | 91615 | 59174 | 40975 | 60441 | 94629 |
| 75752 | 79639 | 81126 | 56892 | 44034 | 82449 | 66921 | 85235 | 63463 | 73020 |
| 09671 | 65819 | 29099 | 87064 | 98881 | 23337 | 51305 | 63750 | 01655 | 18009 |
| 10182 | 42349 | 93519 | 44287 | 13741 | 49928 | 23420 | 40968 | 64301 | 66569 |
| 34514 | 21251 | 56871 | 21064 | 86462 | 47532 | 09518 | 27075 | 00079 | 88694 |
| 67250 | 03027 | 38914 | 17581 | 98797 | 02643 | 10845 | 74998 | 72529 | 31655 |
| 07476 | 88744 | 52383 | 15472 | 17979 | 21255 | 70869 | 26720 | 43865 | 64571 |
| 21960 | 28273 | 46195 | 45134 | 98229 | 46266 | 75651 | 74909 | 68494 | 71340 |
| 33326 | 43173 | 85589 | 19837 | 33888 | 26143 | 59148 | 25952 | 38249 | 50637 |
| 77398 | 25429 | 02544 | 60310 | 62705 | 21722 | 34050 | 30555 | 00105 | 40852 |
| 41432 | 30073 | 25527 | 58326 | 60033 | 50170 | 07978 | 49186 | 58982 | 40669 |
| 83790 | 09851 | 10349 | 33770 | 82913 | 03818 | 13465 | 02698 | 18164 | 06200 |
| 99290 | 76202 | 75372 | 04098 | 42201 | 81745 | 68761 | 53295 | 15205 | 86925 |
| 60426 | 56028 | 08249 | 79698 | 17778 | 79919 | 21087 | 70190 | 62855 | 40584 |
| 97354 | 56034 | 64005 | 41996 | 23179 | 93955 | 55139 | 61190 | 21742 | 27928 |
| 91219 | 48705 | 94089 | 95515 | 72378 | 71592 | 92487 | 18686 | 09658 | 75941 |
| 27311 | 35967 | 25989 | 86994 | 80959 | 60045 | 15323 | 16722 | 17923 | 93367 |
| 46564 | 45040 | 74959 | 27152 | 40648 | 75379 | 79324 | 61483 | 68665 | 36256 |
| 43621 | 12687 | 87985 | 20412 | 84595 | 61295 | 92785 | 57595 | 50033 | 12595 |
| 10659 | 90789 | 24564 | 62511 | 00772 | 90074 | 02509 | 23771 | 07947 | 35901 |
| 22519 | 93119 | 29214 | 70586 | 56152 | 30416 | 20295 | 42776 | 74014 | 01383 |
| 54061 | 24534 | 81005 | 84945 | 19802 | 60043 | 46734 | 25708 | 46218 | 24708 |
| 70542 | 05133 | 95535 | 15549 | 05377 | 47528 | 08635 | 97841 | 76973 | 61358 |
| 40426 | 73304 | 14114 | 48105 | 14797 | 68337 | 68982 | 27852 | 05157 | 82549 |
| 70714 | 88163 | 13568 | 67227 | 84597 | 69030 | 74836 | 99578 | 26571 | 77462 |

## Binomialkoeffizienten $\binom{n}{k}$ $n = 0, \ldots, 35$; $k = 2, \ldots, 11$

| $n$ \ $k$ | 2 | 3 | 4 | 5 | 6 | 7 | 8 | 9 | 10 | 11 |
|---|---|---|---|---|---|---|---|---|---|---|
| 2 | 1 | | | | | | | | | |
| 3 | 3 | | | | | | | | | |
| 4 | 6 | | | | | | | | | |
| 5 | 10 | | | | | | | | | |
| 6 | 15 | 20 | | | | | | | | |
| 7 | 21 | 35 | | | | | | | | |
| 8 | 28 | 56 | 70 | | | | | | | |
| 9 | 36 | 84 | 126 | | | | | | | |
| 10 | 45 | 120 | 210 | 252 | | | | | | |
| 11 | 55 | 165 | 330 | 462 | | | | | | |
| 12 | 66 | 220 | 495 | 792 | 924 | | | | | |
| 13 | 78 | 286 | 715 | 1 287 | 1 716 | | | | | |
| 14 | 91 | 364 | 1 001 | 2 002 | 3 003 | 3 432 | | | | |
| 15 | 105 | 455 | 1 365 | 3 003 | 5 005 | 6 435 | | | | |
| 16 | 120 | 560 | 1 820 | 4 368 | 8 008 | 11 440 | 12 870 | | | |
| 17 | 136 | 680 | 2 380 | 6 188 | 12 376 | 19 448 | 24 310 | | | |
| 18 | 153 | 816 | 3 060 | 8 568 | 18 564 | 31 824 | 43 758 | 48 620 | | |
| 19 | 171 | 969 | 3 876 | 11 628 | 27 132 | 50 388 | 75 582 | 92 378 | | |
| 20 | 190 | 1 140 | 4 845 | 15 504 | 38 760 | 77 520 | 125 970 | 167 960 | 184 756 | |
| 21 | 210 | 1 330 | 5 985 | 20 349 | 54 264 | 116 280 | 203 490 | 293 930 | 352 716 | |
| 22 | 231 | 1 540 | 7 315 | 26 334 | 74 613 | 170 544 | 319 770 | 497 420 | 646 646 | 705 432 |
| 23 | 253 | 1 771 | 8 855 | 33 649 | 100 947 | 245 157 | 490 314 | 817 190 | 1 144 066 | 1 352 078 |
| 24 | 276 | 2 024 | 10 626 | 42 504 | 134 596 | 346 104 | 735 471 | 1 307 504 | 1 961 256 | 2 496 144 |
| 25 | 300 | 2 300 | 12 650 | 53 130 | 177 100 | 480 700 | 1 081 575 | 2 042 975 | 3 268 760 | 4 457 400 |
| 26 | 325 | 2 600 | 14 950 | 65 780 | 230 230 | 657 800 | 1 562 275 | 3 124 550 | 5 311 735 | 7 726 160 |
| 27 | 351 | 2 925 | 17 550 | 80 730 | 296 010 | 888 030 | 2 220 075 | 4 686 825 | 8 436 285 | 13 037 895 |
| 28 | 378 | 3 276 | 20 475 | 98 280 | 376 740 | 1 184 040 | 3 108 105 | 6 906 900 | 13 123 110 | 21 474 180 |
| 29 | 406 | 3 654 | 23 751 | 118 755 | 475 020 | 1 560 780 | 4 292 145 | 10 015 005 | 20 030 010 | 34 597 290 |
| 30 | 435 | 4 060 | 27 405 | 142 506 | 593 775 | 2 035 800 | 5 852 925 | 14 307 150 | 30 045 015 | 54 627 300 |
| 31 | 465 | 4 495 | 31 465 | 169 911 | 736 281 | 2 629 575 | 7 888 725 | 20 160 075 | 44 352 165 | 84 672 315 |
| 32 | 496 | 4 960 | 35 960 | 201 376 | 906 192 | 3 365 856 | 10 518 300 | 28 048 800 | 64 512 240 | 129 024 480 |
| 33 | 528 | 5 456 | 40 920 | 237 336 | 1 107 568 | 4 272 048 | 13 884 156 | 38 567 100 | 92 561 040 | 193 536 720 |
| 34 | 561 | 5 984 | 46 376 | 278 256 | 1 344 904 | 5 379 616 | 18 156 204 | 52 451 256 | 131 128 140 | 286 097 760 |
| 35 | 595 | 6 545 | 52 360 | 324 632 | 1 623 160 | 6 724 520 | 23 535 820 | 70 607 460 | 183 579 396 | 417 225 900 |

Fehlende Zahlen können nach den Formeln $\binom{n}{k} = \binom{n}{n-k}$ und $\binom{n}{1} = n$ ergänzt werden.

## Fakultäten $n!$ $n = 0, \ldots, 79$

| $n$ | $n!$ | exp | $n$ | $n!$ | exp | $n$ | $n!$ | exp | $n$ | $n!$ | exp | $n$ | $n!$ | exp |
|---|---|---|---|---|---|---|---|---|---|---|---|---|---|---|
| 1 | **1** | 0 | 16 | 2,09228 | 13 | 31 | 8,22284 | 33 | 46 | 5,50262 | 57 | 61 | 5,07580 | 83 |
| 2 | **2** | 0 | 17 | 3,55687 | 14 | 32 | 2,63131 | 35 | 47 | 2,58623 | 59 | 62 | 3,14700 | 85 |
| 3 | **6** | 0 | 18 | 6,40237 | 15 | 33 | 8,68332 | 36 | 48 | 1,24139 | 61 | 63 | 1,98261 | 87 |
| 4 | **2,4** | 1 | 19 | 1,21645 | 17 | 34 | 2,95233 | 38 | 49 | 6,08282 | 62 | 64 | 1,26887 | 89 |
| 5 | **1,20** | 2 | 20 | 2,43290 | 18 | 35 | 1,03331 | 40 | 50 | 3,04141 | 64 | 65 | 8,24765 | 90 |
| 6 | **7,20** | 2 | 21 | 5,10909 | 19 | 36 | 3,71993 | 41 | 51 | 1,55112 | 66 | 66 | 5,44345 | 92 |
| 7 | **5,040** | 3 | 22 | 1,12400 | 21 | 37 | 1,37638 | 43 | 52 | 8,06582 | 67 | 67 | 3,64711 | 94 |
| 8 | **4,0320** | 4 | 23 | 2,58520 | 22 | 38 | 5,23023 | 44 | 53 | 4,27488 | 69 | 68 | 2,48004 | 96 |
| 9 | **3,62880** | 5 | 24 | 6,20448 | 23 | 39 | 2,03979 | 46 | 54 | 2,30844 | 71 | 69 | 1,71122 | 98 |
| 10 | **3,62880** | 6 | 25 | 1,55112 | 25 | 40 | 8,15915 | 47 | 55 | 1,26964 | 73 | 70 | 1,19786 | 100 |
| 11 | **3,99168** | 7 | 26 | 4,03291 | 26 | 41 | 3,34525 | 49 | 56 | 7,10999 | 74 | 71 | 8,50479 | 101 |
| 12 | 4,79002 | 8 | 27 | 1,08889 | 28 | 42 | 1,40501 | 51 | 57 | 4,05269 | 76 | 72 | 6,12345 | 103 |
| 13 | 6,22702 | 9 | 28 | 3,04888 | 29 | 43 | 6,04153 | 52 | 58 | 2,35056 | 78 | 73 | 4,47012 | 105 |
| 14 | 8,71783 | 10 | 29 | 8,84176 | 30 | 44 | 2,65827 | 54 | 59 | 1,38683 | 80 | 74 | 3,30789 | 107 |
| 15 | 1,30767 | 12 | 30 | 2,65253 | 32 | 45 | 1,19622 | 56 | 60 | 8,32099 | 81 | 75 | 2,48091 | 109 |

**Erläuterung:** Fett gedruckte Zahlen sind genau.

## Binomialkoeffizienten $\binom{n}{k}$ $n = 0, \ldots, 35$; $k = 12, \ldots, 17$ (Fortsetzung)

| $n$ \ $k$ | 12 | 13 | 14 | 15 | 16 | 17 |
|---|---|---|---|---|---|---|
| 2 | | | | | | |
| 3 | | | | | | |
| 4 | | | | | | |
| 5 | | | | | | |
| 6 | Fehlende Zahlen können nach der Formel $\binom{n}{k} = \binom{n}{n-k}$ ergänzt werden. | | | | | |
| 7 | | | | | | |
| 8 | | | | | | |
| 9 | | | | | | |
| 10 | | | | | | |
| 11 | | | | | | |
| 12 | | | | | | |
| 13 | | | | | | |
| 14 | | | | | | |
| 15 | | | | | | |
| 16 | | | | | | |
| 17 | | | | | | |
| 18 | | | | | | |
| 19 | | | | | | |
| 20 | | | | | | |
| 21 | | | | | | |
| 22 | | | | | | |
| 23 | | | | | | |
| 24 | 2 704 156 | | | | | |
| 25 | 5 200 300 | | | | | |
| 26 | 9 657 700 | 10 400 600 | | | | |
| 27 | 17 383 860 | 20 058 300 | | | | |
| 28 | 30 421 755 | 37 442 160 | 40 116 600 | | | |
| 29 | 51 895 935 | 67 863 915 | 77 558 760 | | | |
| 30 | 86 493 225 | 119 759 850 | 145 422 675 | 155 117 520 | | |
| 31 | 141 120 525 | 206 253 075 | 265 182 525 | 300 540 195 | | |
| 32 | 225 792 840 | 347 373 600 | 471 435 600 | 565 722 720 | 601 080 390 | |
| 33 | 354 817 320 | 573 166 440 | 818 809 200 | 1 037 158 320 | 1 166 803 110 | |
| 34 | 548 354 040 | 927 983 760 | 1 391 975 640 | 1 855 967 520 | 2 203 961 430 | 2 333 606 220 |
| 35 | 834 451 800 | 1 476 337 800 | 2 319 959 400 | 3 247 943 160 | 4 059 928 950 | 4 537 567 650 |

## Fakultäten $n!$ (Fortsetzung) $n = 76, \ldots, 149$

| $n$ | $n!$ | exp | $n$ | $n!$ | exp | $n$ | $n!$ | exp | $n$ | $n!$ | exp | $n$ | $n!$ | exp |
|---|---|---|---|---|---|---|---|---|---|---|---|---|---|---|
| 76 | 1,88549 | 111 | 91 | 1,35200 | 140 | 106 | 1,14628 | 170 | 121 | 8,09430 | 200 | 136 | 3,65904 | 232 |
| 77 | 1,45183 | 113 | 92 | 1,24384 | 142 | 107 | 1,22652 | 172 | 122 | 9,87504 | 202 | 137 | 5,01289 | 234 |
| 78 | 1,13243 | 115 | 93 | 1,15677 | 144 | 108 | 1,32464 | 174 | 123 | 1,21463 | 205 | 138 | 6,91779 | 236 |
| 79 | 8,94618 | 116 | 94 | 1,08737 | 146 | 109 | 1,44386 | 176 | 124 | 1,50614 | 207 | 139 | 9,61572 | 238 |
| 80 | 7,15695 | 118 | 95 | 1,03300 | 148 | 110 | 1,58825 | 178 | 125 | 1,88268 | 209 | 140 | 1,34620 | 241 |
| 81 | 5,79713 | 120 | 96 | 9,91678 | 149 | 111 | 1,76295 | 180 | 126 | 2,37217 | 211 | 141 | 1,89814 | 243 |
| 82 | 4,75364 | 122 | 97 | 9,61928 | 151 | 112 | 1,97451 | 182 | 127 | 3,01266 | 213 | 142 | 2,69536 | 245 |
| 83 | 3,94552 | 124 | 98 | 9,42689 | 153 | 113 | 2,23119 | 184 | 128 | 3,85620 | 215 | 143 | 3,85437 | 247 |
| 84 | 3,31424 | 126 | 99 | 9,33262 | 155 | 114 | 2,54356 | 186 | 129 | 4,97450 | 217 | 144 | 5,55029 | 249 |
| 85 | 2,81710 | 128 | 100 | 9,33262 | 157 | 115 | 2,92509 | 188 | 130 | 6,46686 | 219 | 145 | 8,04793 | 251 |
| 86 | 2,42271 | 130 | 101 | 9,42595 | 159 | 116 | 3,39311 | 190 | 131 | 8,47158 | 221 | 146 | 1,17500 | 254 |
| 87 | 2,10776 | 132 | 102 | 9,61447 | 161 | 117 | 3,96994 | 192 | 132 | 1,11825 | 224 | 147 | 1,72725 | 256 |
| 88 | 1,85483 | 134 | 103 | 9,90290 | 163 | 118 | 4,68453 | 194 | 133 | 1,48727 | 226 | 148 | 2,55632 | 258 |
| 89 | 1,65080 | 136 | 104 | 1,02990 | 166 | 119 | 5,57459 | 196 | 134 | 1,99294 | 228 | 149 | 3,80892 | 260 |
| 90 | 1,48572 | 138 | 105 | 1,08140 | 168 | 120 | 6,68950 | 198 | 135 | 2,69047 | 230 | 150 | 5,71338 | 262 |

**Beispiel:** $143! \approx 3{,}85437 \cdot 10^{247}$

## Binomialverteilung kumulativ

$$\sum_{i=0}^{k} \binom{n}{i} p^i (1-p)^{n-i}$$

| n | k \ p | 0,05 | 0,10 | 0,15 | 0,20 | 0,25 | 0,30 | 0,35 | 0,40 | 0,45 | 0,50 | |
|---|---|---|---|---|---|---|---|---|---|---|---|---|
| 3 | 0 | 0,85738 | 72900 | 61412 | 51200 | 42188 | 34300 | 27463 | 21600 | 16637 | 12500 | 2 |
| | 1 | 0,99275 | 97200 | 93925 | 89600 | 84375 | 78400 | 71825 | 64800 | 57475 | 50000 | 1 |
| | 2 | 0,99988 | 99900 | 99662 | 99200 | 98437 | 97300 | 95712 | 93600 | 90887 | 87500 | 0 |
| 4 | 0 | 0,81451 | 65610 | 52201 | 40960 | 31641 | 24010 | 17851 | 12960 | 09151 | 06250 | 3 |
| | 1 | 0,98598 | 94770 | 89048 | 81920 | 73828 | 65170 | 56298 | 47520 | 39098 | 31250 | 2 |
| | 2 | 0,99952 | 99630 | 98802 | 97280 | 94922 | 91630 | 87352 | 82080 | 75852 | 68750 | 1 |
| | 3 | 0,99999 | 99990 | 99949 | 99840 | 99609 | 99190 | 98499 | 97440 | 95899 | 93750 | 0 |
| 5 | 0 | 0,77378 | 59049 | 44371 | 32768 | 23730 | 16807 | 11603 | 07776 | 05033 | 03125 | 4 |
| | 1 | 0,97741 | 91854 | 83521 | 73728 | 63281 | 52822 | 42841 | 33696 | 25622 | 18750 | 3 |
| | 2 | 0,99884 | 99144 | 93739 | 94208 | 89648 | 83692 | 76483 | 68256 | 59313 | 50000 | 2 |
| | 3 | 0,99997 | 99954 | 99777 | 99328 | 98437 | 96922 | 94598 | 91296 | 86878 | 81250 | 1 |
| | 4 | | 99999 | 99992 | 99968 | 99902 | 99757 | 99475 | 98976 | 98155 | 96875 | 0 |
| 6 | 0 | 0,73509 | 53144 | 37715 | 26214 | 17798 | 11765 | 07542 | 04666 | 02768 | 01563 | 5 |
| | 1 | 0,96723 | 88573 | 77648 | 65536 | 53394 | 42017 | 31908 | 23328 | 16357 | 10938 | 4 |
| | 2 | 0,99777 | 98415 | 95266 | 90112 | 83057 | 74431 | 64709 | 54432 | 44152 | 34375 | 3 |
| | 3 | 0,99991 | 99873 | 99411 | 98304 | 96240 | 92953 | 88258 | 82080 | 74474 | 65625 | 2 |
| | 4 | | 99994 | 99960 | 99840 | 99536 | 98906 | 97768 | 95904 | 93080 | 89063 | 1 |
| | 5 | | | 99999 | 99994 | 99976 | 99927 | 99816 | 99590 | 99170 | 98438 | 0 |
| 7 | 0 | 0,69834 | 47830 | 32058 | 20972 | 13348 | 08235 | 04902 | 02799 | 01522 | 00781 | 6 |
| | 1 | 0,95562 | 85031 | 71658 | 57672 | 44495 | 32942 | 23380 | 15863 | 10242 | 06250 | 5 |
| | 2 | 0,99624 | 97431 | 92623 | 85197 | 75641 | 64707 | 53228 | 41990 | 31644 | 22656 | 4 |
| | 3 | 0,99981 | 99727 | 98790 | 96666 | 92944 | 87396 | 80015 | 71021 | 60829 | 50000 | 3 |
| | 4 | 0,99999 | 99982 | 99878 | 99533 | 98712 | 97120 | 94439 | 90374 | 84707 | 77344 | 2 |
| | 5 | | 99999 | 99993 | 99963 | 99866 | 99621 | 99099 | 98116 | 96429 | 93750 | 1 |
| | 6 | | | | 99999 | 99994 | 99978 | 99936 | 99836 | 99626 | 99219 | 0 |
| 8 | 0 | 0,66342 | 43047 | 27249 | 16777 | 10011 | 05765 | 03186 | 01680 | 00837 | 00391 | 7 |
| | 1 | 0,94276 | 81310 | 65718 | 50332 | 36708 | 25530 | 16913 | 10638 | 06318 | 03516 | 6 |
| | 2 | 0,99421 | 96191 | 89479 | 79692 | 67854 | 55177 | 42781 | 31539 | 22013 | 14453 | 5 |
| | 3 | 0,99963 | 99498 | 97865 | 94372 | 88618 | 80590 | 70640 | 59409 | 47696 | 36328 | 4 |
| | 4 | 0,99998 | 99998 | 99715 | 98959 | 97270 | 94203 | 89391 | 82633 | 73962 | 63672 | 3 |
| | 5 | | | 99976 | 99877 | 99577 | 98871 | 97468 | 95019 | 91154 | 85547 | 2 |
| | 6 | | | 99999 | 99992 | 99962 | 99871 | 99643 | 99148 | 98188 | 96484 | 1 |
| | 7 | | | | | 99998 | 99993 | 99977 | 99934 | 99832 | 99609 | 0 |
| 9 | 0 | 0,63025 | 38742 | 23162 | 13422 | 07508 | 04035 | 02071 | 01008 | 00461 | 00195 | 8 |
| | 1 | 0,92879 | 77484 | 59948 | 43621 | 30034 | 19600 | 12109 | 07054 | 03852 | 01953 | 7 |
| | 2 | 0,99164 | 94703 | 85915 | 73820 | 60068 | 46283 | 33727 | 23179 | 14950 | 08984 | 6 |
| | 3 | 0,99936 | 99167 | 96607 | 91436 | 83427 | 72966 | 60889 | 48261 | 36138 | 25391 | 5 |
| | 4 | 0,99997 | 99911 | 99437 | 98042 | 95107 | 90119 | 82828 | 73343 | 62142 | 50000 | 4 |
| | 5 | | 99994 | 99937 | 99693 | 99001 | 97471 | 94641 | 90065 | 83418 | 74609 | 3 |
| | 6 | | | 99995 | 99969 | 99866 | 99571 | 98882 | 97497 | 95023 | 91016 | 2 |
| | 7 | | | | 99998 | 99989 | 99957 | 99860 | 99620 | 99092 | 98047 | 1 |
| | 8 | | | | | | 99998 | 99992 | 99974 | 99924 | 99805 | 0 |
| 10 | 0 | 0,59874 | 34868 | 19687 | 10737 | 05631 | 02825 | 01346 | 00605 | 00253 | 00098 | 9 |
| | 1 | 0,91386 | 73610 | 54430 | 37581 | 24403 | 14931 | 08595 | 04636 | 02326 | 01074 | 8 |
| | 2 | 0,98850 | 92981 | 82020 | 67780 | 52559 | 38278 | 26161 | 16729 | 09956 | 05469 | 7 |
| | 3 | 0,99897 | 98720 | 95003 | 87913 | 77588 | 64961 | 51383 | 38228 | 26604 | 17188 | 6 |
| | 4 | 0,99994 | 99837 | 99013 | 96721 | 92187 | 84973 | 75150 | 63310 | 50440 | 37695 | 5 |
| | 5 | | 99985 | 99862 | 99363 | 98027 | 95265 | 90507 | 83376 | 73844 | 62305 | 4 |
| | 6 | | 99999 | 99987 | 99914 | 99649 | 98941 | 97398 | 94524 | 89801 | 82813 | 3 |
| | 7 | | | 99999 | 99992 | 99958 | 99841 | 99518 | 98771 | 97261 | 94531 | 2 |
| | 8 | | | | | 99997 | 99986 | 99946 | 99832 | 99550 | 98926 | 1 |
| | 9 | | | | | | 99999 | 99997 | 99990 | 99966 | 99902 | 0 |
| 15 | 0 | 0,46329 | 20589 | 08735 | 03518 | 01336 | 00475 | 00156 | 00047 | 00013 | 00003 | 14 |
| | 1 | 0,82905 | 54904 | 31859 | 16713 | 08018 | 03527 | 01418 | 00517 | 00169 | 00049 | 13 |
| | 2 | 0,96380 | 81594 | 60423 | 39802 | 23609 | 12683 | 06173 | 02711 | 01065 | 00369 | 12 |
| | 3 | 0,99453 | 94444 | 82266 | 64816 | 46129 | 29687 | 17270 | 09050 | 04242 | 01758 | 11 |
| | 4 | 0,99939 | 98728 | 93829 | 83577 | 68649 | 51549 | 35194 | 21728 | 12040 | 05923 | 10 |
| | 5 | 0,99995 | 99775 | 98319 | 93895 | 85163 | 72162 | 56428 | 40322 | 26076 | 15088 | 9 |
| | 6 | | 99969 | 99639 | 98194 | 94338 | 86886 | 75484 | 60981 | 45216 | 30362 | 8 |
| | 7 | | 99997 | 99939 | 99576 | 98270 | 94999 | 88677 | 78690 | 65350 | 50000 | 7 |
| | 8 | | | 99992 | 99922 | 99581 | 98476 | 95781 | 90495 | 81824 | 69638 | 6 |
| | 9 | | | 99999 | 99989 | 99921 | 99635 | 98756 | 96617 | 92307 | 84912 | 5 |
| n | | 0,95 | 0,90 | 0,85 | 0,80 | 0,75 | 0,70 | 0,65 | 0,60 | 0,55 | 0,50 | p \ k |

$$1 - \sum_{i=0}^{k} \binom{n}{i} p^i (1-p)^{n-i} = \sum_{i=k+1}^{n} \binom{n}{i} p^i (1-p)^{n-i}$$

Fehlende Zahlen sind größer als 0,999995 oder kleiner als 0,000005.

## Binomialverteilung kumulativ (Fortsetzung)

$$\sum_{i=0}^{k} \binom{n}{i} p^i (1-p)^{n-i}$$

| n | k \ p | 0,05 | 0,10 | 0,15 | 0,20 | 0,25 | 0,30 | 0,35 | 0,40 | 0,45 | 0,50 | |
|---|---|---|---|---|---|---|---|---|---|---|---|---|
| 15 | 10 | | | | 99999 | 99988 | 99933 | 99717 | 99005 | 97453 | 94077 | 4 |
| | 11 | | | | | 99999 | 99991 | 99952 | 99807 | 99367 | 98242 | 3 |
| | 12 | | | | | | 99999 | 99994 | 99972 | 99889 | 99631 | 2 |
| | 13 | | | | | | | | 99997 | 99988 | 99951 | 1 |
| | 14 | | | | | | | | | 99999 | 99997 | 0 |
| 20 | 0 | 0,35849 | 12158 | 03876 | 01153 | 00317 | 00080 | 00018 | 00004 | 00001 | 00000 | 19 |
| | 1 | 0,73584 | 39175 | 17556 | 06918 | 02431 | 00764 | 00213 | 00052 | 00011 | 00002 | 18 |
| | 2 | 0,92452 | 67693 | 40490 | 20608 | 09126 | 03548 | 01212 | 00361 | 00093 | 00020 | 17 |
| | 3 | 0,98410 | 86705 | 64773 | 41145 | 22516 | 10709 | 04438 | 01596 | 00493 | 00129 | 16 |
| | 4 | 0,99743 | 95683 | 82985 | 62965 | 41484 | 23751 | 11820 | 05095 | 01886 | 00591 | 15 |
| | 5 | 0,99967 | 98875 | 93269 | 80421 | 61717 | 41637 | 24540 | 12560 | 05533 | 02069 | 14 |
| | 6 | 0,99997 | 99761 | 97806 | 91331 | 78578 | 60801 | 41663 | 25001 | 12993 | 05766 | 13 |
| | 7 | | 99958 | 99408 | 96786 | 89819 | 77227 | 60103 | 41589 | 25201 | 13159 | 12 |
| | 8 | | 99994 | 99867 | 99002 | 95907 | 88667 | 76238 | 59560 | 41431 | 25172 | 11 |
| | 9 | | 99999 | 99975 | 99741 | 98614 | 95204 | 87822 | 75534 | 59136 | 41190 | 10 |
| | 10 | | | 99996 | 99944 | 99606 | 98286 | 94683 | 87248 | 75071 | 58810 | 9 |
| | 11 | | | | 99990 | 99906 | 99486 | 98042 | 94347 | 86924 | 74828 | 8 |
| | 12 | | | | 99998 | 99982 | 99872 | 99398 | 97897 | 94197 | 86841 | 7 |
| | 13 | | | | | 99997 | 99974 | 99848 | 99353 | 97859 | 94234 | 6 |
| | 14 | | | | | | 99996 | 99969 | 99839 | 99357 | 97931 | 5 |
| | 15 | | | | | | 99999 | 99995 | 99968 | 99847 | 99409 | 4 |
| | 16 | | | | | | | 99999 | 99995 | 99972 | 99871 | 3 |
| | 17 | | | | | | | | 99999 | 99996 | 99980 | 2 |
| | 18 | | | | | | | | | | 99998 | 1 |
| | 19 | | | | | | | | | | | 0 |
| 50 | 0 | 0,07694 | 00515 | 00030 | 00001 | | | | | | | 49 |
| | 1 | 0,27943 | 03379 | 00291 | 00019 | 00001 | | | | | | 48 |
| | 2 | 0,54053 | 11173 | 01419 | 00129 | 00009 | | | | | | 47 |
| | 3 | 0,76041 | 25029 | 04605 | 00566 | 00050 | 00003 | | | | | 46 |
| | 4 | 0,89638 | 43120 | 11211 | 01850 | 00211 | 00017 | 00001 | | | | 45 |
| | 5 | 0,96222 | 61612 | 21935 | 04803 | 00705 | 00072 | 00005 | | | | 44 |
| | 6 | 0,98821 | 77023 | 36130 | 10340 | 01939 | 00249 | 00022 | 00001 | | | 43 |
| | 7 | 0,99681 | 87785 | 51875 | 19041 | 04526 | 00726 | 00080 | 00006 | | | 42 |
| | 8 | 0,99924 | 94213 | 66810 | 30733 | 09160 | 01825 | 00248 | 00023 | 00001 | | 41 |
| | 9 | 0,99984 | 97546 | 79109 | 44374 | 16368 | 04023 | 00670 | 00076 | 00006 | | 40 |
| | 10 | 0,99997 | 99065 | 88008 | 58356 | 26220 | 07885 | 01601 | 00220 | 00020 | 00001 | 39 |
| | 11 | | 99678 | 93719 | 71067 | 38162 | 13904 | 03423 | 00569 | 00063 | 00005 | 38 |
| | 12 | | 99900 | 96994 | 81394 | 51099 | 22287 | 06613 | 01325 | 00177 | 00015 | 37 |
| | 13 | | 99971 | 98683 | 88941 | 63704 | 32788 | 11633 | 02799 | 00449 | 00047 | 36 |
| | 14 | | 99993 | 99471 | 93928 | 74808 | 44683 | 18778 | 05396 | 01038 | 00130 | 35 |
| | 15 | | 99998 | 99805 | 96920 | 83692 | 56918 | 28010 | 09550 | 02195 | 00330 | 34 |
| | 16 | | | 99934 | 98556 | 90169 | 68388 | 38886 | 15609 | 04265 | 00767 | 33 |
| | 17 | | | 99979 | 99374 | 94488 | 78219 | 50597 | 23688 | 07653 | 01642 | 32 |
| | 18 | | | 99994 | 99749 | 97127 | 85944 | 62159 | 33561 | 12735 | 03245 | 31 |
| | 19 | | | 99998 | 99907 | 98608 | 91520 | 72644 | 44648 | 19737 | 05946 | 30 |
| | 20 | | | | 99968 | 99374 | 95224 | 81395 | 56103 | 28617 | 10132 | 29 |
| | 21 | | | | 99990 | 99738 | 97491 | 88126 | 67014 | 38996 | 16112 | 28 |
| | 22 | | | | 99997 | 99898 | 98772 | 92904 | 76602 | 50191 | 23994 | 27 |
| | 23 | | | | 99999 | 99963 | 99441 | 96036 | 84383 | 61341 | 33591 | 26 |
| | 24 | | | | | 99988 | 99763 | 97933 | 90219 | 71604 | 44386 | 25 |
| | 25 | | | | | 99996 | 99907 | 98996 | 94266 | 80337 | 55614 | 24 |
| | 26 | | | | | 99999 | 99966 | 99546 | 96859 | 87207 | 66409 | 23 |
| | 27 | | | | | | 99988 | 99809 | 98397 | 92204 | 76006 | 22 |
| | 28 | | | | | | 99996 | 99925 | 99238 | 95562 | 83888 | 21 |
| | 29 | | | | | | 99999 | 99973 | 99664 | 97646 | 89868 | 20 |
| | 30 | | | | | | | 99991 | 99863 | 98840 | 94054 | 19 |
| | 31 | | | | | | | 99997 | 99948 | 99470 | 96755 | 18 |
| | 32 | | | | | | | 99999 | 99982 | 99776 | 98358 | 17 |
| | 33 | | | | | | | | 99994 | 99913 | 99233 | 16 |
| | 34 | | | | | | | | 99998 | 99969 | 99670 | 15 |
| | 35 | | | | | | | | | 99990 | 99870 | 14 |
| | 36 | | | | | | | | | 99997 | 99953 | 13 |
| | 37 | | | | | | | | | 99999 | 99985 | 12 |
| | 38 | | | | | | | | | | 99995 | 11 |
| | 39 | | | | | | | | | | 99999 | 10 |
| n | | 0,95 | 0,90 | 0,85 | 0,80 | 0,75 | 0,70 | 0,65 | 0,60 | 0,55 | 0,50 | p \ k |

$$1 - \sum_{i=0}^{k} \binom{n}{i} p^i (1-p)^{n-i} = \sum_{i=k+1}^{n} \binom{n}{i} p^i (1-p)^{n-i}$$

**Dichte der Normalverteilung** $\varphi(x) = \frac{1}{\sqrt{2\pi}} e^{-\frac{1}{2}x^2}$

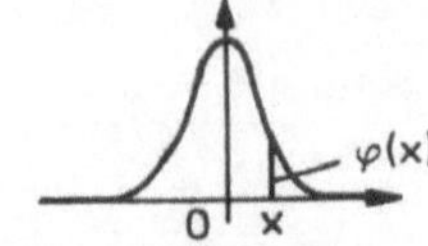


| x | 0 | 1 | 2 | 3 | 4 | 5 | 6 | 7 | 8 | 9 |
|---|---|---|---|---|---|---|---|---|---|---|
| 0,0 | 0, 39894 | 39892 | 39886 | 39876 | 39862 | 39844 | 39822 | 39797 | 39767 | 39733 |
| 0,1 | 39695 | 39654 | 39608 | 39559 | 39505 | 39448 | 39387 | 39322 | 39253 | 39181 |
| 0,2 | 39104 | 39024 | 38940 | 38853 | 38762 | 38667 | 38568 | 38466 | 38361 | 38251 |
| 0,3 | 38139 | 38023 | 37903 | 37780 | 37654 | 37524 | 37391 | 37255 | 37115 | 36973 |
| 0,4 | 36827 | 36678 | 36526 | 36371 | 36213 | 36053 | 35889 | 35723 | 35553 | 35381 |
| 0,5 | 35207 | 35029 | 34849 | 34667 | 34482 | 34294 | 34105 | 33912 | 33718 | 33521 |
| 0,6 | 33322 | 33121 | 32918 | 32713 | 32506 | 32297 | 32086 | 31874 | 31659 | 31443 |
| 0,7 | 31225 | 31006 | 30785 | 30563 | 30339 | 30114 | 29887 | 29658 | 29430 | 29200 |
| 0,8 | 28969 | 28737 | 28504 | 28269 | 28034 | 27798 | 27562 | 27324 | 27086 | 26848 |
| 0,9 | 26609 | 26369 | 26129 | 25888 | 25647 | 25406 | 25164 | 24923 | 24681 | 24439 |
| 1,0 | 24197 | 23955 | 23713 | 23471 | 23230 | 22988 | 22747 | 22506 | 22265 | 22025 |
| 1,1 | 21785 | 21546 | 21307 | 21069 | 20831 | 20594 | 20357 | 20121 | 19886 | 19652 |
| 1,2 | 19419 | 19186 | 18954 | 18724 | 18494 | 18265 | 18037 | 17810 | 17585 | 17360 |
| 1,3 | 17137 | 16915 | 16694 | 16474 | 16256 | 16038 | 15822 | 15608 | 15395 | 15183 |
| 1,4 | 14973 | 14764 | 14556 | 14350 | 14146 | 13943 | 13742 | 13542 | 13344 | 13147 |
| 1,5 | 12952 | 12758 | 12566 | 12376 | 12188 | 12001 | 11816 | 11632 | 11450 | 11270 |
| 1,6 | 11092 | 10915 | 10741 | 10567 | 10396 | 10226 | 10059 | 098925 | 097282 | 095657 |
| 1,7 | 0,0 94049 | 92459 | 90887 | 89333 | 87796 | 86277 | 84776 | 83293 | 81828 | 80380 |
| 1,8 | 78950 | 77538 | 76143 | 74766 | 73407 | 72065 | 70740 | 69433 | 68144 | 66871 |
| 1,9 | 65616 | 64378 | 63157 | 61952 | 60765 | 59595 | 58441 | 57304 | 56183 | 55079 |
| 2,0 | 53991 | 52919 | 51864 | 50824 | 49800 | 48792 | 47800 | 46823 | 45861 | 44915 |
| 2,1 | 43984 | 43067 | 42166 | 41280 | 40408 | 39550 | 38707 | 37878 | 37063 | 36262 |
| 2,2 | 35475 | 34701 | 33941 | 33194 | 32460 | 31740 | 31032 | 30337 | 29655 | 28985 |
| 2,3 | 28327 | 27682 | 27048 | 26426 | 25817 | 25218 | 24631 | 24056 | 23491 | 22937 |
| 2,4 | 22395 | 21862 | 21341 | 20829 | 20328 | 19837 | 19356 | 18885 | 18423 | 17971 |
| 2,5 | 17528 | 17095 | 16670 | 16254 | 15848 | 15449 | 15060 | 14678 | 14305 | 13940 |
| 2,6 | 13583 | 13234 | 12892 | 12558 | 12232 | 11912 | 11600 | 11295 | 10997 | 10706 |
| 2,7 | 10421 | 10143 | 098712 | 096058 | 093466 | 090936 | 088465 | 086052 | 083697 | 081398 |
| 2,8 | 0,00 79155 | 76965 | 74829 | 72744 | 70711 | 68728 | 66793 | 64907 | 63067 | 61274 |
| 2,9 | 59525 | 57821 | 56160 | 54541 | 52963 | 51426 | 49929 | 48470 | 47050 | 45666 |
| 3,0 | 44318 | 43007 | 41729 | 40486 | 39276 | 38098 | 36951 | 35836 | 34751 | 33695 |
| 3,1 | 32668 | 31669 | 30698 | 29754 | 28835 | 27943 | 27075 | 26231 | 25412 | 24615 |
| 3,2 | 23841 | 23089 | 22358 | 21649 | 20960 | 20290 | 19641 | 19010 | 18397 | 17803 |
| 3,3 | 17226 | 16666 | 16122 | 15595 | 15084 | 14587 | 14106 | 13639 | 13187 | 12748 |
| 3,4 | 12322 | 11910 | 11510 | 11122 | 10747 | 10383 | 10030 | 096886 | 093577 | 090372 |
| 3,5 | 0,000 87268 | 84263 | 81352 | 78534 | 75807 | 73166 | 70611 | 68138 | 65745 | 63430 |
| 3,6 | 61190 | 59024 | 56928 | 54901 | 52941 | 51046 | 49214 | 47443 | 45731 | 44077 |
| 3,7 | 42478 | 40933 | 39440 | 37998 | 36605 | 35260 | 33960 | 32705 | 31494 | 30324 |
| 3,8 | 29195 | 28105 | 27053 | 26037 | 25058 | 24113 | 23201 | 22321 | 21473 | 20655 |
| 3,9 | 19866 | 19105 | 18371 | 17664 | 16983 | 16326 | 15693 | 15083 | 14495 | 13928 |
| 4,0 | 13383 | 12858 | 12352 | 11864 | 11395 | 10943 | 10509 | 10090 | 096870 | 092993 |
| 4,1 | 0,000 0 89262 | 85672 | 82218 | 78895 | 75700 | 72626 | 69670 | 66828 | 64095 | 61468 |
| 4,2 | 58943 | 56516 | 54183 | 51942 | 49788 | 47719 | 45731 | 43821 | 41988 | 40226 |
| 4,3 | 38535 | 36911 | 35353 | 33856 | 32420 | 31041 | 29719 | 28449 | 27231 | 26063 |
| 4,4 | 24942 | 23868 | 22837 | 21848 | 20900 | 19992 | 19121 | 18286 | 17486 | 16719 |
| 4,5 | 15984 | 15280 | 14605 | 13959 | 13340 | 12747 | 12180 | 11636 | 11116 | 10618 |
| 4,6 | 10141 | 096845 | 092477 | 088297 | 084298 | 080472 | 076812 | 073311 | 069962 | 066760 |
| 4,7 | 0,000 00 63698 | 60771 | 57972 | 55296 | 52739 | 50295 | 47960 | 45728 | 43596 | 41559 |
| 4,8 | 39613 | 37755 | 35980 | 34285 | 32667 | 31122 | 29647 | 28239 | 26895 | 25613 |
| 4,9 | 24390 | 23222 | 22108 | 21046 | 20033 | 19066 | 18144 | 17265 | 16428 | 15629 |

**Normalverteilung** $\Phi(x)\frac{1}{\sqrt{2\pi}}\int\limits_{-\infty}^{x} e^{-\frac{1}{2}t^2}\,dt$

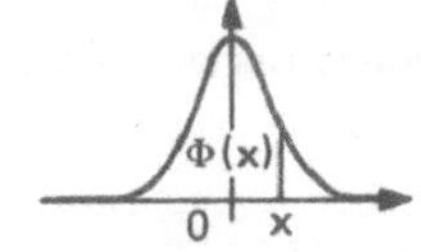


| x | 0 | 1 | 2 | 3 | 4 | 5 | 6 | 7 | 8 | 9 |
|---|---|---|---|---|---|---|---|---|---|---|
| 0,0 | 0, 50000 | 50399 | 50798 | 51197 | 51595 | 51994 | 52392 | 52790 | 53188 | 53586 |
| 0,1 | 53983 | 54380 | 54776 | 55172 | 55567 | 55962 | 56356 | 56749 | 57142 | 57535 |
| 0,2 | 57926 | 58317 | 58706 | 59095 | 59483 | 59871 | 60257 | 60642 | 61026 | 61409 |
| 0,3 | 61791 | 62172 | 62552 | 62930 | 63307 | 63683 | 64058 | 64431 | 64803 | 65173 |
| 0,4 | 65554 | 65910 | 66276 | 66640 | 67003 | 67364 | 67724 | 68082 | 68439 | 68793 |
| 0,5 | 69146 | 69497 | 69847 | 70194 | 70450 | 70884 | 71226 | 71566 | 71904 | 72240 |
| 0,6 | 72575 | 72907 | 73237 | 73565 | 73891 | 74215 | 74537 | 74857 | 75175 | 75490 |
| 0,7 | 75804 | 76115 | 76424 | 76730 | 77035 | 77337 | 77637 | 77935 | 78230 | 78524 |
| 0,8 | 78814 | 79103 | 79389 | 79673 | 79955 | 80234 | 80511 | 80785 | 81057 | 81327 |
| 0,9 | 81594 | 81859 | 82121 | 82381 | 82639 | 82894 | 83147 | 83398 | 83646 | 83891 |
| 1,0 | 84134 | 84375 | 84614 | 84850 | 85083 | 85313 | 85543 | 85769 | 85993 | 86214 |
| 1,1 | 86433 | 86650 | 86864 | 87076 | 87286 | 87493 | 87698 | 87900 | 88100 | 88298 |
| 1,2 | 88493 | 88686 | 88877 | 89065 | 89251 | 89435 | 89617 | 89796 | 89973 | 901475 |
| 1,3 | 0,9 03200 | 04902 | 06582 | 08241 | 09877 | 11492 | 13085 | 14657 | 16207 | 17736 |
| 1,4 | 19243 | 20730 | 22196 | 23641 | 25066 | 26471 | 27855 | 29219 | 30563 | 31888 |
| 1,5 | 33193 | 34478 | 35745 | 36992 | 38220 | 39429 | 40620 | 41792 | 42947 | 44083 |
| 1,6 | 45201 | 46301 | 47384 | 48449 | 49497 | 50529 | 51543 | 52540 | 53521 | 54486 |
| 1,7 | 55435 | 56367 | 57284 | 58185 | 59070 | 59941 | 60796 | 61636 | 62462 | 63273 |
| 1,8 | 64070 | 64852 | 65620 | 66375 | 67116 | 67843 | 68557 | 69258 | 69946 | 70621 |
| 1,9 | 71283 | 71933 | 72571 | 73197 | 73810 | 74412 | 75002 | 75581 | 76148 | 76705 |
| 2,0 | 77250 | 77784 | 78308 | 78822 | 79325 | 79818 | 80301 | 80774 | 81237 | 81691 |
| 2,1 | 82136 | 82571 | 82997 | 83414 | 83823 | 84222 | 84614 | 84997 | 85371 | 85738 |
| 2,2 | 86097 | 86447 | 86791 | 87126 | 87455 | 87776 | 88089 | 88396 | 88696 | 88989 |
| 2,3 | 89276 | 89556 | 89830 | 900969 | 903581 | 906133 | 908625 | 911060 | 913437 | 915758 |
| 2,4 | 0,99 18025 | 20237 | 22397 | 24506 | 26564 | 28572 | 30531 | 32443 | 34309 | 36128 |
| 2,5 | 37903 | 39634 | 41323 | 42969 | 44574 | 46139 | 47664 | 49151 | 50600 | 52012 |
| 2,6 | 53388 | 54729 | 56035 | 57308 | 58547 | 59754 | 60930 | 62074 | 63189 | 64274 |
| 2,7 | 65330 | 66358 | 67359 | 68333 | 69280 | 70202 | 71099 | 71972 | 72821 | 73646 |
| 2,8 | 74449 | 75229 | 75988 | 76726 | 77443 | 78140 | 78818 | 79476 | 80116 | 80738 |
| 2,9 | 81342 | 81929 | 82498 | 83052 | 83589 | 84111 | 84618 | 85110 | 85588 | 86051 |
| 3,0 | 86501 | 86938 | 87361 | 87772 | 88171 | 88558 | 88933 | 89297 | 89650 | 89992 |
| 3,1 | 0,999 03240 | 06456 | 09574 | 12597 | 15526 | 18365 | 21115 | 23781 | 26362 | 28864 |
| 3,2 | 31286 | 33633 | 35905 | 38105 | 40235 | 42297 | 44294 | 46226 | 48096 | 49906 |
| 3,3 | 51658 | 53352 | 54991 | 56577 | 58111 | 59594 | 61029 | 62416 | 63757 | 65054 |
| 3,4 | 66307 | 67519 | 68689 | 69821 | 70914 | 71971 | 72991 | 73977 | 74929 | 75849 |
| 3,5 | 76737 | 77595 | 78423 | 79222 | 79994 | 80738 | 81457 | 82151 | 82820 | 83466 |
| 3,6 | 84089 | 84690 | 85270 | 85829 | 86368 | 86888 | 87389 | 87872 | 88338 | 88787 |
| 3,7 | 89220 | 89637 | 900389 | 904260 | 907990 | 911583 | 915043 | 918376 | 921586 | 924676 |
| 3,8 | 0,999 9 27652 | 30517 | 33274 | 35928 | 38483 | 40941 | 43306 | 45582 | 47772 | 49878 |
| 3,9 | 51904 | 53852 | 55726 | 57527 | 59259 | 60924 | 62525 | 64064 | 65542 | 66963 |
| 4,0 | 68329 | 69641 | 70901 | 72112 | 73274 | 74391 | 75464 | 76493 | 77482 | 78431 |
| 4,1 | 79342 | 80217 | 81056 | 81862 | 82635 | 83376 | 84088 | 84770 | 85425 | 86052 |
| 4,2 | 86654 | 87231 | 87785 | 88315 | 88824 | 89311 | 89779 | 902264 | 906553 | 910663 |
| 4,3 | 0,999 99 14601 | 18373 | 21985 | 25445 | 28759 | 31931 | 34969 | 37877 | 40660 | 43325 |
| 4,4 | 45875 | 48315 | 50650 | 52883 | 55021 | 57065 | 59020 | 60890 | 62678 | 64388 |
| 4,5 | 66023 | 67586 | 69080 | 70508 | 71873 | 73177 | 74423 | 75614 | 76751 | 77838 |
| 4,6 | 78875 | 79867 | 80813 | 81717 | 82580 | 83403 | 84190 | 84940 | 85656 | 86340 |
| 4,7 | 86992 | 87614 | 88208 | 88774 | 89314 | 89829 | 903204 | 907887 | 912352 | 916609 |
| 4,8 | 0,999 999 20667 | 24535 | 28221 | 31733 | 35080 | 38269 | 41307 | 44201 | 46957 | 49582 |
| 4,9 | 52082 | 54462 | 56728 | 58885 | 60939 | 62893 | 64753 | 66524 | 68208 | 69810 |

**Poissonverteilung kumulativ** $\sum_{i=0}^{k} e^{-\mu} \frac{\mu^i}{i!}$

| $k$ \ $\mu$ | 0,05 | 0,1 | 0,2 | 0,3 | 0,4 | 0,5 | 0,6 | 0,7 | 0,8 | 0,9 | 1,0 | $k$ |
|---|---|---|---|---|---|---|---|---|---|---|---|---|
| 0 | 0,95123 | 90484 | 81873 | 74082 | 67032 | 60653 | 54881 | 49659 | 44933 | 40657 | 36788 | 0 |
| 1 | 0,99879 | 99532 | 98248 | 96306 | 93845 | 90980 | 87810 | 84420 | 80879 | 77248 | 73576 | 1 |
| 2 | 0,99998 | 99985 | 99885 | 99640 | 99207 | 98561 | 97688 | 96586 | 95258 | 93714 | 91970 | 2 |
| 3 | | | 99994 | 99973 | 99922 | 99825 | 99664 | 99425 | 99092 | 98654 | 98101 | 3 |
| 4 | | | | 99998 | 99994 | 99983 | 99961 | 99921 | 99859 | 99766 | 99634 | 4 |
| 5 | | | | | | 99999 | 99996 | 99991 | 99982 | 99966 | 99941 | 5 |
| 6 | | | | | | | | 99999 | 99998 | 99996 | 99992 | 6 |
| 7 | | | | | | | | | | | 99999 | 7 |
| 8 | Fehlende Zahlen sind größer | | | | | | | | | | | 8 |
| 9 | als 0,999 995 | | | | | | | | | | | 9 |

| $k$ \ $\mu$ | 1,5 | 2,0 | 3,0 | 4,0 | 5,0 | 6,0 | 7,0 | 8,0 | 9,0 | 10 | 15 | $k$ |
|---|---|---|---|---|---|---|---|---|---|---|---|---|
| 0 | 0,22313 | 13534 | 04979 | 01832 | 00674 | 00248 | 00091 | 00034 | 00012 | 00005 | 00000 | 0 |
| 1 | 0,55783 | 40601 | 19915 | 09158 | 04043 | 01735 | 00730 | 00302 | 00123 | 00050 | 00000 | 1 |
| 2 | 0,80885 | 67668 | 42319 | 23810 | 12465 | 06197 | 02964 | 01375 | 00623 | 00277 | 00004 | 2 |
| 3 | 0,93436 | 85712 | 64723 | 43347 | 26503 | 15120 | 08177 | 04238 | 02123 | 01034 | 00021 | 3 |
| 4 | 0,98142 | 94735 | 81526 | 62884 | 44049 | 28506 | 17299 | 09963 | 05496 | 02925 | 00086 | 4 |
| 5 | 0,99554 | 98344 | 91608 | 78513 | 61596 | 44568 | 30071 | 19124 | 11569 | 06709 | 00279 | 5 |
| 6 | 0,99907 | 99547 | 96649 | 88933 | 76218 | 60630 | 44971 | 31337 | 20678 | 13014 | 00763 | 6 |
| 7 | 0,99983 | 99890 | 98810 | 94887 | 86663 | 74398 | 59871 | 45296 | 32390 | 22022 | 01800 | 7 |
| 8 | 0,99997 | 99976 | 99620 | 97864 | 93191 | 84724 | 72909 | 59255 | 45565 | 33282 | 03745 | 8 |
| 9 | | 99995 | 99890 | 99187 | 96817 | 91608 | 83050 | 71662 | 58741 | 45793 | 06985 | 9 |
| 10 | | 99999 | 99971 | 99716 | 98630 | 95738 | 90148 | 81589 | 70599 | 58304 | 11846 | 10 |
| 11 | | | 99993 | 99908 | 99455 | 97991 | 94665 | 88808 | 80301 | 69678 | 18475 | 11 |
| 12 | | | 99998 | 99973 | 99798 | 99117 | 97300 | 93620 | 87577 | 79156 | 26761 | 12 |
| 13 | | | | 99992 | 99930 | 99637 | 98719 | 96582 | 92615 | 86446 | 36322 | 13 |
| 14 | | | | 99998 | 99977 | 99860 | 99428 | 98274 | 95853 | 91654 | 46565 | 14 |
| 15 | | | | | 99993 | 99949 | 99759 | 99177 | 97796 | 95126 | 56809 | 15 |
| 16 | | | | | 99998 | 99983 | 99904 | 99628 | 98889 | 97296 | 66412 | 16 |
| 17 | | | | | 99999 | 99994 | 99964 | 99841 | 99468 | 98572 | 74886 | 17 |
| 18 | | | | | | 99998 | 99987 | 99935 | 99757 | 99281 | 81947 | 18 |
| 19 | | | | | | 99999 | 99996 | 99975 | 99894 | 99655 | 87522 | 19 |
| 20 | | | | | | | 99999 | 99991 | 99956 | 99841 | 91703 | 20 |
| 21 | | | | | | | | 99997 | 99983 | 99930 | 94689 | 21 |
| 22 | | | | | | | | 99999 | 99993 | 99970 | 96726 | 22 |
| 23 | | | | | | | | | 99998 | 99988 | 98054 | 23 |
| 24 | | | | | | | | | 99999 | 99995 | 98884 | 24 |
| 25 | | | | | | | | | | 99998 | 99382 | 25 |
| 26 | | | | | | | | | | 99999 | 99669 | 26 |
| 27 | | | | | | | | | | | 99828 | 27 |
| 28 | | | | | | | | | | | 99914 | 28 |
| 29 | | | | | | | | | | | 99958 | 29 |
| 30 | | | | | | | | | | | 99980 | 30 |
| 31 | | | | | | | | | | | 99991 | 31 |
| 32 | | | | | | | | | | | 99996 | 32 |
| 33 | | | | | | | | | | | 99998 | 33 |
| 34 | | | | | | | | | | | 99999 | 34 |

## Sonnensystem

| Sonne | | Erde | | Mond | |
|---|---|---|---|---|---|
| scheinbarer mittlerer Halbmesser | ≈ 16' | mittlerer Abstand von der Sonne | $149{,}6 \cdot 10^6$ km | mittlerer Abstand von der Erde | 384 400 km |
| Halbmesser | 695 300 km | großer Radius | 6 378,16 km | scheinbarer mittlerer Halbmesser | ≈ 15'30" |
| Masse | $1{,}989 \cdot 10^{30}$ kg | Abplattung | $\frac{a-b}{b} = \frac{1}{298{,}25}$ | Halbmesser | 1 738 km |
| Dichte | $1{,}41 \cdot 10^3$ kg/m³ | Masse | $5{,}977 \cdot 10^{24}$ kg | Masse | $7{,}350 \cdot 10^{22}$ kg ≈ 1/81,3 Erdmasse |
| Umdrehungsdauer | 25,1 d | Dichte nahe der Oberfläche | ≈ $2{,}6 \cdot 10^3$ kg/m³ | Dichte | $3{,}34 \cdot 10^3$ kg/m³ |
| Temperatur an der Oberfläche | 5 700 K | Schiefe der Ekliptik | 23° 26'35" | siderische Umlaufszeit [1] | 27,322 d |
| | | | | synodische Umlaufszeit [2] | 29,531 d |
| | | | | ε der Bahn | 0,055 |

[1] siderische Umlaufszeit: Umlaufszeit in bezug auf die Fixsterne
[2] synodische Umlaufszeit: Umlaufszeit in bezug auf die Richtung Sonne–Erde bzw. Erde–Mond

| Planeten Kometen | siderische Umlaufszeit [1] | große Halbachse $10^6$ km | Exzentrizität $\epsilon = e/a$ | Bahnneigung gegen Ekliptik | Äquatorhalbmesser $10^3$ km | Masse Erde = 1 | mittlere Dichte $10^3$ kg/m³ | Zahl der Monde |
|---|---|---|---|---|---|---|---|---|
| Merkur ☿ | 87,97 d | 57,9 | 0,206 | 7,0° | 2,40 | 0,053 | 5,3 | 0 |
| Venus ♀ | 224,7 d | 108,2 | 0,007 | 3,4° | 6,20 | 0,815 | 5,1 | 0 |
| Erde ♁ | 365,256 d | 149,6 | 0,017 | – | 6,378 | 1,000 | 5,517 | 1 |
| Mars ♂ | 1,881 a | 227,9 | 0,093 | 1,9° | 3,385 | 0,107 | 3,85 | 2 |
| Jupiter ♃ | 11,862 a | 778,3 | 0,048 | 1,3° | 71,4 | 318,00 | 1,33 | 12 |
| Saturn ♄ | 29,46 a | 1428 | 0,056 | 2,5° | 60,4 | 95,22 | 0,7 | 10 |
| Uranus ♅ | 84,02 a | 2870 | 0,047 | 0,8° | 24,0 | 14,55 | 1,6 | 5 |
| Neptun ♆ | 164,8 a | 4500 | 0,009 | 1,8° | 22,3 | 17,23 | 2,27 | 2 |
| Pluto PL | 249,17 a | 5900 | 0,249 | 17,2° | 3,0 | 0,1 (?) | (≈ 4) | ? |
| Encke | 3,30 a | 332,03 | 0,847 | 12,35° | | | | |
| Halley | 76,02 a | 2685 | 0,967 | 162,2° | | | | |

### Erdsatelliten und Raumsonden

| Name | Start | Umlaufszeit | Bahnneigung gegen Äquator (* Ekliptik) | Apogäum von der Erdoberfläche aus (* Aphel) | Perigäum von der Erdoberfläche aus (* Perihel) | Lebensdauer |
|---|---|---|---|---|---|---|
| Sputnik 1 | 4.10.57 | 96,2 min | 65,1° | 939 km | 215 km | 92 Tage |
| Explorer 1 | 1. 2.58 | 114,8 min | 33,2° | 2 548 km | 356 km | (11 Jahre) |
| Explorer 10 | 25. 3.61 | 5013 min | 33° | 181 100 km | 221 km | (7 Jahre) |
| Intelsat 3G | 23. 4.70 | 1436,2 min | 0,2° | 35 802 km | 35 772 km | ($10^6$ Jahre) |
| China 1 | 24. 4.70 | 114,1 min | 68,4° | 2 386 km | 441 km | (100 Jahre) |
| Mariner 2 | 27. 8.62 | 345,9 Tage | 1,66° * | $167 \cdot 10^6$ km* | $105 \cdot 10^6$ km* | (langlebig) |

Apogäum (Aphel): größte Entfernung von der Erde (Sonne)

Perigäum (Perihel): kleinste Entfernung von der Erde (Sonne)

## Zeit

### Standardzeiten

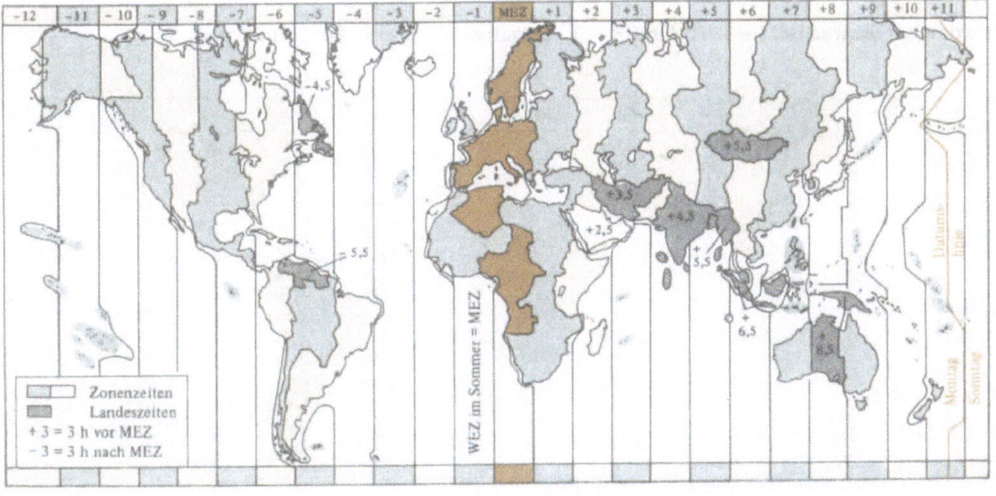

**Zeitgleichung 1979 für WZ = $0^{h}$: Zgl = WOZ – MOZ (negative Werte sind farbig unterlegt)**

| Tag | Jan. | Feb. | März | April | Mai | Juni | Juli | Aug. | Sep. | Okt. | Nov. | Dez. |
|---|---|---|---|---|---|---|---|---|---|---|---|---|
| 1. | $3{,}1^{m}$ | $13{,}5^{m}$ | $12{,}6^{m}$ | $4{,}2^{m}$ | $2{,}8^{m}$ | $2{,}4^{m}$ | $3{,}6^{m}$ | $6{,}3^{m}$ | $0{,}3^{m}$ | $10{,}0^{m}$ | $16{,}4^{m}$ | $11{,}3^{m}$ |
| 3. | 4,1 | 13,7 | 12,2 | 3,6 | 3,0 | 2,1 | 4,0 | 6,2 | 0,3 | 10,6 | 16,4 | 10,6 |
| 5. | 5,0 | 14,0 | 11,8 | 3,0 | 3,3 | 1,8 | 4,3 | 6,0 | 1,0 | 11,3 | 16,4 | 9,8 |
| 7. | 5,9 | 14,1 | 11,3 | 2,4 | 3,4 | 1,4 | 4,7 | 5,8 | 1,6 | 11,9 | 16,3 | 8,9 |
| 9. | 6,7 | 14,3 | 10,8 | 1,9 | 3,5 | 1,0 | 5,0 | 5,6 | 2,3 | 12,4 | 16,2 | 8,1 |
| 11. | 7,6 | 14,3 | 10,3 | 1,3 | 3,6 | 0,6 | 5,3 | 5,3 | 3,0 | 13,0 | 16,0 | 7,1 |
| 13. | 8,4 | 14,3 | 9,8 | 0,8 | 3,7 | 0,2 | 5,6 | 5,0 | 3,7 | 13,5 | 15,8 | 6,3 |
| 15. | 9,1 | 14,2 | 9,2 | 0,3 | 3,7 | 0,2 | 5,8 | 4,7 | 4,4 | 14,0 | 15,5 | 5,3 |
| 17. | 9,8 | 14,1 | 8,7 | 0,2 | 3,7 | 0,6 | 6,0 | 4,3 | 5,1 | 14,4 | 15,2 | 4,4 |
| 19. | 10,5 | 14,0 | 8,1 | 0,6 | 3,6 | 1,0 | 6,2 | 3,8 | 5,8 | 14,8 | 14,8 | 3,4 |
| 21. | 11,1 | 13,8 | 7,5 | 1,1 | 3,5 | 1,5 | 6,3 | 3,4 | 6,6 | 15,2 | 14,4 | 2,4 |
| 23. | 11,6 | 13,5 | 6,9 | 1,5 | 3,4 | 1,9 | 6,4 | 2,9 | 7,3 | 15,5 | 13,9 | 1,4 |
| 25. | 12,1 | 13,3 | 6,3 | 1,9 | 3,2 | 2,3 | 6,4 | 2,3 | 8,0 | 15,8 | 13,3 | 0,4 |
| 27. | 12,6 | 12,9 | 5,7 | 2,2 | 3,0 | 2,8 | 6,5 | 1,8 | 8,7 | 16,0 | 12,7 | 0,6 |
| 29. | 13,0 | | 5,1 | 2,5 | 2,8 | 3,2 | 6,4 | 1,2 | 9,3 | 16,2 | 12,0 | 1,6 |
| 31. | 13,3 | | 4,5 | | 2,5 | | 6,4 | 0,6 | | 16,3 | | 2,5 |

**Sternzeit 1979 für WZ = $0^{h}$ und $\lambda = 0°$. Tägliche Änderung: $3^{m}56{,}56^{s} = 3{,}9426^{m}$**
**(Eventuelle Schaltsekunden nach dem 31.12.1976, $24^{h}$ können die Werte geringfügig ändern)**

| Tag | Jan. | Feb. | März | April | Mai | Juni | Juli | Aug. | Sept. | Okt. | Nov. | Dez. |
|---|---|---|---|---|---|---|---|---|---|---|---|---|
| 1. | $6^{h}40{,}2^{m}$ | $8^{h}42{,}4^{m}$ | $10^{h}32{,}8^{m}$ | $12^{h}35{,}1^{m}$ | $14^{h}33{,}3^{m}$ | $16^{h}35{,}6^{m}$ | $18^{h}33{,}8^{m}$ | $20^{h}36{,}1^{m}$ | $22^{h}38{,}3^{m}$ | $0^{h}36{,}5^{m}$ | $2^{h}38{,}8^{m}$ | $4^{h}37{,}0^{m}$ |
| 3. | 48,1 | 50,3 | 40,7 | 42,9 | 41,2 | 43,4 | 41,7 | 43,9 | 46,2 | 44,4 | 46,7 | 44,9 |
| 5. | 56,0 | 58,2 | 48,6 | 50,8 | 49,1 | 51,3 | 49,6 | 51,8 | 54,0 | 52,3 | 54,5 | 52,8 |
| 7. | 7 3,9 | 9 6,1 | 56,6 | 58,7 | 57,0 | 59,2 | 57,5 | 59,7 | 23 1,9 | 1 0,2 | 3 2,4 | 5 0,7 |
| 9. | 11,8 | 14,0 | 11 4,4 | 13 6,6 | 15 4,9 | 17 7,1 | 19 5,4 | 21 7,6 | 9,8 | 8,1 | 10,3 | 8,6 |
| 11. | 19,7 | 21,9 | 12,3 | 14,5 | 12,8 | 15,0 | 13,3 | 15,5 | 17,7 | 16,0 | 18,2 | 16,5 |
| 13. | 27,5 | 29,8 | 20,1 | 22,4 | 20,6 | 22,9 | 21,1 | 23,4 | 25,6 | 23,9 | 26,1 | 24,4 |
| 15. | 35,4 | 37,6 | 28,0 | 30,3 | 28,5 | 30,7 | 29,0 | 31,2 | 33,5 | 31,7 | 34,0 | 32,2 |
| 17. | 43,3 | 45,5 | 35,9 | 38,1 | 36,4 | 38,6 | 36,9 | 39,1 | 41,4 | 39,6 | 41,8 | 40,1 |
| 19. | 51,2 | 53,4 | 43,8 | 46,0 | 44,3 | 46,5 | 44,8 | 47,0 | 49,2 | 47,5 | 49,7 | 48,0 |
| 21. | 59,1 | 10 1,3 | 51,7 | 53,9 | 52,2 | 54,4 | 52,7 | 54,9 | 57,1 | 55,4 | 57,6 | 55,9 |
| 23. | 8 7,0 | 9,2 | 59,6 | 14 1,8 | 16 0,1 | 18 2,3 | 20 0,6 | 22 2,8 | 0 5,0 | 2 3,3 | 4 5,5 | 6 3,8 |
| 25. | 14,8 | 17,1 | 12 7,5 | 9,7 | 8,0 | 10,2 | 8,5 | 10,7 | 12,9 | 11,2 | 13,4 | 11,7 |
| 27. | 22,7 | 25,0 | 15,3 | 17,6 | 15,8 | 18,1 | 16,3 | 18,6 | 20,8 | 19,1 | 21,3 | 19,6 |
| 29. | 30,6 | | 23,2 | 25,4 | 23,7 | 25,9 | 24,2 | 26,4 | 28,7 | 26,9 | 29,2 | 27,4 |
| 31. | 38,5 | | 31,1 | | 31,6 | | 32,1 | 34,3 | | 34,8 | | 35,3 |

**Deklination der wahren Sonne 1979 für WZ = $0^{h}$ (negative Werte sind farbig unterlegt)**

| Tag | Jan. | Feb. | März | April | Mai | Juni | Juli | Aug. | Sept. | Okt. | Nov. | Dez. |
|---|---|---|---|---|---|---|---|---|---|---|---|---|
| 1. | 23° 4′ | 17°20′ | 7°54′ | 4°13′ | 14°50′ | 21°56′ | 23°10′ | 18°13′ | 8°35′ | 2°52′ | 14°10′ | 21°40′ |
| 3. | 22 54 | 16 46 | 7 8 | 5 0 | 15 26 | 22 12 | 23 1 | 17 43 | 7 51 | 3 39 | 14 48 | 21 59 |
| 5. | 22 42 | 16 10 | 6 22 | 5 46 | 16 1 | 22 27 | 22 52 | 17 11 | 7 7 | 4 25 | 15 26 | 22 16 |
| 7. | 22 28 | 15 34 | 5 36 | 6 31 | 16 35 | 22 40 | 22 40 | 16 39 | 6 22 | 5 11 | 16 2 | 22 31 |
| 9. | 22 13 | 14 56 | 4 49 | 7 16 | 17 8 | 22 52 | 22 27 | 16 5 | 5 37 | 5 57 | 16 37 | 22 44 |
| 11. | 21 56 | 14 17 | 4 2 | 8 1 | 17 40 | 23 1 | 22 13 | 15 30 | 4 52 | 6 43 | 17 12 | 22 56 |
| 13. | 21 37 | 13 38 | 3 15 | 8 45 | 18 11 | 23 10 | 21 56 | 14 55 | 4 6 | 7 28 | 17 45 | 23 5 |
| 15. | 21 16 | 12 57 | 2 28 | 9 28 | 18 40 | 23 16 | 21 39 | 14 18 | 3 20 | 8 13 | 18 16 | 23 13 |
| 17. | 20 54 | 12 16 | 1 40 | 10 11 | 19 8 | 23 21 | 21 20 | 13 41 | 2 34 | 8 57 | 18 47 | 23 19 |
| 19. | 20 30 | 11 34 | 0 53 | 10 53 | 19 35 | 23 24 | 20 59 | 13 2 | 1 48 | 9 41 | 19 16 | 23 23 |
| 21. | 20 5 | 10 51 | 0 5 | 11 35 | 20 1 | 23 26 | 20 37 | 12 23 | 1 1 | 10 24 | 19 44 | 23 26 |
| 23. | 19 38 | 10 8 | 0 42 | 12 15 | 20 25 | 23 26 | 20 14 | 11 43 | 0 15 | 11 7 | 20 10 | 23 26 |
| 25. | 19 10 | 9 24 | 1 29 | 12 55 | 20 48 | 23 24 | 19 50 | 11 2 | 0 32 | 11 49 | 20 35 | 23 25 |
| 27. | 18 40 | 8 39 | 2 16 | 13 34 | 21 9 | 23 21 | 19 24 | 10 21 | 1 19 | 12 30 | 20 58 | 23 21 |
| 29. | 18 9 | | 3 3 | 14 12 | 21 29 | 23 16 | 18 56 | 9 39 | 2 5 | 13 11 | 21 20 | 23 16 |
| 31. | 17 36 | | 3 50 | | 21 48 | | 18 28 | 8 56 | | 13 50 | | 23 9 |

## Zeitmaße

| | | |
|---|---|---|
| 1 tropisches Jahr | = | Dauer des scheinbaren Umlaufes der Sonne von Frühlingspunkt zu Frühlingspunkt |
| | = | 365,2422 Tage |
| 1 Ephemeridensekunde | = | 1/31 556 925,975 des tropischen Jahres 1900 (siehe jedoch die Definition der Sekunde S. 40) |
| 1 Sterntag | = | Dauer zwischen zwei aufeinanderfolgenden oberen Durchgängen des Frühlingspunktes durch den Süd-Nord-Meridian |
| 1 Sonnentag | = | Dauer zwischen zwei aufeinanderfolgenden unteren Durchgängen der Sonne durch den Süd-Nord-Meridian |
| 1 Sterntag | = | 23h 56min 4,09054 s in mittl. Sonnenzeit = 0,99727 mittl. Sonnentage |
| 1 Mittlerer Sonnentag | = | 24h 3min 56,55536 s in Sternzeit = 1,00274 Sterntage |
| Stundenwinkel (t) | = | Winkel des Stundenkreises des Gestirns vom oberen Süd-Nord-Meridian aus über W und N nach O gerechnet (in ° oder $^h$) |
| Wahre Ortszeit (WOZ) | = | Stundenwinkel der wahren Sonne $\pm 12^h$ |
| Mittl. Ortszeit (MOZ) | = | Stundenwinkel der mittl. Sonne $\pm 12^h$ |
| Mitteleurop. Zeit (MEZ) | = | $\mathrm{MOZ} + (15^\circ - \lambda) \cdot \frac{24^h}{360^\circ}$ $\left(\begin{array}{l}\lambda > 0 \text{ östl.}\\ \lambda < 0 \text{ westl.}\end{array} \text{Länge}\right)$ |
| Weltzeit (WZ) | = | $\mathrm{MEZ} - 1^h$ |
| Sternzeit ($\vartheta$) | = | Stundenwinkel des Frühlingspunktes |

$$\vartheta = \vartheta_0 + (\mathrm{MEZ} - 1^h) \cdot 1{,}00274 + \frac{\lambda}{360^\circ} \cdot 24^h$$

$$\vartheta = \vartheta_0 + \mathrm{MOZ} \cdot 1{,}00274 - \frac{\lambda}{360^\circ} \cdot 3^m\ 56{,}56^s$$

$\vartheta$: Sternzeit (in $^h$) für die Länge $\lambda$ (in °)

$\vartheta_0$: Sternzeit für $\lambda = 0^\circ$ und $\mathrm{WZ} = 0^h$ desselben Tages

$\lambda > 0$ östl. Länge, $\lambda < 0$ westl. Länge

| | | |
|---|---|---|
| Rektaszension ($\alpha$) | = | $\vartheta - t$ |
| Rektaszension der Sonne (für $\mathrm{WZ} = 0^h$) | = | Sternzeit (für $\mathrm{WZ} = 0^h$) $\pm 12^h$ – Zgl |

## Geographische Koordinaten

| Ort | Nördl. Breite | Östl. Länge |
|---|---|---|
| Algier | 36°48′ | 3° 6′ |
| Amsterdam | 52 23 | 4 53 |
| Athen | 38 6 | 23 48 |
| Augsburg | 48 24 | 10 54 |
| Bagdad | 33 18 | 44 24 |
| Barcelona | 41 24 | 2 12 |
| Basel | 47 6 | 7 36 |
| Belgrad | 44 48 | 20 30 |
| Berlin-Tempelhof | 52 30 | 13 24 |
| Bern | 46 57 | 7 26 |
| Bombay | 19 6 | 72 48 |
| Bonn | 50 44 | 7 6 |
| Boston | 42 24 | -71 2 |
| Braunschweig | 52 18 | 10 30 |
| Breslau | 51 7 | 17 2 |
| Brüssel | 50 55 | 4 23 |
| Budapest | 47 30 | 19 4 |
| Buenos Aires | -34 16 | -58 22 |
| Bukarest | 44 29 | 26 5 |
| Chicago | 41 54 | -87 36 |
| Danzig | 54 24 | 18 40 |
| Daressalam | - 6 50 | 39 10 |
| Dortmund | 51 30 | 7 35 |
| Dresden | 51 6 | 13 47 |
| Düsseldorf | 51 14 | 6 47 |
| Essen-Mülheim | 51 24 | 6 54 |
| Frankfurt a. M. | 50 7 | 8 42 |
| Genf | 46°12′ | 6° 9′ |
| Gibraltar | 36 6 | - 5 25 |
| Graz | 47 5 | 15 27 |
| Greenwich | 51 29 | 0 0 |
| Hamburg | 53 33 | 9 58 |
| Hannover | 52 22 | 9 44 |
| Hongkong | 22 16 | 114 8 |
| Honolulu | 21 19 | -157 51 |
| Istanbul | 41 2 | 28 58 |
| Johannesburg | -26 12 | 28 6 |
| Kairo | 30 6 | 31 18 |
| Kapstadt | -33 56 | 18 59 |
| Kiel | 54 20 | 10 9 |
| Köln | 50 56 | 6 58 |
| Königsberg | 54 43 | 20 30 |
| Kopenhagen | 55 41 | 12 35 |
| Leipzig | 51 20 | 12 23 |
| Leningrad | 59 53 | 30 18 |
| Lissabon | 38 44 | - 9 10 |
| London-Croydon | 51 24 | - 0 6 |
| Madrid | 40 25 | - 3 41 |
| Mailand | 45 28 | 9 11 |
| Manila | 14 35 | 121 2 |
| Mannh. Ludwigsh. | 49 29 | 8 28 |
| Marseille | 43 24 | 5 12 |
| Moskau | 55 45 | 37 34 |
| München | 48 9 | 11 37 |
| New York | 40°44′ | -73°59′ |
| Nürnberg | 49 30 | 11 5 |
| Odessa | 46 30 | 30 40 |
| Oslo | 59 55 | 10 42 |
| Palermo | 38 7 | 13 21 |
| Paris-Le Bourget | 48 54 | 2 24 |
| Peking | 39 54 | 116 28 |
| Philadelphia | 40 00 | -75 12 |
| Prag | 50 5 | 14 25 |
| Quebec | 46 46 | -71 10 |
| Rio de Janeiro | -22 54 | -43 10 |
| Rom | 41 54 | 12 29 |
| Santiago | -33 26 | -70 40 |
| Sidney | 46 40 | -61 42 |
| Sofia | 42 48 | 23 18 |
| San Francisco | 37 48 | -122 26 |
| Stockholm | 59 21 | 18 4 |
| Stuttgart | 48 42 | 9 0 |
| Sydney | -33 54 | 151 12 |
| Tokio | 35 39 | 139 45 |
| Tunis | 36 48 | 10 11 |
| Warschau | 52 12 | 21 0 |
| Washington | 38 54 | -77 0 |
| Wien | 48 14 | 16 20 |
| Yokohama | 35 24 | 139 40 |
| Zürich | 47 23 | 8 33 |

## Basisgrößen, Basiseinheiten

| Größen | Einheit | Definition der Basiseinheit [1] |
|---|---|---|
| Länge $l$ | 1 m (Meter) | 1 m ist das 1 650 763,73-fache der Wellenlänge der von Atomen des Nuklids $^{86}Kr$ beim Übergang vom Zustand $5d_5$ zum Zustand $2p_{10}$ im Vakuum ausgesandten Strahlung. |
| Masse $m$ | 1 kg (Kilogramm) | 1 kg ist die Masse des Internationalen Kilogrammprototyps. |
| Zeit $t$ | 1 s (Sekunde) | 1 s ist das 9 192 631 770-fache der Periodendauer der dem Übergang zwischen den beiden Hyperfeinstrukturniveaus des Grundzustandes von Atomen des Nuklids $^{133}Cs$ entsprechenden Strahlung. |
| Stromstärke $I$ | 1 A (Ampere) | 1 A ist die Stärke eines konstanten Gleichstromes, der durch zwei im Abstand von 1 m parallele, geradlinige, unendlich lange, vernachlässigbar dünne Leiter im Vakuum fließt und zwischen diesen eine Kraft von $2 \cdot 10^{-7}$ N je Meter Länge hervorruft. |
| Temperatur $\vartheta$ | 1 K (Kelvin) | 1 K ist der 273,16te Teil der thermodynamischen Temperatur des Tripelpunktes des Wassers. |
| Stoffmenge | 1 mol | 1 mol ist die Stoffmenge eines Systems bestimmter Zusammensetzung, das aus ebenso vielen Teilchen besteht, wie Atome in 0,012 kg des Nuklids $^{12}C$ enthalten sind. |
| Lichtstärke | 1 cd (Candela) | 1 cd ist die Lichtstärke, mit der $1,\bar{6} \cdot 10^{-6}$ m$^2$ der Oberfläche eines Schwarzen Strahlers bei der Temperatur des beim Druck 101 325 N/m$^2$ erstarrenden Platins senkrecht zu seiner Oberfläche leuchtet. |

[1] Nach „Gesetz über Einheiten im Meßwesen" vom 2.7.69/72 (verkürzt)

## Umrechnung der SI-Einheiten in einige noch gebrauchte Einheiten[2]

**Geschwindigkeit:** 1 m/s = 3,6 km/h; 1 km/h = 0,2778 m/s

**Kraft:** 1 N = 0,102 kp; 1 kp = 9,80665 N

| Energie: | J | kp m | kcal | eV |
|---|---|---|---|---|
| 1 J = 1 Nm = 1 W s = | 1 | 0,102 | $2,39 \cdot 10^{-4}$ | $6,24 \cdot 10^{18}$ |
| 1 kp m = | 9,80665 | 1 | $2,34 \cdot 10^{-3}$ | $6,12 \cdot 10^{19}$ |
| 1 kcal = | $4,19 \cdot 10^{3}$ | 427 | 1 | $2,61 \cdot 10^{22}$ |
| 1 eV = | $1,602 \cdot 10^{-19}$ | $1,63 \cdot 10^{-20}$ | $3,83 \cdot 10^{-23}$ | 1 |

**Leistung:** 1 W = $1,36 \cdot 10^{-3}$ PS; 1 PS = 736 W

| Druck: | N/m$^2$ | at | Torr |
|---|---|---|---|
| 1 N/m$^2$ = $10^{-2}$ mbar = 1 Pa = | 1 | $1,02 \cdot 10^{-5}$ | $7,50 \cdot 10^{-3}$ |
| 1 at = 1 kp/cm$^2$ = | $9,80665 \cdot 10^{4}$ | 1 | 736 |
| 1 Torr = 1 mm Hg = $\frac{1}{760}$ atm = | 133,3 | $1,36 \cdot 10^{-3}$ | 1 |

[2] Die farbigen Zahlen sind genau.

## Weitere Größen, Einheiten, Formeln, Gesetze

### Lineare Bewegung, Druck, Energie, Gravitation

| | | | |
|---|---|---|---|
| Geschwindigkeit | $\vec{v}$ | 1 m/s | $\vec{v} = \frac{d\vec{s}}{dt}$; $\vec{v}$ konstant: $\vec{s} = \vec{v} \cdot t$ |
| Beschleunigung | $\vec{a}$ | 1 m/s² | $\vec{a} = \frac{d\vec{v}}{dt}$; $\vec{a}$ konstant: $\vec{s} = \frac{\vec{a}}{2} \cdot t^2$, $\vec{v} = \vec{a} \cdot t$, $v = \sqrt{2a \cdot s}$ |
| Kraft | $\vec{F}$ | 1 kg m/s² = 1 N (Newton) | $\vec{F} = m \cdot \vec{a}$ |
| Druck | $p$ | 1 N/m² = 1 Pa (Pascal) | $p = \frac{F}{A}$ |
| Arbeit | $W$ | 1 N m = 1 J (Joule) | $W = \vec{F} \cdot \vec{s} = F \cdot s \cdot \cos\alpha = \frac{1}{2} m \cdot v^2$ $(\alpha = \sphericalangle(\vec{F}, \vec{s}))$ |
| Leistung | $P$ | 1 N m/s = 1 W (Watt) | $P = \frac{W}{t}$ |
| Energie | $W$ | 1 N m = 1 J (Joule) | $W_{pot} = m \cdot g \cdot h$; $W_{kin} = \frac{1}{2} m \cdot v^2$; $W_{spann} = \frac{1}{2} D \cdot l^2$ |
| Impuls | $\vec{p}$ | 1 kg m/s | $\vec{p} = m \cdot \vec{v}$; $\vec{F} = \frac{d\vec{p}}{dt}$ |
| Gravitationsgesetz | | | $F = \gamma \cdot \frac{M \cdot m}{r^2}$ |

### Kreisbewegung

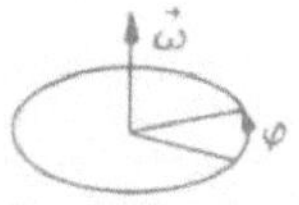

| | | | |
|---|---|---|---|
| Umlaufszeit | $T$ | 1 s | |
| Frequenz | $f$ | 1 s⁻¹ = 1 Hz (Hertz) | $f = \frac{1}{T} = \frac{n}{t}$ |
| Winkelgeschwindigkeit (Kreisfrequenz) | $\vec{\omega}$ | 1 Hz | $\omega = \frac{d\varphi}{dt}$; $\vec{\omega}$ konstant: $\omega = \frac{\varphi}{t} = \frac{2\pi}{T} = 2\pi f$ |
| Winkelbeschleunigung | $\vec{\beta}$ | 1 s⁻² = 1 Hz² | $\vec{\beta} = \frac{d\vec{\omega}}{dt}$; $\vec{\beta}$ konstant: $\varphi = \frac{1}{2}\beta \cdot t^2$ |
| Bahngeschwindigkeit | $\vec{v}$ | 1 m/s | $\vec{v} = \vec{\omega} \times \vec{r}$, $v = \frac{2\pi r}{T} = 2\pi r \cdot f = r \cdot \omega$ |
| Zentralbeschleunigung | $\vec{a}$ | 1 m/s² | $\vec{a} = -\frac{v^2}{r^2} \cdot \vec{r}$ |
| Zentralkraft | $\vec{Z}$ | 1 N | $\vec{Z} = m \cdot \vec{a} = -m \cdot \frac{v^2}{r^2} \cdot \vec{r}$ |
| Energie | $W$ | 1 J | $W_{rot} = \frac{1}{2} m \cdot r^2 \cdot \omega^2 = \frac{1}{2} J \cdot \omega^2$ |
| Trägheitsmoment | $J$ | 1 kg m² | $J = m \cdot r^2 \left(= \int_{r=r_1}^{r=r_2} r^2 \, dm\right)$ |
| Drehimpuls | $\vec{b}$ | 1 kg m²/s | $\vec{b} = J \cdot \vec{\omega}$ |
| Drehmoment | $\vec{M}$ | 1 kg m²/s² | $\vec{M} = \vec{r} \times \vec{F} = \frac{d\vec{b}}{dt}$; $\vec{M} = J \cdot \vec{\beta}$ |

## Schwingungen

| | | | |
|---|---|---|---|
| Harmonische Schwingungen | | | $y = r \sin \omega t$; $v = r \cdot \omega \cos \omega t$; $a = -r \cdot \omega^2 \sin \omega t = -\omega^2 \cdot y$ |
| Differentialgleichung | | | $m \cdot \ddot{y} + D \cdot y = 0$; $\omega = \frac{2\pi}{T} = \sqrt{\frac{D}{m}}$ $\left(\text{Pendel: } = \sqrt{\frac{g}{l}}\right)$ |
| Energie | $W$ | 1 J | $W = \frac{1}{2} D \cdot r^2$ |
| Wellengleichung | | | $y = r \sin 2\pi \left(\frac{t}{T} - \frac{x}{\lambda}\right)$ |
| Wellenlänge | $\lambda$ | 1 m | $\lambda = v \cdot T$ ($v$: Ausbreitungsgeschw. der Welle) |

## Thermodynamik

| | | | |
|---|---|---|---|
| Längenausdehnungskoeffizient | $\alpha$ | 1 K$^{-1}$ | $\alpha = \frac{\Delta l}{\Delta \vartheta} \cdot \frac{1}{l_0}$; $l = l_0 \cdot (1 + \alpha \cdot \vartheta)$ |
| Raumausdehnung | | | $V = V_0 \cdot (1 + \beta \cdot \vartheta)$; $\beta = 3\alpha$ |
| Raumausdehnung für Gase | | | $V = V_0 \cdot \left(1 + \frac{\vartheta}{273}\right)$, falls $p$ konstant |
| Wärmemenge | $Q$ | 1 J | |
| spez. Wärme | $c$ | 1 J/kg K | $c = \frac{\Delta Q}{\Delta \vartheta} \cdot \frac{1}{m}$; $c_V$: $V$ konstant; $c_p$: $p$ konstant |
| Gasgleichung für ideale Gase | | | $\frac{p \cdot V}{T} = \frac{p_0 \cdot V_0}{T_0} = n \cdot R$ ($n$: Anzahl der Kilomole, $R$: Gaskonstante) |
| Gasgleichung für reale Gase (van-der-Waalssche Gleichung) | | | $\left(p + \frac{a}{V^2}\right) \cdot (V - n \cdot b) = n \cdot R \cdot T$ ($a$, $b$ Eigenschaften des Gases, $n$: Anzahl der Kilomole, $R$: Gaskonstante) |

## Optik

| | | | |
|---|---|---|---|
| Brechungsgesetz | | | $\frac{\sin \alpha}{\sin \beta} = \frac{c_1}{c_2} = \frac{n_2}{n_1}$ ($n_1$, $n_2$: Brechungsindex, $c_1$, $c_2$: Geschwindigkeit) |
| Linsengleichung | | | $\frac{1}{g} + \frac{1}{b} = \frac{1}{f}$ ($g$: Gegenstands-, $b$: Bild-, $f$: Brennweite) |
| Brechkraft | $B$ | 1 m$^{-1}$ = 1 D (Dioptrie) | $B = \frac{1}{f}$; $B = B_1 + B_2$ bei Hintereinanderschaltung von Linsen |
| Beugung am Spalt | | | Minima: $\sin \alpha = \frac{2n}{d} \cdot \frac{\lambda}{2}$<br>Maxima: $\sin \alpha = \frac{2n+1}{d} \cdot \frac{\lambda}{2}$ ($d$: Breite des Spaltes) |
| Beugung am Gitter | | | Maxima: $\sin \alpha = \frac{2n}{a} \cdot \frac{\lambda}{2}$ ($a$: Gitterkonstante)<br>$a$ = Abstand der Mitten der Öffnungen |

## Elektrisches Feld

| | | | |
|---|---|---|---|
| Ladung | $Q$ | 1 A s = 1 C (Coulomb) | $Q = I \cdot t$ |
| elektrische Feldstärke | $\vec{E}$ | 1 N/A s = 1 V/m | $\vec{E} = \frac{\vec{F}}{Q}$; um Punktladung: $\vec{E} = \frac{Q}{\epsilon_r \cdot \epsilon_0 \cdot 4 \pi r^3} \cdot \vec{r}$ |
| elektrische Verschiebungsdichte | $\vec{D}$ | 1 A s/m$^2$ | $D = \frac{Q}{A}$; $\vec{D} = \epsilon_r \cdot \epsilon_0 \cdot \vec{E}$ ($\epsilon_r$: relative Dielektrizitätszahl, $\epsilon_0$: el. Feldkonstante) |

| | | | |
|---|---|---|---|
| Spannung | $U$ | 1 N m/A s = 1 V (Volt) | $U = \frac{W}{Q} = \vec{E} \cdot \vec{d}$ |
| Coulombsches Gesetz | | | $F = \frac{1}{4\pi\epsilon_0} \cdot \frac{Q_1 \cdot Q_2}{r^2}$ |
| Kapazität | $C$ | 1 A s/V = 1 F (Farad) | $C = \frac{Q}{U} = \epsilon_r \cdot \epsilon_0 \cdot \frac{A}{d}$ |
| Reihenschaltung von Kapazitäten | | | $\frac{1}{C} = \frac{1}{C_1} + \frac{1}{C_2} + \ldots$ |
| Parallelschaltung von Kapazitäten | | | $C = C_1 + C_2 + \ldots$ |
| Energie des Kondensators | $W$ | 1 A V s = 1 J | $W = \frac{1}{2} C \cdot U^2 = \frac{1}{2} Q \cdot U = \frac{1}{2} \frac{Q^2}{C}$ |

## Magnetisches Feld

| | | | |
|---|---|---|---|
| magnetische Feldstärke | $\vec{H}$ | 1 A/m | $H = I \cdot \frac{w}{l}$ ($w$: Windungszahl, $l$: Länge, $I$: Strom der Spule) |
| magnetische Flußdichte | $\vec{B}$ | 1 N/Am = 1 Vs/m² = 1 T (Tesla) | $B = \frac{F}{I \cdot l}$ ($F$: Kraft, $I$: Strom, $l$: Länge des Leiterstücks, $F \perp l \perp B \perp F$)<br>$\vec{B} = \mu_r \cdot \mu_0 \cdot \vec{H}$ ($\mu_r$: relative Permeabilität, $\mu_0$: magnetische Feldkonstante) |
| Lorentzkraft | $\vec{F}$ | 1 N | $\vec{F} = Q \cdot \vec{v} \times \vec{B}$; $F = Q \cdot v \cdot B$ (falls $v \perp B$)<br>($v$: Geschwindigkeit von $Q$) |
| magnetischer Fluß | $\Phi$ | 1 Vs = 1 Wb (Weber) | $\Phi = B \cdot A \cos\varphi$ ($A$: Fläche der Spule, $\varphi = \sphericalangle(\vec{A}, \vec{B})$) |
| Induktionsspannung | $U$ | 1 V | $U_{ind} = w \cdot \frac{d\Phi}{dt}$ ($w$: Anzahl der Windungen der Spule)<br>$U_{ind} = B \cdot v \cdot L$ ($v$: Geschwindigkeit, $L$: Länge des bewegten Leiters) |
| Induktivität | $L$ | 1 V s/A = 1 Hy (Henry) | $L = -\frac{U_{ind}}{\frac{dI}{dt}} = \mu_r \cdot \mu_0 \cdot \frac{w^2 \cdot A}{l}$ |
| Energie der Spule | $W$ | 1 J | $W = \frac{1}{2} L \cdot I^2$ |

## Stromkreis

| | | | |
|---|---|---|---|
| Ohmsches Gesetz | | | $U \sim I$ |
| Ohmscher Widerstand | $R_O$ | $1 \frac{V}{A} = 1\,\Omega$ | $R_O = \frac{U}{I} = \rho \cdot \frac{l}{A}$ ($l$: Länge, $A$: Querschnitt, $\rho$: spez. Widerstand des Drahtes) |
| Reihenschaltung | | | $R_O = R_{O1} + R_{O2}$; $U_1 : U_2 = R_1 : R_2$ |
| Parallelschaltung | | | $\frac{1}{R_O} = \frac{1}{R_{O1}} + \frac{1}{R_{O2}}$; $I = I_1 + I_2$ |
| Elektr. Arbeit | $W$ | 1 A V s = 1 J | $W = I \cdot U \cdot t$ |
| Wechselspannung | $U$ | 1 V | $U = U_m \sin\omega t$; $U_{eff} = \frac{U_m}{\sqrt{2}}$ |
| Wechselstrom | $I$ | 1 A | $I = I_m \sin\omega t$; $I_{eff} = \frac{I_m}{\sqrt{2}}$ |
| kapazitiver Widerstand | $R_C$ | 1 Ω | $R_C = \frac{1}{\omega \cdot C}$ |
| induktiver Widerstand | $R_L$ | 1 Ω | $R_L = \omega \cdot L$ |
| Gesamtwiderstand | $R$ | 1 Ω | $R = \sqrt{R_O^2 + (R_L - R_C)^2}$ |

| | | | |
|---|---|---|---|
| Phasenwinkel | | | $\tan\varphi = \frac{R_L - R_C}{R_O}$ |
| Leistung | $P$ | $1\,AV = 1\,W$ | $P = U_{eff} \cdot I_{eff} \cos\varphi$ |
| Differentialgleichung im Schwingkreis | | | $L \cdot \ddot{Q} + \frac{1}{C} \cdot Q = 0 \quad (\dot{Q} = I)$ |
| Schwingungsdauer | $T$ | 1 s | $T = 2\pi\sqrt{L \cdot C}$ |

## Atomphysik

| | | | | |
|---|---|---|---|---|
| Energie der Strahlung | $W$ | 1 J | $W = h \cdot f$ | ($h$: Plancksches Wirkungsquantum, $f$: Frequenz) |
| Wellenlänge (de Broglie) | $\lambda$ | 1 m | $\lambda = \frac{h}{m \cdot v}$ | ($m$: Masse, $v$: Geschwindigkeit des Teilchens) |
| Frequenz der von einem Atom ausgestrahlten Lichtquanten | $f$ | 1 Hz | $f = c \cdot Ry \cdot \left(\frac{1}{m^2} - \frac{1}{n^2}\right)$<br>$n > m$; ganze Zahlen | ($c$: Lichtgeschwindigkeit) |
| Aktivität | $A$ | $1\,s^{-1}$<br>$1\,Ci = 3{,}7 \cdot 10^{10}$ Zerfallsakte/s (Curie) | $A = \frac{dN}{dt}$ | |
| Absorptionsgesetz | | | $N = N_0 \cdot e^{-kd}$ | ($k$: Absorptionskonstante) |
| Zerfallsgesetz | | | $N = N_0 \cdot e^{-\lambda t}$ | ($\lambda$: Zerfallskonstante) |
| Halbwertszeit | $T_H$ | 1 s | $T_H = \frac{1}{\lambda} \ln 2$ | ($N = \frac{1}{2} N_0$) |

## Elektromagnetische Wellen

| | | | |
|---|---|---|---|
| Stefan-Boltzmannsches Gesetz | | $P = \sigma \cdot A \cdot T^4$ | ($\sigma$: Strahlungskonstante; $P$: Leistung, $A$: Fläche, $T$: abs. Temperatur des Strahlers) |
| Wiensches Verschiebungsgesetz | | $\lambda_{max} \cdot T = \text{const.}$ | ($\lambda_{max}$: Maximum der Wellenlänge der Strahlung, $T$: abs. Temperatur) |
| Lichtgeschwindigkeit im Vakuum | 1 m/s | $c_0 = \frac{1}{\sqrt{\mu_0 \cdot \varepsilon_0}}$ | |

## Skala des elektromagnetischen Spektrums:

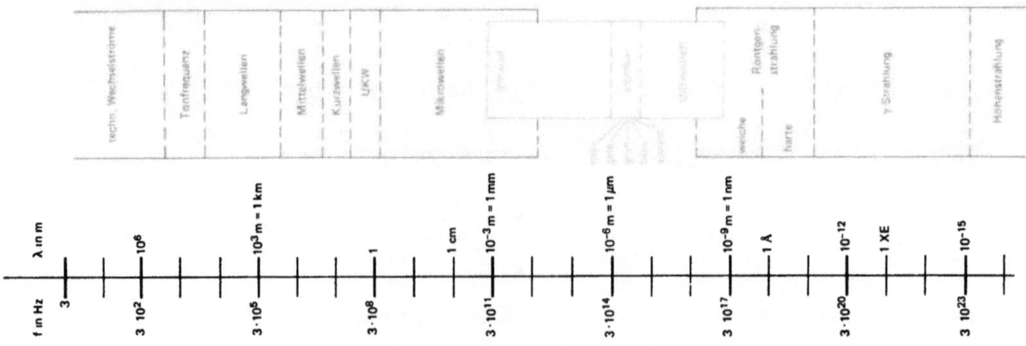

**Druck des gesättigten Wasserdampfes**

| $\vartheta$ °C | $p$ $10^{-3}$ bar | $p$ Torr |
|---|---|---|
| -10 | 2,6 | 1,95 |
| 0 | 6,1 | 4,58 |
| 5 | 8,7 | 6,53 |
| 10 | 12,3 | 9,23 |
| 15 | 17,1 | 12,8 |
| 20 | 23,4 | 17,6 |
| 25 | 31,7 | 23,8 |
| 30 | 42,4 | 31,8 |
| 50 | 123,3 | 92,48 |
| 70 | 311,6 | 233,7 |
| 90 | 701,1 | 525,9 |
| 97 | 909,4 | 682,1 |
| 98 | 943,0 | 707,3 |
| 99 | 977,5 | 733,2 |
| 100 | 1013,2 | 760 |
| 110 | 1432 | 1074 |
| 120 | 1985 | 1489 |
| 150 | 4760 | 3570 |
| 200 | 15550 | 11660 |
| 300 | 85920 | 64450 |
| 374 | 220550 | 165400 |

**Eigenschaften einiger Elemente**

|  | rel. Molekulargew. | Molvolumen bei 20 °C (*0 °C, 760 T.) $m^3$/kmol | spez. Wärme bei 20 °C (* $c_p$ [1]) kcal/K kg |
|---|---|---|---|
| Al | 27,0 | 0,010 | 0,214 |
| Pb | 207,2 | 0,024 | 0,031 |
| Fe | 55,8 | 0,0072 | 0,108 |
| Diamant | | 0,0034 | 0,12 |
| Graphit | | 0,0055 | 0,17 |
| Cu | 63,5 | 0,0071 | 0,092 |
| Pt | 195,2 | 0,0091 | 0,032 |
| Ag | 107,9 | 0,010 | 0,056 |
| Si | 28,1 | 0,012 | 0,168 |
| U | 238,1 | 0,013 | 0,028 |
| Zn | 65,4 | 0,0092 | 0,093 |
| $H_2O$ | 18 | 0,018 | 0,999 |
| $C_6H_6$ | 78 | 0,089 | 0,41 |
| Hg | 201 | 0,015 | 0,033 |
| $H_2$ | 2,016 | 22,4 * | 0,420* |
| He | 4,003 | 22,4 * | 1,250* |
| Ne | 20,183 | 22,4 * | 0,244* |
| $N_2$ | 28,015 | 22,4 * | 0,248* |
| $O_2$ | 31,999 | 22,4 * | 0,219* |
| $CO_2$ | 44,011 | 22,2 * | 0,200* |

[1]) bei konstantem Druck

**Elektrochem. Äquivalente für 1 As**

|  | mg |
|---|---|
| Ag | 1,1180 |
| Al | 0,0932 |
| Cu | 0,3293 |
| Cl | 0,367 |
| H | 0,01045 |
| Hg | 1,0395 |
| Ni | 0,305 |
| O | 0,08291 |

**spez. Wärme $c_v$ bei konst. Volumen kcal/K kg**

|  | $c_v$ |
|---|---|
| $H_2$ | 2,426 |
| He | 0,767 |
| Ne | 0,149 |
| $N_2$ | 0,177 |
| $O_2$ | 0,157 |
| $CO_2$ | 0,155 |

## Physikalische Konstanten

| | | |
|---|---|---|
| Fallbeschleunigung | $g$ = | $9{,}80665\ m/s^2$ |
| Gravitationskonstante | $\gamma$ = | $6{,}670 \cdot 10^{-11}\ N\ m^2/kg^2$ |
| Avogadro-Konstante | $N_A$ = | $6{,}02252 \cdot 10^{26}\ 1/kmol$ |
| Gaskonstante | $R$ = | $8{,}3143 \cdot 10^3\ J/K \cdot kmol$ |
| Boltzmannsche Konstante | $k$ = | $1{,}38054 \cdot 10^{-23}\ J/K$ |
| absolute Temperatur | 0 K $\hat{=}$ | $-273{,}15\ °C$ |
| Elementarladung | $e$ = | $1{,}60210 \cdot 10^{-19}\ A\ s$ |
| Faraday-Konstante | $F$ = | $9{,}64870 \cdot 10^7\ A\ s/kcal$ |
| elektrische Feldkonstante | $\epsilon_0$ = | $8{,}85419 \cdot 10^{-12}\ A\ s/V\ m$ |
| magnetische Feldkonstante | $\mu_0$ = | $1{,}2566 \cdot 10^{-6}\ V\ s/A\ m = 4\pi \cdot 10^{-7}\ V\ s/A\ m$ |
| Lichtgeschwindigkeit im Vakuum | $c_0$ = | $2{,}997925 \cdot 10^8\ m/s$ |
| Strahlungskonstante | $\sigma$ = | $5{,}67 \cdot 10^{-8}\ W/m^2\ K^4$ |
| Rydberg-Konstante (H-Atom) | $Ry_H$ = | $1{,}0967758 \cdot 10^7\ m^{-1}$ |
| Planckches Wirkungsquantum | $h$ = | $6{,}6256 \cdot 10^{-34}\ J\ s$ |
| Masse des Elektrons | $m_e$ = | $9{,}1091 \cdot 10^{-31}\ kg$ |
| Masse des Protons | $m_p$ = | $1{,}67252 \cdot 10^{-27}\ kg = 1836\ m_e$ |
| Masse des Neutrons | $m_n$ = | $1{,}67482 \cdot 10^{-27}\ kg = 1836\ m_e$ |

## Vorsätze zur Bezeichnung dezimaler Teile und Vielfache

| Vorsatz | Symbol | für | Vorsatz | Symbol | für | Vorsatz | Symbol | für |
|---|---|---|---|---|---|---|---|---|
| Atto | a | $10^{-18}$ | Milli | m | $10^{-3}$ | Kilo | k | $10^3$ |
| Femto | f | $10^{-15}$ | Zenti | c | $10^{-2}$ | Mega | M | $10^6$ |
| Piko | p | $10^{-12}$ | Dezi | d | $10^{-1}$ | Giga | G | $10^9$ |
| Nano | n | $10^{-9}$ | Deka | da | $10^1$ | Tera | T | $10^{12}$ |
| Mikro | $\mu$ | $10^{-6}$ | Hekto | h | $10^2$ | | | |

## Periodensystem

Haupt- | Ia | IIa

Neben- | IIIb

| Nr. | Atomgewicht | Symbol | Name | Siedepunkt (°C) | Schmelzpunkt (°C) | Oxide | Elektronegativität | Elektronenverteilung |
|---|---|---|---|---|---|---|---|---|
| 1 | 1,00797 | H | Wasserstoff | -252,7 | -259,2 | BS | 2,1 | |
| 3 | 6,939 | Li | Lithium | 1330 | 180,5 | B | 1,0 | 2 |
| 4 | 9,0122 | Be | Beryllium | 2770 | 1277 | BS | 1,5 | 2 |
| 11 | 22,990 | Na | Natrium | 892 | 97,8 | B | 0,9 | 2 / 2 6 |
| 12 | 24,312 | Mg | Magnesium | 1107 | 650 | B | 1,2 | 2 / 2 6 |
| 19 | 39,102 | K | Kalium | 760 | 63,7 | B | 0,8 | 2 / 2 6 / 2 6 |
| 20 | 40,08 | Ca | Calcium | 1440 | 838 | B | 1,0 | 2 / 2 6 / 2 6 |
| 21 | 44,956 | Sc | Scandium | 2730 | 1539 | B | 1,3 | 2 / 2 6 / 2 6 |
| 37 | 85,47 | Rb | Rubidium | 688 | 38,9 | B | 0,8 | 2 / 2 6 / 2 6 10 / 2 6 |
| 38 | 87,62 | Sr | Strontium | 1380 | 768 | B | 1,0 | 2 / 2 6 / 2 6 10 / 2 6 |
| 39 | 88,905 | Y | Yttrium | 2927 | 1509 | B | 1,3 | 2 / 2 6 / 2 6 10 / 2 6 |

Erläuterungen:

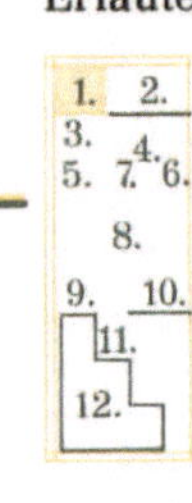


1. Ordnungszahl
2. Atomgewicht, bezogen auf 1/12 der Masse des Kohlenstoffisotops $^{12}_{6}C$ der auf der Erde vorkommenden Isotopenmischung.
3. Die Punkte machen Angaben über die Dichte der Elemente: $\cdot: \varrho<5$; $\cdot\cdot: 5<\varrho<10$; $\cdot\cdot\cdot: 10<\varrho<15$; $\cdot\cdot\cdot\cdot: 15<\varrho<20$; $\cdot\cdot\cdot\cdot\cdot: 20<\varrho$ (jeweils in kg/dm³).
4. Ein* bedeutet, daß das Element nur künstlich erzeugt werden kann.
5. Siedepunkt in °C
6. Schmelzpunkt in °C (**As** sublimiert bei 613 °C und 760 Torr)
7. Ist das Elementsymbol farbig eingetragen, so sind alle Isotope radioaktiv.
8. Ist der Name des Elementes farbig gedruckt, so handelt es sich um ein Edelmetall: (**Cu**, **Hg**: Halbedelmetalle).
9. Es bedeutet:
   **B** (B): Elemente mit (stark) basischen Oxiden
   **S** (S): Elemente mit (stark) sauren Oxiden
   **BS** : Elemente mit basischen und sauren bzw. amphoteren Oxiden
10. Die Punkte bedeuten Wertigkeiten, und zwar ein schwarzer Punkt eine Hauptwertigkeit, ein farbiger die wichtigste Wertigkeit. Die Striche dienen nur dem Abzählen: Vom größeren mittleren Strich aus ist nach oben positiv, nach unten negativ zu zählen.
11. Elektronegativität (nach L. Pauling)
12. Elektronenverteilung. Sie entspricht dem Grundzustand. Farbig angegebene Elektronen sind für das chemische Verhalten maßgeblich.
13. Die schwarze Linie bedeutet die Grenze zwischen Metallen und Nichtmetallen. Sie spaltet sich bei den Halbmetallen auf. Angegeben sind jeweils die wichtigsten Modifikationen (z.B. gilt für **C**: Graphit: Halbmetall, Diamant: Nichtmetall).
14. Die farbige Linie bedeutet die Grenze zwischen (bei 20 °C) gasförmigen und festen Elementen (mit zwei Ausnahmen: **Br**, **Hg** sind flüssig).

### Lanthanide und Actinide

| Nr. | Atomgewicht | Symbol | Name | Siedepunkt (°C) | Schmelzpunkt (°C) | Oxide | Elektronegativität | Elektronenverteilung |
|---|---|---|---|---|---|---|---|---|
| 55 | 132,90 | Cs | Cäsium | 690 | 28,7 | B | 0,7 | 2 / 2 6 / 2 6 10 / 2 6 10 / 2 6 |
| 56 | 137,34 | Ba | Barium | 1640 | 714 | B | 0,9 | 2 / 2 6 / 2 6 10 / 2 6 10 / 2 6 |
| 57 | 138,91 | La | Lanthan | 3470 | 920 | B | 1,1 | 2 / 2 6 / 2 6 10 / 2 6 10 / 2 6 |
| 58 | 140,12 | Ce | Cer | 3468 | 795 | B | 1,1 | 2 / 2 6 / 2 6 10 / 2 6 10 / 2 6 |
| 59 | 140,91 | Pr | Praseodym | 3127 | 1024 | B | 1,1 | 2 / 2 6 / 2 6 10 / 2 6 10 / 2 6 |
| 60 | 144,24 | Nd | Neodym | 3027 | 1024 | B | 1,2 | 2 / 2 6 / 2 6 10 / 2 6 10 / 2 6 |
| 61 | – | Pm* | Promethium | | | B | – | 2 / 2 6 / 2 6 10 / 2 6 10 / 2 6 |
| 62 | 150,35 | Sm | Samarium | 1900 | 1072 | B | 1,2 | 2 / 2 6 / 2 6 10 / 2 6 10 / 2 6 |
| 63 | 151,96 | Eu | Europium | 1439 | 826 | B | – | 2 / 2 6 / 2 6 10 / 2 6 10 / 2 6 |
| 64 | 157,25 | Gd | Gadolinium | 3000 | 1312 | B | 1,1 | 2 / 2 6 / 2 6 10 / 2 6 10 / 2 6 |
| 65 | 158,92 | Tb | Terbium | 2800 | 1356 | B | 1,2 | 2 / 2 6 / 2 6 10 / 2 6 10 / 2 6 |
| 66 | 162,50 | Dy | Dysprosium | 2600 | 1407 | B | – | 2 / 2 6 / 2 6 10 / 2 6 10 / 2 6 |
| 67 | 164,93 | Ho | Holmium | 2600 | 1461 | B | 1,2 | 2 / 2 6 / 2 6 10 / 2 6 10 / 2 6 |
| 68 | 167,26 | Er | Erbium | 2900 | 1497 | B | 1,2 | 2 / 2 6 / 2 6 10 / 2 6 10 / 2 6 |
| 69 | 168,93 | Tm | Thulium | 1727 | 1545 | B | 1,2 | 2 / 2 6 / 2 6 10 / 2 6 10 / 2 6 |
| 70 | 173,04 | Yb | Ytterbium | 1427 | 824 | B | 1,1 | 2 / 2 6 / 2 6 10 / 2 6 10 / 2 6 |
| 71 | 174 | Lu | Lutetium | 3327 | | B | 1,2 | 2 / 2 6 / 2 6 10 / 2 6 10 / 2 6 |
| 87 | – | Fr | Francium | | 27 | B | 0,7 | 2 / 2 6 / 2 6 10 / 2 6 10 14 / 2 6 10 / 2 6 |
| 88 | – | Ra | Radium | | 700 | B | 0,9 | 2 / 2 6 / 2 6 10 / 2 6 10 14 / 2 6 10 / 2 6 |
| 89 | – | Ac | Actinium | | 1050 | B | 1,1 | 2 / 2 6 / 2 6 10 / 2 6 10 14 / 2 6 10 / 2 6 |
| 90 | 232,04 | Th | Thorium | 3850 | 1750 | B | 1,3 | 2 / 2 6 / 2 6 10 / 2 6 10 14 / 2 6 10 / 2 6 |
| 91 | – | Pa | Proctatinium | | | B | 1,5 | 2 / 2 6 / 2 6 10 / 2 6 10 14 / 2 6 10 / 2 6 |
| 92 | 238,03 | U | Uran | 3818 | 1132 | BS | 1,7 | 2 / 2 6 / 2 6 10 / 2 6 10 14 / 2 6 10 / 2 6 |
| 93 | – | Np* | Neptunium | | | BS | 1,3 | 2 / 2 6 / 2 6 10 / 2 6 10 14 / 2 6 10 / 2 6 |
| 94 | – | Pu* | Plutonium | 3235 | 640 | BS | 1,3 | 2 / 2 6 / 2 6 10 / 2 6 10 14 / 2 6 10 / 2 6 |
| 95 | – | Am* | Americium | | | – | – | 2 / 2 6 / 2 6 10 / 2 6 10 14 / 2 6 10 / 2 6 |
| 96 | – | Cm* | Curium | | | – | – | 2 / 2 6 / 2 6 10 / 2 6 10 14 / 2 6 10 / 2 6 |
| 97 | – | Bk* | Berkelium | | | – | – | 2 / 2 6 / 2 6 10 / 2 6 10 14 / 2 6 10 / 2 6 |
| 98 | – | Cf* | Californium | | | – | – | 2 / 2 6 / 2 6 10 / 2 6 10 14 / 2 6 10 / 2 6 |
| 99 | – | Es* | Einsteinium | | | – | – | 2 / 2 6 / 2 6 10 / 2 6 10 14 / 2 6 10 / 2 6 |
| 100 | – | Fm* | Fermium | | | – | – | 2 / 2 6 / 2 6 10 / 2 6 10 14 / 2 6 10 / 2 6 |
| 101 | – | Md* | Mendelevium | | | – | – | 2 / 2 6 / 2 6 10 / 2 6 10 14 / 2 6 10 / 2 6 |
| 102 | – | No* | Nobelium | | | – | – | 2 / 2 6 / 2 6 10 / 2 6 10 14 / 2 6 10 / 2 6 |
| 103 | – | Lw | Lawrencium | | | – | – | 2 / 2 6 / 2 6 10 / 2 6 10 14 / 2 6 10 / 2 6 |

s | p | d | f

## …er Elemente

gasförmig
fest bei 20 °C (Ausnahme: Br, Hg: flüssig)

Nichtmetall – Halbmetall – Metall

### Hauptgruppen (-gruppen IIIa, IVa, Va, VIa, VIIa, 0 Edelgase)

| Periode | Schale | Nr. | Atommasse | Symbol | Name | Siedep. | Schmelzp. | EN |
|---|---|---|---|---|---|---|---|---|
| 1 | K | 2 | 4,0026 | He | Helium | -268,9 | -269,7 | |
| 2 | K L | 5 | 10,811 | B | Bor | 3927 | 2030 | 2,0 |
| 2 | K L | 6 | 12,011 | C | Kohlenstoff | 4830 | 3727 | 2,5 |
| 2 | K L | 7 | 14,007 | N | Stickstoff | -195,8 | -210 | 3,0 |
| 2 | K L | 8 | 15,999 | O | Sauerstoff | -183 | -218,8 | 3,5 |
| 2 | K L | 9 | 18,998 | F | Fluor | -188,2 | -219,6 | 4,0 |
| 2 | K L | 10 | 20,183 | Ne | Neon | -246 | -248,6 | |
| 3 | K L M | 13 | 26,982 | Al | Aluminium | 2450 | 660 | 1,5 |
| 3 | K L M | 14 | 28,086 | Si | Silicium | 2680 | 1410 | 1,8 |
| 3 | K L M | 15 | 30,974 | P | Phosphor | 280 | 44,2 | 2,1 |
| 3 | K L M | 16 | 32,064 | S | Schwefel | 444,6 | 119,0 | 2,5 |
| 3 | K L M | 17 | 35,453 | Cl | Chlor | -34,7 | -101,0 | 3,0 |
| 3 | K L M | 18 | 39,948 | Ar | Argon | -185,8 | -189,4 | |

### Nebengruppen (-gruppen Vb, VIb, VIIb, VIIIb, Ib, IIb) und Perioden 4–7

| Periode | Nr. | Atommasse | Symbol | Name | Siedep. | Schmelzp. | EN |
|---|---|---|---|---|---|---|---|
| 4 | 22 | 47,90 | Ti | Titan | | 1668 | 1,5 |
| 4 | 23 | 50,942 | V | Vanadin | 3450 | 1900 | 1,6 |
| 4 | 24 | 51,996 | Cr | Chrom | 2665 | 1875 | 1,6 |
| 4 | 25 | 54,938 | Mn | Mangan | 2150 | 1245 | 1,5 |
| 4 | 26 | 55,847 | Fe | Eisen | 3000 | 1536 | 1,8 |
| 4 | 27 | 58,933 | Co | Kobalt | 2900 | 1495 | 1,8 |
| 4 | 28 | 58,71 | Ni | Nickel | 2730 | 1453 | 1,8 |
| 4 | 29 | 63,54 | Cu | Kupfer | 2595 | 1083 | 1,9 |
| 4 | 30 | 65,37 | Zn | Zink | 906 | 419,5 | 1,6 |
| 4 | 31 | 69,72 | Ga | Gallium | 2237 | 29,8 | 1,6 |
| 4 | 32 | 72,59 | Ge | Germanium | 2830 | 937,4 | 1,8 |
| 4 | 33 | 74,922 | As | Arsen | 613 | s | 2,0 |
| 4 | 34 | 78,96 | Se | Selen | 685 | 217 | 2,4 |
| 4 | 35 | 79,909 | Br | Brom | 58 | -7,2 | 2,8 |
| 4 | 36 | 83,80 | Kr | Krypton | -152 | -157,3 | |
| 5 | 40 | 91,22 | Zr | Zirkonium | | 1852 | 1,4 |
| 5 | 41 | 92,906 | Nb | Niob | 3300 | 2468 | 1,6 |
| 5 | 42 | 95,94 | Mo | Molybdän | 5560 | 2610 | 1,8 |
| 5 | 43 | | Tc | Technetium | | 2200 | 1,9 |
| 5 | 44 | 101,07 | Ru | Ruthenium | 4900 | 2500 | 2,2 |
| 5 | 45 | 102,90 | Rh | Rhodium | 4500 | 1966 | 2,2 |
| 5 | 46 | 106,4 | Pd | Palladium | 3980 | 1552 | 2,2 |
| 5 | 47 | 107,87 | Ag | Silber | 2210 | 960,8 | 1,9 |
| 5 | 48 | 112,40 | Cd | Cadmium | 765 | 320,9 | 1,7 |
| 5 | 49 | 114,82 | In | Indium | 2000 | 156,2 | 1,7 |
| 5 | 50 | 118,69 | Sn | Zinn | 2270 | 231,9 | 1,8 |
| 5 | 51 | 121,75 | Sb | Antimon | 1380 | 630,5 | 1,9 |
| 5 | 52 | 127,60 | Te | Tellur | 989,8 | 449,5 | 2,1 |
| 5 | 53 | 126,90 | J | Jod | 183 | 113,7 | 2,5 |
| 5 | 54 | 131,30 | Xe | Xenon | -108,0 | -111,9 | |
| 6 | 72 | 178,49 | Hf | Hafnium | | 2222 | 1,3 |
| 6 | 73 | 180,95 | Ta | Tantal | 5425 | 2996 | 1,5 |
| 6 | 74 | 183,85 | W | Wolfram | 5930 | 3410 | 1,7 |
| 6 | 75 | 186,2 | Re | Rhenium | 5900 | 3180 | 1,9 |
| 6 | 76 | 190,2 | Os | Osmium | 5500 | 2700 | 2,2 |
| 6 | 77 | 192,2 | Ir | Iridium | 5300 | 2454 | 2,2 |
| 6 | 78 | 195,09 | Pt | Platin | 4530 | 1769 | 2,2 |
| 6 | 79 | 196,97 | Au | Gold | 2970 | 1063 | 2,4 |
| 6 | 80 | 200,59 | Hg | Quecksilber | 357 | -38,4 | 1,9 |
| 6 | 81 | 204,37 | Tl | Thallium | 1457 | 303 | 1,8 |
| 6 | 82 | 207,19 | Pb | Blei | 1725 | 327,4 | 1,8 |
| 6 | 83 | 208,98 | Bi | Wismut | 1560 | 271,3 | 1,9 |
| 6 | 84 | – | Po | Polonium | 965 | 254 | 2,0 |
| 6 | 85 | – | At | Astat | 380 | 302 | 2,2 |
| 6 | 86 | – | Rn | Radon | -61,8 | -71 | |
| 7 | 104 | – | Ku | Kurtschatovium | | | |

7. Periode: 105, 106, 107, 108, 109, 110, 111, 112, 113, 114, 115, 116, 117, 118

Schalen: K L M N O P Q — Zustand: s p d f

### Elementsymbole, alphabetisch

| Ac | Ag | Al | Am | Ar | As | At | Au | B | Ba | Be | Bi | Bk | Br | C | Ca | Cd | Ce | Cf | Cl | Cm | Co | Cr | Cs | Cu | Dy |
|---|---|---|---|---|---|---|---|---|---|---|---|---|---|---|---|---|---|---|---|---|---|---|---|---|---|
| 89 | 47 | 13 | 95 | 18 | 33 | 85 | 79 | 5 | 56 | 4 | 83 | 97 | 35 | 6 | 20 | 48 | 58 | 98 | 17 | 96 | 27 | 24 | 55 | 29 | 66 |
| **Er** | **Es** | **Eu** | **F** | **Fe** | **Fm** | **Fr** | **Ga** | **Gd** | **Ge** | **H** | **He** | **Hf** | **Hg** | **Ho** | **In** | **Ir** | **J** | **K** | **Kr** | **Ku** | **La** | **Li** | **Lr** | **Lu** | **Md** |
| 68 | 99 | 63 | 9 | 26 | 100 | 87 | 31 | 64 | 32 | 1 | 2 | 72 | 80 | 67 | 49 | 77 | 53 | 19 | 36 | 104 | 57 | 3 | 103 | 71 | 101 |
| **Mg** | **Mn** | **Mo** | **N** | **Na** | **Nb** | **Nd** | **Ne** | **Ni** | **No** | **Np** | **O** | **Os** | **P** | **Pa** | **Pb** | **Pd** | **Pm** | **Po** | **Pr** | **Pt** | **Pu** | **Ra** | **Rb** | **Re** | **Rh** |
| 12 | 25 | 42 | 7 | 11 | 41 | 60 | 10 | 28 | 102 | 93 | 8 | 76 | 15 | 91 | 82 | 46 | 61 | 84 | 59 | 78 | 94 | 88 | 37 | 75 | 45 |
| **Rn** | **Ru** | **S** | **Sb** | **Sc** | **Se** | **Si** | **Sm** | **Sn** | **Sr** | **Ta** | **Tb** | **Tc** | **Te** | **Th** | **Ti** | **Tl** | **Tm** | **U** | **V** | **W** | **Xe** | **Y** | **Yb** | **Zn** | **Zr** |
| 86 | 44 | 16 | 51 | 21 | 34 | 14 | 62 | 50 | 38 | 73 | 65 | 43 | 52 | 90 | 22 | 81 | 69 | 92 | 23 | 74 | 54 | 39 | 70 | 30 | 40 |

## Chemische Elemente (alphabetisch), Dichte, langlebigste radioaktive Isotope

| Element | Symbol | Ordnungszahl | Dichte kg/dm³ bei 20 °C (* g/dm³ bei 0 °C, 760 Torr) | langlebigstes radioaktives Isotop: Atommasse | Zerfallsart[5]) | Halbwertszeit |
|---|---|---|---|---|---|---|
| Actinium | Ac | 89 | – | 227 | $\beta^-$ | 21,8 a |
| Aluminium | Al | 13 | 2,70 | 26 | $\beta^+$ | $7{,}4 \cdot 10^5$ a |
| Americium | Am | 95 | 11,7 | 243 | $\alpha$ | 7950 a |
| Antimon | Sb | 51 | 6,62 | 125 | $\beta^-$ | 2,7 a |
| Argon | Ar | 18 | 1,784* | 39 | $\beta^-$ | 269 a |
| Arsen | As | 33 | 5,72 | 73 | e | 76 d |
| Astatin | At | 85 | – | 210 | e | 8,3 h |
| Barium | Ba | 56 | 3,5 | 133 | e | 10,7 a |
| Berkelium | Bk | 97 | – | 247 | $\alpha$ | 1380 a |
| Beryllium | Be | 4 | 1,85 | 10 | $\beta^-$ | $2{,}7 \cdot 10^6$ a |
| Blei | Pb | 82 | 11,34 | 205 | e | $3 \cdot 10^7$ a |
| Bor | B | 5 | 2,34 | 8 | $\beta^+, 2\alpha$ | 0,77 s |
| Brom | Br | 35 | 3,12 | 77 | e | 56 h |
| Cadmium | Cd | 48 | 8,65 | 113 | e | 470 d |
| Cäsium | Cs | 55 | 1,87 | 135 | $\beta^-$ | $2{,}0 \cdot 10^6$ a |
| Calcium | Ca | 20 | 1,55 | 41 | e | $8 \cdot 10^4$ a |
| Californium | Cf | 98 | – | 251 | $\alpha$ | 892 a |
| Cer | Ce | 58 | 6,67 | 144 | $\alpha$ | $5 \cdot 10^{15}$ a |
| Chlor | Cl | 17 | 3,214* | 36 | $\beta^-$ | $3{,}1 \cdot 10^5$ a |
| Chrom | Cr | 24 | 7,19 | 51 | e | 27,8 d |
| Curium | Cm | 96 | – | 247 | $\alpha$ | $1{,}6 \cdot 10^7$ a |
| Dysprosium | Dy | 66 | 8,54 | 154 | $\alpha$ | $2 \cdot 10^{14}$ a |
| Einsteinium | Es | 99 | – | 254 | $\alpha$ | 276 d |
| Eisen | Fe | 26 | 7,86 | 60 | $\beta^-$ | $10^5$ a |
| Erbium | Er | 68 | 9,05 | 169 | $\beta^-$ | 9,5 d |
| Europium | Eu | 63 | 5,26 | 154 | $\beta^-$ | 16 a |
| Fermium | Fm | 100 | – | 253 | e | 5 d |
| Fluor | F | 9 | 1,696* | 18 | $\beta^+$ | 1,8 h |
| Francium | Fr | 87 | – | 223 | $\beta^-$ | 22 min |
| Gadolinium | Gd | 64 | 7,89 | 152 | $\alpha$ | $1{,}1 \cdot 10^{14}$ a |
| Gallium | Ga | 31 | 5,91 | 67 | e | 78 h |
| Germanium | Ge | 32 | 5,32 | 68 | e | 275 d |
| Gold | Au | 79 | 19,3 | 195 | e | 183 d |
| Hafnium | Hf | 72 | 13,1 | 174 | $\alpha$ | $2 \cdot 10^{15}$ a |
| Helium | He | 2 | 0,1785* | 6 | $\beta^-$ | 0,8 s |
| Holmium | Ho | 67 | 8,80 | 163 | $\beta^-$ | $1 \cdot 10^3$ a |
| Indium | In | 49 | 7,36 | 115 | $\beta^-$ | $6 \cdot 10^{14}$ a |
| Iridium | Ir | 77 | 22,4 | 192 | $\beta^-$ | 74 d |
| Jod | J | 53 | 4,94 | 129 | $\beta^-$ | $1{,}7 \cdot 10^7$ a |
| Kalium | K | 19 | 0,86 | 40 | $\beta^-$ | $1{,}27 \cdot 10^9$ a |
| Kobalt | Co | 27 | 8,9 | 60 | $\beta^-$ | 5,26 a |
| Kohlenstoff | C | 6 | 2,24[2]) | 14 | $\beta^-$ | 5730 a |
| Krypton | Kr | 36 | 3,744* | 81 | e | $2{,}1 \cdot 10^5$ a |
| Kupfer | Cu | 29 | 8,96 | 64 | $\epsilon, \beta^+, \beta^-$ | 12,8 h |
| Kurtschatovium | Ku | 104 | – | 260 | | 0,3 s |
| Lanthan | La | 57 | 6,17 | 138 | $\epsilon, \beta^-$ | $1{,}1 \cdot 10^{11}$ a |
| Lawrencium | Lr | 103 | – | 257 | $\alpha$ | 8 s |
| Lithium | Li | 3 | 0,53 | 8 | $\beta^-$ | 0,85 s |
| Lutetium | Lu | 71 | 9,84 | 176 | $\beta^-$ | $3 \cdot 10^{10}$ a |
| Magnesium | Mg | 12 | 1,74 | 28 | $\beta^-$ | 21,3 h |
| Mangan | Mn | 25 | 7,43 | 53 | e | $1{,}9 \cdot 10^6$ a |
| Mendelevium | Md | 101 | – | 256 | e | 1,5 h |
| Molybdän | Mo | 42 | 10,2 | 93 | e | $>$ 100 a |
| Natrium | Na | 11 | 0,97 | 22 | $\beta^+$ | 2,6 a |
| Neodym | Nd | 60 | 7,00 | 144 | $\alpha$ | $2{,}1 \cdot 10^{15}$ a |
| Neon | Ne | 10 | 0,900* | 24 | $\beta^-$ | 3,4 min |
| Neptunium | Np | 93 | 19,5 | 237 | $\alpha$ | $2{,}14 \cdot 10^6$ a |

**Zeitgleichung 1979 für WZ = $0^h$: Zgl = WOZ – MOZ** (negative Werte sind farbig unterlegt)

| Tag | Jan. | Feb. | März | April | Mai | Juni | Juli | Aug. | Sep. | Okt. | Nov. | Dez. |
|---|---|---|---|---|---|---|---|---|---|---|---|---|
| 1. | $3,1^m$ | $13,5^m$ | $12,6^m$ | $4,2^m$ | $2,8^m$ | $2,4^m$ | $3,6^m$ | $6,3^m$ | $0,3^m$ | $10,0^m$ | $16,4^m$ | $11,3^m$ |
| 3. | 4,1 | 13,7 | 12,2 | 3,6 | 3,0 | 2,1 | 4,0 | 6,2 | 0,3 | 10,6 | 16,4 | 10,6 |
| 5. | 5,0 | 14,0 | 11,8 | 3,0 | 3,3 | 1,8 | 4,3 | 6,0 | 1,0 | 11,3 | 16,4 | 9,8 |
| 7. | 5,9 | 14,1 | 11,3 | 2,4 | 3,4 | 1,4 | 4,7 | 5,8 | 1,6 | 11,9 | 16,3 | 8,9 |
| 9. | 6,7 | 14,3 | 10,8 | 1,9 | 3,5 | 1,0 | 5,0 | 5,6 | 2,3 | 12,4 | 16,2 | 8,1 |
| 11. | 7,6 | 14,3 | 10,3 | 1,3 | 3,6 | 0,6 | 5,3 | 5,3 | 3,0 | 13,0 | 16,0 | 7,1 |
| 13. | 8,4 | 14,3 | 9,8 | 0,8 | 3,7 | 0,2 | 5,6 | 5,0 | 3,7 | 13,5 | 15,8 | 6,3 |
| 15. | 9,1 | 14,2 | 9,2 | 0,3 | 3,7 | 0,2 | 5,8 | 4,7 | 4,4 | 14,0 | 15,5 | 5,3 |
| 17. | 9,8 | 14,1 | 8,7 | 0,2 | 3,7 | 0,6 | 6,0 | 4,3 | 5,1 | 14,4 | 15,2 | 4,4 |
| 19. | 10,5 | 14,0 | 8,1 | 0,6 | 3,6 | 1,0 | 6,2 | 3,8 | 5,8 | 14,8 | 14,8 | 3,4 |
| 21. | 11,1 | 13,8 | 7,5 | 1,1 | 3,5 | 1,5 | 6,3 | 3,4 | 6,6 | 15,2 | 14,4 | 2,4 |
| 23. | 11,6 | 13,5 | 6,9 | 1,5 | 3,4 | 1,9 | 6,4 | 2,9 | 7,3 | 15,5 | 13,9 | 1,4 |
| 25. | 12,1 | 13,3 | 6,3 | 1,9 | 3,2 | 2,3 | 6,4 | 2,3 | 8,0 | 15,8 | 13,3 | 0,4 |
| 27. | 12,6 | 12,9 | 5,7 | 2,2 | 3,0 | 2,8 | 6,5 | 1,8 | 8,7 | 16,0 | 12,7 | 0,6 |
| 29. | 13,0 | | 5,1 | 2,5 | 2,8 | 3,2 | 6,4 | 1,2 | 9,3 | 16,2 | 12,0 | 1,6 |
| 31. | 13,3 | | 4,5 | | 2,5 | | 6,4 | 0,6 | | 16,3 | | 2,5 |

Kemnitz/Engelhard, Mathematische und naturwissenschaftliche Tafeln
Bestell-Nr. 4868
Bitte überkleben Sie die Tafel auf S. 38 oben mit diesem Korrekturzettel.

## Interpolationstafel (Fortsetzung)

| n \ D | 101 | 102 | 103 | 104 | 105 | 106 | 107 | 108 | 109 | 110 | 111 | 112 | 113 | 114 | 115 | 116 |
|---|---|---|---|---|---|---|---|---|---|---|---|---|---|---|---|---|
| **1** | 10,1 | 10,2 | 10,3 | 10,4 | 10,5 | 10,6 | 10,7 | 10,8 | 10,9 | 11,0 | 11,1 | 11,2 | 11,3 | 11,4 | 11,5 | 11,6 |
| **2** | 20,2 | 20,4 | 20,6 | 20,8 | 21,0 | 21,2 | 21,4 | 21,6 | 21,8 | 22,0 | 22,2 | 22,4 | 22,6 | 22,8 | 23,0 | 23,2 |
| **3** | 30,3 | 30,6 | 30,9 | 31,2 | 31,5 | 31,8 | 32,1 | 32,4 | 32,7 | 33,0 | 33,3 | 33,6 | 33,9 | 34,2 | 34,5 | 34,8 |
| **4** | 40,4 | 40,8 | 41,2 | 41,6 | 42,0 | 42,4 | 42,8 | 43,2 | 43,6 | 44,0 | 44,4 | 44,8 | 45,2 | 45,6 | 46,0 | 46,4 |
| **5** | 50,5 | 51,0 | 51,5 | 52,0 | 52,5 | 53,0 | 53,5 | 54,0 | 54,5 | 55,0 | 55,5 | 56,0 | 56,5 | 57,0 | 57,5 | 58,0 |
| **6** | 60,6 | 61,2 | 61,8 | 62,4 | 63,0 | 63,6 | 64,2 | 64,8 | 65,4 | 66,0 | 66,6 | 67,2 | 67,8 | 68,4 | 69,0 | 69,6 |
| **7** | 70,7 | 71,4 | 72,1 | 72,8 | 73,5 | 74,2 | 74,9 | 75,6 | 76,3 | 77,0 | 77,7 | 78,4 | 79,1 | 79,8 | 80,5 | 81,2 |
| **8** | 80,8 | 81,6 | 82,4 | 83,2 | 84,0 | 84,8 | 85,6 | 86,4 | 87,2 | 88,0 | 88,8 | 89,6 | 90,4 | 91,2 | 92,0 | 92,8 |
| **9** | 90,9 | 91,8 | 92,7 | 93,6 | 94,5 | 95,4 | 96,3 | 97,2 | 98,1 | 99,0 | 99,9 | 100,8 | 101,7 | 102,6 | 103,5 | 104,4 |

| n \ D | 117 | 118 | 119 | 120 | 121 | 122 | 123 | 124 | 125 | 126 | 127 | 128 | 129 | 130 | 131 | 132 |
|---|---|---|---|---|---|---|---|---|---|---|---|---|---|---|---|---|
| **1** | 11,7 | 11,8 | 11,9 | 12,0 | 12,1 | 12,2 | 12,3 | 12,4 | 12,5 | 12,6 | 12,7 | 12,8 | 12,9 | 13,0 | 13,1 | 13,2 |
| **2** | 23,4 | 23,6 | 23,8 | 24,0 | 24,2 | 24,4 | 24,6 | 24,8 | 25,0 | 25,2 | 25,4 | 25,6 | 25,8 | 26,0 | 26,2 | 26,4 |
| **3** | 35,1 | 35,4 | 35,7 | 36,0 | 36,3 | 36,6 | 36,9 | 37,2 | 37,5 | 37,8 | 38,1 | 38,4 | 38,7 | 39,0 | 39,3 | 39,6 |
| **4** | 46,8 | 47,2 | 47,6 | 48,0 | 48,4 | 48,8 | 49,2 | 49,6 | 50,0 | 50,4 | 50,8 | 51,2 | 51,6 | 52,0 | 52,4 | 52,8 |
| **5** | 58,5 | 59,0 | 59,5 | 60,0 | 60,5 | 61,0 | 61,5 | 62,0 | 62,5 | 63,0 | 63,5 | 64,0 | 64,5 | 65,0 | 65,5 | 66,0 |
| **6** | 70,2 | 70,8 | 71,4 | 72,0 | 72,6 | 73,2 | 73,8 | 74,4 | 75,0 | 75,6 | 76,2 | 76,8 | 77,4 | 78,0 | 78,6 | 79,2 |
| **7** | 81,9 | 82,6 | 83,3 | 84,0 | 84,7 | 85,4 | 86,1 | 86,8 | 87,5 | 88,2 | 88,9 | 89,6 | 90,3 | 91,0 | 91,7 | 92,4 |
| **8** | 93,6 | 94,4 | 95,2 | 96,0 | 96,8 | 97,6 | 98,4 | 99,2 | 100,0 | 100,8 | 101,6 | 102,4 | 103,2 | 104,0 | 104,8 | 105,6 |
| **9** | 105,3 | 106,2 | 107,1 | 108,0 | 108,9 | 109,8 | 110,7 | 111,6 | 112,5 | 113,4 | 114,3 | 115,2 | 116,1 | 117,0 | 117,9 | 118,8 |

## Proportionalteile für Minuten $\bar{d} \approx \frac{m}{6'} D$

| m \ D | 1 | 2 | 3 | 4 | 5 | 6 | 7 | 8 | 9 | 10 | 11 | 12 | 13 | 14 | 15 | 16 | 17 | 18 | 19 | 20 |
|---|---|---|---|---|---|---|---|---|---|---|---|---|---|---|---|---|---|---|---|---|
| **1'** | 0,2 | 0,3 | 0,5 | 0,7 | 0,8 | 1,0 | 1,2 | 1,3 | 1,5 | 1,7 | 1,8 | 2,0 | 2,2 | 2,3 | 2,5 | 2,7 | 2,8 | 3,0 | 3,2 | 3,3 |
| **2'** | 0,3 | 0,7 | 1,0 | 1,3 | 1,7 | 2,0 | 2,3 | 2,7 | 3,0 | 3,3 | 3,7 | 4,0 | 4,3 | 4,7 | 5,0 | 5,3 | 5,7 | 6,0 | 6,3 | 6,7 |
| **3'** | 0,5 | 1,0 | 1,5 | 2,0 | 2,5 | 3,0 | 3,5 | 4,0 | 4,5 | 5,0 | 5,5 | 6,0 | 6,5 | 7,0 | 7,5 | 8,0 | 8,5 | 9,0 | 9,5 | 10,0 |
| **4'** | 0,7 | 1,3 | 2,0 | 2,7 | 3,3 | 4,0 | 4,7 | 5,3 | 6,0 | 6,7 | 7,3 | 8,0 | 8,7 | 9,3 | 10,0 | 10,7 | 11,3 | 12,0 | 12,7 | 13,3 |
| **5'** | 0,8 | 1,7 | 2,5 | 3,3 | 4,2 | 5,0 | 5,8 | 6,7 | 7,5 | 8,3 | 9,2 | 10,0 | 10,8 | 11,7 | 12,5 | 13,3 | 14,2 | 15,0 | 15,8 | 16,7 |

| m \ D | 21 | 22 | 23 | 24 | 25 | 26 | 27 | 28 | 29 | 30 | 31 | 32 | 33 | 34 | 35 | 36 | 37 | 38 | 39 | 40 |
|---|---|---|---|---|---|---|---|---|---|---|---|---|---|---|---|---|---|---|---|---|
| **1'** | 3,5 | 3,7 | 3,8 | 4,0 | 4,2 | 4,3 | 4,5 | 4,7 | 4,8 | 5,0 | 5,2 | 5,3 | 5,5 | 5,7 | 5,8 | 6,0 | 6,2 | 6,3 | 6,5 | 6,7 |
| **2'** | 7,0 | 7,3 | 7,7 | 8,0 | 8,3 | 8,7 | 9,0 | 9,3 | 9,7 | 10,0 | 10,3 | 10,7 | 11,0 | 11,3 | 11,7 | 12,0 | 12,3 | 12,7 | 13,0 | 13,3 |
| **3'** | 10,5 | 11,0 | 11,5 | 12,0 | 12,5 | 13,0 | 13,5 | 14,0 | 14,5 | 15,0 | 15,5 | 16,0 | 16,5 | 17,0 | 17,5 | 18,0 | 18,5 | 19,0 | 19,5 | 20,0 |
| **4'** | 14,0 | 14,7 | 15,3 | 16,0 | 16,7 | 17,3 | 18,0 | 18,7 | 19,3 | 20,0 | 20,7 | 21,3 | 22,0 | 22,7 | 23,3 | 24,0 | 24,7 | 25,3 | 26,0 | 26,7 |
| **5'** | 17,5 | 18,3 | 19,2 | 20,0 | 20,8 | 21,7 | 22,5 | 23,3 | 24,2 | 25,0 | 25,8 | 26,7 | 27,5 | 28,3 | 29,2 | 30,0 | 30,8 | 31,7 | 32,5 | 33,3 |

| m \ D | 41 | 42 | 43 | 44 | 45 | 46 | 47 | 48 | 49 | 50 | 51 | 52 | 53 | 54 | 55 | 56 | 57 | 58 | 59 | 60 |
|---|---|---|---|---|---|---|---|---|---|---|---|---|---|---|---|---|---|---|---|---|
| **1'** | 6,8 | 7,0 | 7,2 | 7,3 | 7,5 | 7,7 | 7,8 | 8,0 | 8,2 | 8,3 | 8,5 | 8,7 | 8,8 | 9,0 | 9,2 | 9,3 | 9,5 | 9,7 | 9,8 | 10,0 |
| **2'** | 13,7 | 14,0 | 14,3 | 14,7 | 15,0 | 15,3 | 15,7 | 16,0 | 16,3 | 16,7 | 17,0 | 17,3 | 17,7 | 18,0 | 18,3 | 18,7 | 19,0 | 19,3 | 19,7 | 20,0 |
| **3'** | 20,5 | 21,0 | 21,5 | 22,0 | 22,5 | 23,0 | 23,5 | 24,0 | 24,5 | 25,0 | 25,5 | 26,0 | 26,5 | 27,0 | 27,5 | 28,0 | 28,5 | 29,0 | 29,5 | 30,0 |
| **4'** | 27,3 | 28,0 | 28,7 | 29,3 | 30,0 | 30,7 | 31,3 | 32,0 | 32,7 | 33,3 | 34,0 | 34,7 | 35,3 | 36,0 | 36,7 | 37,3 | 38,0 | 38,7 | 39,3 | 40,0 |
| **5'** | 34,2 | 35,0 | 35,8 | 36,7 | 37,5 | 38,3 | 39,2 | 40,0 | 40,8 | 41,7 | 42,5 | 43,3 | 44,2 | 45,0 | 45,8 | 46,7 | 47,5 | 48,3 | 49,2 | 50,0 |

| m \ D | 61 | 62 | 63 | 64 | 65 | 66 | 67 | 68 | 69 | 70 | 71 | 72 | 73 | 74 | 75 | 76 | 77 | 78 | 79 | 80 |
|---|---|---|---|---|---|---|---|---|---|---|---|---|---|---|---|---|---|---|---|---|
| **1'** | 10,2 | 10,3 | 10,5 | 10,7 | 10,8 | 11,0 | 11,2 | 11,3 | 11,5 | 11,7 | 11,8 | 12,0 | 12,2 | 12,3 | 12,5 | 12,7 | 12,8 | 13,0 | 13,2 | 13,3 |
| **2'** | 20,3 | 20,7 | 21,0 | 21,3 | 21,7 | 22,0 | 22,3 | 22,7 | 23,0 | 23,3 | 23,7 | 24,0 | 24,3 | 24,7 | 25,0 | 25,3 | 25,7 | 26,0 | 26,3 | 26,7 |
| **3'** | 30,5 | 31,0 | 31,5 | 32,0 | 32,5 | 33,0 | 33,5 | 34,0 | 34,5 | 35,0 | 35,5 | 36,0 | 36,5 | 37,0 | 37,5 | 38,0 | 38,5 | 39,0 | 39,5 | 40,0 |
| **4'** | 40,7 | 41,3 | 42,0 | 42,7 | 43,3 | 44,0 | 44,7 | 45,3 | 46,0 | 46,7 | 47,3 | 48,0 | 48,7 | 49,3 | 50,0 | 50,7 | 51,3 | 52,0 | 52,7 | 53,3 |
| **5'** | 50,8 | 51,7 | 52,5 | 53,3 | 54,2 | 55,0 | 55,8 | 56,7 | 57,5 | 58,3 | 59,2 | 60,0 | 60,8 | 61,7 | 62,5 | 63,3 | 64,2 | 65,0 | 65,8 | 66,7 |

**Interpolationstafel** $d = \frac{n}{10} D$

| n \ D | 1 | 2 | 3 | 4 | 5 | 6 | 7 | 8 | 9 | 10 | 11 | 12 | 13 | 14 | 15 | 16 | 17 | 18 | 19 | 20 |
|---|---|---|---|---|---|---|---|---|---|---|---|---|---|---|---|---|---|---|---|---|
| 1 | 0,1 | 0,2 | 0,3 | 0,4 | 0,5 | 0,6 | 0,7 | 0,8 | 0,9 | 1,0 | 1,1 | 1,2 | 1,3 | 1,4 | 1,5 | 1,6 | 1,7 | 1,8 | 1,9 | 2,0 |
| 2 | 0,2 | 0,4 | 0,6 | 0,8 | 1,0 | 1,2 | 1,4 | 1,6 | 1,8 | 2,0 | 2,2 | 2,4 | 2,6 | 2,8 | 3,0 | 3,2 | 3,4 | 3,6 | 3,8 | 4,0 |
| 3 | 0,3 | 0,6 | 0,9 | 1,2 | 1,5 | 1,8 | 2,1 | 2,4 | 2,7 | 3,0 | 3,3 | 3,6 | 3,9 | 4,2 | 4,5 | 4,8 | 5,1 | 5,4 | 5,7 | 6,0 |
| 4 | 0,4 | 0,8 | 1,2 | 1,6 | 2,0 | 2,4 | 2,8 | 3,2 | 3,6 | 4,0 | 4,4 | 4,8 | 5,2 | 5,6 | 6,0 | 6,4 | 6,8 | 7,2 | 7,6 | 8,0 |
| 5 | 0,5 | 1,0 | 1,5 | 2,0 | 2,5 | 3,0 | 3,5 | 4,0 | 4,5 | 5,0 | 5,5 | 6,0 | 6,5 | 7,0 | 7,5 | 8,0 | 8,5 | 9,0 | 9,5 | 10,0 |
| 6 | 0,6 | 1,2 | 1,8 | 2,4 | 3,0 | 3,6 | 4,2 | 4,8 | 5,4 | 6,0 | 6,6 | 7,2 | 7,8 | 8,4 | 9,0 | 9,6 | 10,2 | 10,8 | 11,4 | 12,0 |
| 7 | 0,7 | 1,4 | 2,1 | 2,8 | 3,5 | 4,2 | 4,9 | 5,6 | 6,3 | 7,0 | 7,7 | 8,4 | 9,1 | 9,8 | 10,5 | 11,2 | 11,9 | 12,6 | 13,3 | 14,0 |
| 8 | 0,8 | 1,6 | 2,4 | 3,2 | 4,0 | 4,8 | 5,6 | 6,4 | 7,2 | 8,0 | 8,8 | 9,6 | 10,4 | 11,2 | 12,0 | 12,8 | 13,6 | 14,4 | 15,2 | 16,0 |
| 9 | 0,9 | 1,8 | 2,7 | 3,6 | 4,5 | 5,4 | 6,3 | 7,2 | 8,1 | 9,0 | 9,9 | 10,8 | 11,7 | 12,6 | 13,5 | 14,4 | 15,3 | 16,2 | 17,1 | 18,0 |

| n \ D | 21 | 22 | 23 | 24 | 25 | 26 | 27 | 28 | 29 | 30 | 31 | 32 | 33 | 34 | 35 | 36 | 37 | 38 | 39 | 40 |
|---|---|---|---|---|---|---|---|---|---|---|---|---|---|---|---|---|---|---|---|---|
| 1 | 2,1 | 2,2 | 2,3 | 2,4 | 2,5 | 2,6 | 2,7 | 2,8 | 2,9 | 3,0 | 3,1 | 3,2 | 3,3 | 3,4 | 3,5 | 3,6 | 3,7 | 3,8 | 3,9 | 4,0 |
| 2 | 4,2 | 4,4 | 4,6 | 4,8 | 5,0 | 5,2 | 5,4 | 5,6 | 5,8 | 6,0 | 6,2 | 6,4 | 6,6 | 6,8 | 7,0 | 7,2 | 7,4 | 7,6 | 7,8 | 8,0 |
| 3 | 6,3 | 6,6 | 6,9 | 7,2 | 7,5 | 7,8 | 8,1 | 8,4 | 8,7 | 9,0 | 9,3 | 9,6 | 9,9 | 10,2 | 10,5 | 10,8 | 11,1 | 11,4 | 11,7 | 12,0 |
| 4 | 8,4 | 8,8 | 9,2 | 9,6 | 10,0 | 10,4 | 10,8 | 11,2 | 11,6 | 12,0 | 12,4 | 12,8 | 13,2 | 13,6 | 14,0 | 14,4 | 14,8 | 15,2 | 15,6 | 16,0 |
| 5 | 10,5 | 11,0 | 11,5 | 12,0 | 12,5 | 13,0 | 13,5 | 14,0 | 14,5 | 15,0 | 15,5 | 16,0 | 16,5 | 17,0 | 17,5 | 18,0 | 18,5 | 19,0 | 19,5 | 20,0 |
| 6 | 12,6 | 13,2 | 13,8 | 14,4 | 15,0 | 15,6 | 16,2 | 16,8 | 17,4 | 18,0 | 18,6 | 19,2 | 19,8 | 20,4 | 21,0 | 21,6 | 22,2 | 22,8 | 23,4 | 24,0 |
| 7 | 14,7 | 15,4 | 16,1 | 16,8 | 17,5 | 18,2 | 18,9 | 19,6 | 20,3 | 21,0 | 21,7 | 22,4 | 23,1 | 23,8 | 24,5 | 25,2 | 25,9 | 26,6 | 27,3 | 28,0 |
| 8 | 16,8 | 17,6 | 18,4 | 19,2 | 20,0 | 20,8 | 21,6 | 22,4 | 23,2 | 24,0 | 24,8 | 25,6 | 26,4 | 27,2 | 28,0 | 28,8 | 29,6 | 30,4 | 31,2 | 32,0 |
| 9 | 18,9 | 19,8 | 20,7 | 21,6 | 22,5 | 23,4 | 24,3 | 25,2 | 26,1 | 27,0 | 27,9 | 28,8 | 29,7 | 30,6 | 31,5 | 32,4 | 33,3 | 34,2 | 35,1 | 36,0 |

| n \ D | 41 | 42 | 43 | 44 | 45 | 46 | 47 | 48 | 49 | 50 | 51 | 52 | 53 | 54 | 55 | 56 | 57 | 58 | 59 | 60 |
|---|---|---|---|---|---|---|---|---|---|---|---|---|---|---|---|---|---|---|---|---|
| 1 | 4,1 | 4,2 | 4,3 | 4,4 | 4,5 | 4,6 | 4,7 | 4,8 | 4,9 | 5,0 | 5,1 | 5,2 | 5,3 | 5,4 | 5,5 | 5,6 | 5,7 | 5,8 | 5,9 | 6,0 |
| 2 | 8,2 | 8,4 | 8,6 | 8,8 | 9,0 | 9,2 | 9,4 | 9,6 | 9,8 | 10,0 | 10,2 | 10,4 | 10,6 | 10,8 | 11,0 | 11,2 | 11,4 | 11,6 | 11,8 | 12,0 |
| 3 | 12,3 | 12,6 | 12,9 | 13,2 | 13,5 | 13,8 | 14,1 | 14,4 | 14,7 | 15,0 | 15,3 | 15,6 | 15,9 | 16,2 | 16,5 | 16,8 | 17,1 | 17,4 | 17,7 | 18,0 |
| 4 | 16,4 | 16,8 | 17,2 | 17,6 | 18,0 | 18,4 | 18,8 | 19,2 | 19,6 | 20,0 | 20,4 | 20,8 | 21,2 | 21,6 | 22,0 | 22,4 | 22,8 | 23,2 | 23,6 | 24,0 |
| 5 | 20,5 | 21,0 | 21,5 | 22,0 | 22,5 | 23,0 | 23,5 | 24,0 | 24,5 | 25,0 | 25,5 | 26,0 | 26,5 | 27,0 | 27,5 | 28,0 | 28,5 | 29,0 | 29,5 | 30,0 |
| 6 | 24,6 | 25,2 | 25,8 | 26,4 | 27,0 | 27,6 | 28,2 | 28,8 | 29,4 | 30,0 | 30,6 | 31,2 | 31,8 | 32,4 | 33,0 | 33,6 | 34,2 | 34,8 | 35,4 | 36,0 |
| 7 | 28,7 | 29,4 | 30,1 | 30,8 | 31,5 | 32,2 | 32,9 | 33,6 | 34,3 | 35,0 | 35,7 | 36,4 | 37,1 | 37,8 | 38,5 | 39,2 | 39,9 | 40,6 | 41,3 | 42,0 |
| 8 | 32,8 | 33,6 | 34,4 | 35,2 | 36,0 | 36,8 | 37,6 | 38,4 | 39,2 | 40,0 | 40,8 | 41,6 | 42,4 | 43,2 | 44,0 | 44,8 | 45,6 | 46,4 | 47,2 | 48,0 |
| 9 | 36,9 | 37,8 | 38,7 | 39,6 | 49,5 | 41,4 | 42,3 | 43,2 | 44,1 | 45,0 | 45,9 | 46,8 | 47,7 | 48,6 | 49,5 | 50,4 | 51,3 | 52,2 | 53,1 | 54,0 |

| n \ D | 61 | 62 | 63 | 64 | 65 | 66 | 67 | 68 | 69 | 70 | 71 | 72 | 73 | 74 | 75 | 76 | 77 | 78 | 79 | 80 |
|---|---|---|---|---|---|---|---|---|---|---|---|---|---|---|---|---|---|---|---|---|
| 1 | 6,1 | 6,2 | 6,3 | 6,4 | 6,5 | 6,6 | 6,7 | 6,8 | 6,9 | 7,0 | 7,1 | 7,2 | 7,3 | 7,4 | 7,5 | 7,6 | 7,7 | 7,8 | 7,9 | 8,0 |
| 2 | 12,2 | 12,4 | 12,6 | 12,8 | 13,0 | 13,2 | 13,4 | 13,6 | 13,8 | 14,0 | 14,2 | 14,4 | 14,6 | 14,8 | 15,0 | 15,2 | 15,4 | 15,6 | 15,8 | 16,0 |
| 3 | 18,3 | 18,6 | 18,9 | 19,2 | 19,5 | 19,8 | 20,1 | 20,4 | 20,7 | 21,0 | 21,3 | 21,6 | 21,9 | 22,2 | 22,5 | 22,8 | 23,1 | 23,4 | 23,7 | 24,0 |
| 4 | 24,4 | 24,8 | 25,2 | 25,6 | 26,0 | 26,4 | 26,8 | 27,2 | 27,6 | 28,0 | 28,4 | 28,8 | 29,2 | 29,6 | 30,0 | 30,4 | 30,8 | 31,2 | 31,6 | 32,0 |
| 5 | 30,5 | 31,0 | 31,5 | 32,0 | 32,5 | 33,0 | 33,5 | 34,0 | 34,5 | 35,0 | 35,5 | 36,0 | 36,5 | 37,0 | 37,5 | 38,0 | 38,5 | 39,0 | 39,5 | 40,0 |
| 6 | 36,6 | 37,2 | 37,8 | 38,4 | 39,0 | 39,6 | 40,2 | 40,8 | 41,4 | 42,0 | 42,6 | 43,2 | 43,8 | 44,4 | 45,0 | 45,6 | 46,2 | 46,8 | 47,4 | 48,0 |
| 7 | 42,7 | 43,4 | 44,1 | 44,8 | 45,5 | 46,2 | 46,9 | 47,6 | 48,3 | 49,0 | 49,7 | 50,4 | 51,1 | 51,8 | 52,5 | 53,2 | 53,9 | 54,6 | 55,3 | 56,0 |
| 8 | 48,8 | 49,6 | 50,4 | 51,2 | 52,0 | 52,8 | 53,6 | 54,4 | 55,2 | 56,0 | 56,8 | 57,6 | 58,4 | 59,2 | 60,0 | 60,8 | 61,6 | 62,4 | 63,2 | 64,0 |
| 9 | 54,9 | 55,8 | 56,7 | 57,6 | 58,5 | 59,4 | 60,3 | 61,2 | 62,1 | 63,0 | 63,9 | 64,8 | 65,7 | 66,6 | 67,5 | 68,4 | 69,3 | 70,2 | 71,1 | 72,0 |

| n \ D | 81 | 82 | 83 | 84 | 85 | 86 | 87 | 88 | 89 | 90 | 91 | 92 | 93 | 94 | 95 | 96 | 97 | 98 | 99 | 100 |
|---|---|---|---|---|---|---|---|---|---|---|---|---|---|---|---|---|---|---|---|---|
| 1 | 8,2 | 8,3 | 88,3 | 8,4 | 8,5 | 8,6 | 8,7 | 8,8 | 8,9 | 9,0 | 9,1 | 9,2 | 9,3 | 9,4 | 9,5 | 9,6 | 9,7 | 9,8 | 9,9 | 10,0 |
| 2 | 16,4 | 16,6 | 16,6 | 16,8 | 17,0 | 17,2 | 17,4 | 17,6 | 17,8 | 18,0 | 18,2 | 18,4 | 18,6 | 18,8 | 19,0 | 19,2 | 19,4 | 19,6 | 19,8 | 20,0 |
| 3 | 24,6 | 24,9 | 24,9 | 25,2 | 25,5 | 25,8 | 26,1 | 26,4 | 26,7 | 27,0 | 27,3 | 27,6 | 27,9 | 28,2 | 28,5 | 28,8 | 29,1 | 29,4 | 29,7 | 30,0 |
| 4 | 32,4 | 32,8 | 33,2 | 33,6 | 34,0 | 34,4 | 34,8 | 35,2 | 35,6 | 36,0 | 36,4 | 36,8 | 37,2 | 37,6 | 38,0 | 38,4 | 38,8 | 39,2 | 39,6 | 40,0 |
| 5 | 40,5 | 41,0 | 41,5 | 42,0 | 42,5 | 43,0 | 43,5 | 44,0 | 44,5 | 45,0 | 45,5 | 46,0 | 46,5 | 47,0 | 47,5 | 48,0 | 48,5 | 49,0 | 49,5 | 50,0 |
| 6 | 48,6 | 49,2 | 49,8 | 50,4 | 51,0 | 51,6 | 52,2 | 52,8 | 53,4 | 54,0 | 54,6 | 55,2 | 55,8 | 56,4 | 57,0 | 57,6 | 58,2 | 58,8 | 59,4 | 60,0 |
| 7 | 56,7 | 57,4 | 58,1 | 58,8 | 59,5 | 60,2 | 60,9 | 61,6 | 62,3 | 63,0 | 63,7 | 64,4 | 65,1 | 65,8 | 66,5 | 67,2 | 67,9 | 68,6 | 69,3 | 70,0 |
| 8 | 64,8 | 65,6 | 66,4 | 67,2 | 68,0 | 68,8 | 69,6 | 70,4 | 71,2 | 72,0 | 72,8 | 73,6 | 74,4 | 75,2 | 76,0 | 76,8 | 77,6 | 78,4 | 79,2 | 80,0 |
| 9 | 72,9 | 73,8 | 74,7 | 75,6 | 76,5 | 77,4 | 78,3 | 79,2 | 80,1 | 81,0 | 81,9 | 82,8 | 83,7 | 84,6 | 85,5 | 86,4 | 87,3 | 88,2 | 89,1 | 90,0 |

| Element | Symbol | Ordnungszahl | Dichte kg/dm³ bei 20 °C (* g/dm³ bei 0 °C, 760 Torr) | langlebigstes radioaktives Isotop Atommasse | Zerfallsart[5] | Halbwertszeit |
|---|---|---|---|---|---|---|
| Nickel | Ni | 28 | 8,9 | 59 | e | $7{,}5 \cdot 10^4$ a |
| Niob | Nb | 41 | 8,4 | 94 | $\beta^-$ | $2 \cdot 10^4$ a |
| Nobelium | No | 102 | – | 253 | $\alpha$ | ~ 10 min |
| Osmium | Os | 76 | 22,6 | 194 | $\beta^-$ | 6,0 a |
| Palladium | Pd | 46 | 12,0 | 107 | $\beta^-$ | $7 \cdot 10^6$ a |
| Phosphor | P | 15 | 1,82[3] | 33 | $\beta^-$ | 25 d |
| Platin | Pt | 78 | 21,4 | 190 | $\alpha$ | $6 \cdot 10^{11}$ a |
| Plutonium | Pu | 94 | – | 244 | $\alpha$ | $8{,}2 \cdot 10^7$ a |
| Polonium | Po | 84 | – | 208 | $\alpha$ | 3 a |
| Praseodym | Pr | 59 | 6,77 | 143 | $\beta^-$ | 13,6 d |
| Promethium | Pm | 61 | – | 145 | e | 17,7 a |
| Protactinium | Pa | 91 | 15,4 | 231 | $\alpha$ | $3{,}2 \cdot 10^4$ a |
| Quecksilber | Hg | 80 | 13,546 | 203 | $\beta^-$ | 47 d |
| Radium | Ra | 88 | 5,0 | 226 | $\alpha$ | 1600 a |
| Radon | Rn | 86 | – | 222 | $\alpha$ | 3,8 d |
| Rhenium | Re | 75 | 21,0 | 187 | $\beta^-$ | $5 \cdot 10^{10}$ a |
| Rhodium | Rh | 45 | 12,4 | 105 | $\beta^-$ | 36 h |
| Rubidium | Rb | 37 | 1,53 | 87 | $\beta^-$ | $4{,}7 \cdot 10^{10}$ a |
| Ruthenium | Ru | 44 | 12,2 | 106 | $\beta^-$ | 371 d |
| Samarium | Sm | 62 | 7,54 | 147 | $\alpha$ | $1{,}1 \cdot 10^{11}$ a |
| Sauerstoff | O | 8 | 1,429* | 15 | $\beta^+$ | 2,03 min |
| Scandium | Sc | 21 | 3,0 | 46 | $\beta^-$ | 84 d |
| Schwefel | S | 16 | 2,07 | 35 | $\beta^-$ | 88 d |
| Selen | Se | 34 | 4,79 | 79 | $\beta^-$ | $6{,}5 \cdot 10^4$ a |
| Silber | Ag | 47 | 10,5 | 108[1] | e | ≈ 100 a |
| Silicium | Si | 14 | 2,33 | 32 | $\beta^-$ | 280 a |
| Stickstoff | N | 7 | 1,25* | 13 | $\beta^+$ | 9,96 min |
| Strontium | Sr | 38 | 2,6 | 90 | $\beta^-$ | 28 a |
| Tantal | Ta | 73 | 16,6 | 179 | $\beta^-$ | 115 d |
| Technetium | Tc | 43 | 11,5 | 97 | e | $2{,}6 \cdot 10^6$ a |
| Tellur | Te | 52 | 6,24 | 123 | e | $1{,}2 \cdot 10^{13}$ a |
| Terbium | Tb | 65 | 8,27 | 158 | e | 150 a |
| Thallium | Tl | 81 | 11,85 | 204 | $\beta^-$ | 3,8 a |
| Thorium | Th | 90 | 11,7 | 232 | $\alpha$ | $1{,}39 \cdot 10^{10}$ a |
| Thullium | Tm | 69 | 9,33 | 171 | $\beta^-$ | 1,9 a |
| Titan | Ti | 22 | 4,51 | 44 | e | 47,3 a |
| Uran | U | 92 | 19,07 | 238 | $\alpha$ | $4{,}5 \cdot 10^9$ a |
| | | | | 236 | $\alpha$ | $2{,}4 \cdot 10^7$ a |
| | | | | 235 | $\alpha$ | $7{,}1 \cdot 10^8$ a |
| | | | | 234 | $\alpha$ | $2{,}5 \cdot 10^5$ a |
| | | | | 233 | $\alpha$ | $1{,}6 \cdot 10^6$ a |
| Vanadin | V | 23 | 6,1 | 49 | e | 330 d |
| Wasserstoff | H | 1 | 0,0899* | 3 | $\beta^-$ | 12,35 a |
| Wismut | Bi | 83 | 9,8 | 210[1] | $\alpha$ | $2{,}6 \cdot 10^6$ a |
| Wolfram | W | 74 | 19,3 | 181 | e | 130 d |
| Xenon | Xe | 54 | 5,897* | 127 | e | 36,4 d |
| Ytterbium | Yb | 70 | 6,98 | 169 | e | 32 d |
| Yttrium | Y | 39 | 4,47 | 88[1] | e | 108 d |
| Zink | Zn | 30 | 7,14 | 65 | e | 245 d |
| Zinn | Sn | 50 | 7,30[4] | 126 | $\beta^-$ | $2 \cdot 10^5$ a |
| Zirkonium | Zr | 40 | 6,49 | 93 | $\beta^-$ | $1{,}1 \cdot 10^6$ a |

[1]) Metastabiles Isomer (angeregter Zustand)

[2]) Für Graphit

[3]) weißer Phosphor

[4]) Zinn $\beta$

[5]) e Elektroneneinfang